地方应用型本科教学内涵建设成果系列丛书

Oracle数据库开发技术教程

主　编　杨剑勇

副主编　黄晓华　陈希棠

 南京大学出版社

内容简介

本书从初学者的角度,以零基础讲解为宗旨,用通俗易懂的语言、丰富多彩的实例,通过 Oracle 数据库平台,详细介绍了数据库原理和实际应用的各方面技术。

本书分为 15 章,分为 4 个部分。第 1 部分为数据库基础理论知识,包括第 1 章和第 2 章,主要介绍数据库的基本概念、关系代数、设计范式、数据库概念设计、数据库逻辑设计等;第 2 部分为 Oracle 数据库基础知识,包括第 3 章到第 6 章,主要介绍表空间、数据表、数据字典、数据类型、Oracle 的用户管理、权限管理、角色、配置文件、视图、约束、索引、序列、同义词、伪列等;第 3 部分为 SQL 基础用法,包括第 7 章和第 8 章,主要介绍基于 SQL 的简单查询、汇总查询、多表查询、子查询以及 Oracle 的内置函数等;第 4 部分为高级编程部分,包括第 9 章到第 15 章,主要介绍 PL/SQL 基础、记录类型和集合、游标的使用、子程序、包、触发器和动态 SQL 等。书中所有的知识点都有具体实例进行介绍,涉及的程序源代码给出了详细的解释和分析,可以使读者轻松掌握相关知识点,快速提高数据库管理和开发技术水平。

本书适合作为软件开发入门和提高的自学用书,也适合作为高等院校相关专业的课程教学和项目实训用书,还可供开发人员查阅、参考。

图书在版编目(CIP)数据

Oracle 数据库开发技术教程/ 杨剑勇主编. —南京:
南京大学出版社,2016.12(2019.1 重印)
(地方应用型本科教学内涵建设成果系列丛书)
ISBN 978 - 7 - 305 - 17938 - 9

Ⅰ. ①O… Ⅱ. ①杨… Ⅲ. ①关系数据库系列—高等学校—教材 Ⅳ. ①TP311.138

中国版本图书馆 CIP 数据核字(2016)第 287180 号

出版发行 南京大学出版社
社　　址 南京市汉口路 22 号　　　邮　　编　210093
出 版 人 金鑫荣
丛 书 名 地方应用型本科教学内涵建设成果系列丛书
书　　名 Oracle 数据库开发技术教程
主　　编 杨剑勇
责任编辑 王秉华 耿士祥　　　编辑热线　025 - 83595860
照　　排 南京理工大学资产经营有限公司
印　　刷 虎彩印艺股份有限公司
开　　本 787×1092　1/16　印张 20.25　字数 493 千
版　　次 2016 年 12 月第 1 版　2019 年 1 月第 2 次印刷
ISBN 978 - 7 - 305 - 17938 - 9
定　　价 57.00 元

网　　址:http://www.njupco.com
官方微博:http://weibo.com/njupco
官方微信号:njuyuexue
销售咨询热线:(025)83594756

前　言

随着计算机技术的飞速发展,数据库技术广泛应用于各行各业,其中电信、电力、金融、政府和制造业都需要掌握数据库技术的人员,同时各个高等院校的计算机专业课程中,数据库技术也是一门非常重要的课程,学生在课程设计、项目实训和毕业设计中也需要掌握数据库的相关知识。本书以面向应用开发为原则,介绍了数据库的基本原理,并基于 Oracle 数据库平台,深入浅出地介绍数据库技术的实际运用,通过本书的学习,读者能够迅速掌握核心技术,提高实际开发水平,增强项目实战能力。

本书的特色:

(1) 零基础、入门级的讲解

一本好的教材,首先要让读者"看得懂",接着是"能理解",最后是"学以致用"。这样每一个知识点都是鲜活有生命力的,而不是一堆文字的描述而已。本书在编写的时候注意了这一点,首先对每一个知识点使用文字或者图表进行讲解,然后通过范例的分析和实现让读者理解为什么这么使用,最后掌握这些知识点。

(2) 案例式的教学模式

全书的主要范例均基于第 2 章中所设计的贸易公司销售系统数据库展开,以便读者融会贯通本书所介绍的技术。范例稍加修改,便可用于实际项目开发。

(3) 丰富的练习资源

每章最后的"本章小结"指导读者学习重点和课后复习。

每章的最后的"本章练习"模块,均根据本章内容精选而成,读者可以检测自己的学习成果和实战能力,做到学以致用。

本书的服务

为了解答读者遇到的各类技术问题,我们提供了如下的交流方式:

■ 资源服务:本书资源请访问百度云 http://pan. baidu. com/s/1qYivvlE,密码:ffow。

■ 信息交流:在学习中遇到任何问题,可加 QQ 群:170551598 进行交流。

■ 教师服务:为授课教师提供完整的教学大纲、教学课件、书中全部的范例和练习源码,请发邮件至 2713684925@qq. com 索取。

读者对象:

■ 没有任何 Oracle 基础的初学者;

■ 有一定基础但是想提高的 Oracle 开发人员;

■ 大专院系及培训学校的教师和学生;

■ 正在进行数据库相关技术实训的学生。

本书参与人员

本书主要由杨剑勇主笔完成,其他参与编写、资料整理和程序调试的人员有:黄晓华、陈希棠、沈健、郑金龙等人,在此对他们的工作表示衷心的感谢。

在编写过程中,我们尽可能将最好的内容呈现给读者,但是也难免有疏漏和不妥之处,敬请不吝赐教。若在学习过程中有疑问或者建议,可发邮件至信箱:2713684925@qq.com。

目　录

第1章 数据库系统基础

1.1 数据库系统概述

1.1.1 数据库的基础概念

数据库是一个存储在计算机内的、有组织的、共享的、统一管理的数据集合。它是一个按数据结构来存储和管理数据的计算机软件系统。数据库包含两层含义,保管数据的"仓库"和数据管理的方法和技术。数据库的特点包括:实现数据共享,减少数据冗余;采用特定的数据结构;具有较高的数据独立性;具有统一的数据控制功能。它有四个重要的概念。

1. 数据(Data)

数据是数据库最基本的存储对象。文本、图像、声音、视频等媒体格式在存储于数据库时,都被称为数据。数据是数据库建立的根本目的。

2. 数据库(Database,简称 DB)

数据库是一个储存在计算机内的、有组织的、可共享的大量数据集合,是数据存储的仓库。数据库都是保存在计算机设备上的,最常见的设备为计算机硬盘。数据库以文件的形式存在,具体格式则由各数据库厂商自定义。

3. 数据库管理系统(Database Management System,简称 DBMS)

数据库管理系统是用于管理数据库的工具。位于应用程序和操作系统之间,是为建立、使用和维护数据库而配置的数据管理软件,负责对数据库中的数据进行统一的管理和控制。因为所有的数据都是以某种格式存储在文件中的,用户不可能直接操作文件来实现对数据库的操作。这样不但有相当大的安全隐患,而且根本没有可行性。因此,各数据库厂商都会提供本身的工具(一般为图形界面软件)作为用户接口。用户通过这些工具进行各种数据库操作。常见的数据库管理系统如 Oracle 的 OEM(Oracle Enterprise Manager)、SQL Server 的企业管理器等。

数据库管理系统有四大功能。① 数据定义功能:提供数据定义语言(DDL),定义数据库中的数据对象;② 数据操纵功能:提供数据操纵语言(DML);③ 运行管理:保证数据的安全性、完整性、并发控制、系统恢复;④ 数据库的建立和维护功能:数据库数据批量装载、数据库转储、介质故障恢复等。

4. 数据库系统

数据库系统由硬件部分和软件部分共同组成,硬件主要用于存储数据,包括计算机、存储设备等。软件部分包括数据库管理系统、应用程序。除此之外还必须有对数据库进行管理和操作的数据库管理员、用户等。

1.1.2 数据模型

将客观事物抽象为能用计算机存储和处理的数据需经历三个阶段：现实世界、信息世界、计算机世界（数据世界）。数据模型是数据库中用来对现实世界进行抽象的工具，是数据库中用于提供信息表示和操作手段的形式构架。为数据系统的信息表示与操作提供一个抽象的框架。使用数据模型能比较真实地模拟现实世界，容易为人所理解，又便于在计算机上实现。

数据模型有严格定义的概念的集合，由数据结构、数据操作和完整性约束三部分组成。

（1）数据结构：是所研究的对象类型的集合，是对系统静态特性的描述。

（2）数据操作：是指对数据库中各种对象（型）的实例（值）允许进行的操作的集合，包括操作及有关的操作规则，是对系统动态特性的描述。

（3）数据的完整性约束：数据的完整性约束是一组完整性规则的集合。完整性规则是给定的数据模型中数据及其联系所具有的制约和依存规则，以保证数据的正确、有效和相容。

根据应用目的的不同，数据模型分为三类。

（1）概念模型：它是按用户的观点来对数据进行描述，有效和自然地模拟现实世界，给出数据的概念化结构。概念模型强调以人为本，注重清晰、简单、易于理解。

（2）逻辑数据模型：是按计算机系统的观点对数据建模，用于机器世界，人们可以用它定义、操纵数据库中的数据，一般需要有严格的形式化定义和一组严格定义了语法和语义的语言，并有一些规定和限制，便于在机器上实现。

（3）物理模型：给出计算机上物理结构的表示。

1.1.3 常见的数据库对象

数据库对象是数据库中用于划分各种数据和实现各种功能的单元。数据库用户往往利用数据库对象来实现对数据库的操作。

用户：用户是创建在数据库中的账号。通过这些账号来登录数据库，并实现对不同使用者权限的控制。

表：表是最常见的数据库对象。与现实世界中的表具有相同的结构——每个表都由行组成，各行由列组成。

索引：索引是根据指定的数据库表中的列建立起来的顺序，对于每一行数据建立快速访问的路径，可以大大提高数据访问的效率。

视图：视图可以看作虚拟的表。视图并不存储数据，而是作为数据的镜像。

函数：数据库中的函数与其他编程语言中的函数类似，都是用来按照规则提供返回值的流程代码。

存储过程：数据库中的存储过程类似于其他编程语言中的过程。不过，存储过程还具有自身的特点，例如，具有输入参数和输出参数等。

触发器：触发器的作用类似于监视器。触发器的本质也是执行特定任务的代码块。当数据库监控到某个事件时，会激活建立在该事件上的触发器，并执行触发器代码。

1.2　关系型数据库基本概念

1.2.1　关系模型

数据库领域中最常用的数据模型有四种：层次模型、网状模型、关系模型和面向对象模型。其中层次模型和网状模型统称为非关系模型。

层次模型用树形结构来表示各类实体以及实体间的联系。有且只有一个结点没有双亲结点，这个结点称为根结点。根以外的其他结点有且只有一个双亲结点。

网状模型允许一个以上的结点无双亲，一个结点可以有多于一个的双亲。能有效地表达多对多联系的缺点，但由于网状模型的灵活性，数据库管理系统很难实现。

关系模型由关系数据结构、关系操作集合和关系完整性约束三部分组成。

（1）数据结构：它只包含单一的数据结构——关系；从用户角度看，关系模型中数据的逻辑结构是一张扁平的二维表；现实世界的实体以及实体间的各种联系均用单一的结构类型即关系来表示。

（2）关系操作集合：关系模型中常用的关系操作包括查询（Query）操作和插入（Insert）、删除（Delete）、修改（Update）操作两大部分。关系的查询表达能力很强，是关系操作中最主要的部分。查询操作可以分为：选择（Select）、投影（Project）、连接（Join）、除（Divide）、并（Union）、差（Except）、交（Intersection）、笛卡尔积等。其中，选择、投影、并、差、笛卡尔积是五种基本操作。其他操作是可以用基本操作来定义和导出的。

（3）关系完整性约束：关系模型的完整性规则是对关系的某种约束条件，分为三类完整性约束：实体完整体，参照完整性和用户定义的完整性。其中实体完整性和参照完整性是关系模型必须满足的完整性约束条件，被称作是关系的两个不变性，应该由系统关系自动支持。用户定义的完整性是应用领域需要遵循的约束条件，体现了具体领域中的语义约束。

1.2.2　关系模式

对关系的描述，一般表示为：关系名（属性名 1，属性名 2，…，属性名 n）

关系应满足如下性质：

① 关系必须是规范化的，即要求关系必须满足一定的规范条件，其中最基本的一条就是，关系的每一列不可再分。

② 关系中必须有主码，使得元组唯一。

③ 元组的个数是有限的且元组的顺序可以任意交换。

④ 属性名是唯一的且属性列的顺序可以任意交换。

1.2.3　关系型数据库

关系数据库系统是支持关系模型的数据库系统。关系型数据库实际指代了一种数据库模型。将某些相关数据存储于同一个表，表与表之间利用相互关系进行关联。例如，表示员工信息的员工工号、员工姓名、员工年龄等信息存储在员工表中，而表示员工的工资、奖金等信息存储在工资表中。二者往往利用员工工号作为联络的纽带。关系型数据库使用简单，各表中的数据相互独立，又可以互相关联，是目前主流的关系模型。

1. 关系型数据库的 E—R 模型

（1）实体和属性：实体是一个数据对象，是指客观存在并可以相互区分的事物，如一个教师、一个学生、一个雇员等等。每个实体由一组属性来表示，如，一个具体的学生拥有学号、姓名、性别和班级等属性，其中学号可以唯一标识具体某个学生这个实体。具有相同属性的实体组合在一起就构成实体集—即实体集是实体的集合，而实体则是实体集中的某一个特例，例如，王同学这个实体就是学生实体集中的一个特例。

（2）联系：在实际应用中，实体之间是存在联系的，这种联系必须在逻辑模型中表现出来。在 E—R 模型中，联系用菱形表示，菱形框内写明"联系名"，并用"连接线"将有关实体连接起来，同时在"连接线"的旁边标注上联系的类型。

2. 关系型数据库与数据库管理系统

在关系数据模型中，关系可以看成由行和列交叉组成的二维表格，表中一行称为一个元组，可以用来标识实体集中的一个实体。表中的列称为属性，给每一列起一个名称即为属性名，表中的属性名不能相同。列的取值范围称为域，同列具有相同的域，不同的列也可以有相同的域。表中任意两行（元组）不能相同。能唯一标识表中不同行的属性或属性组（即多个属性的组合）称为主键或复合主键。

1.3 数据库系统的体系结构

数据库系统通常采用三级模式结构和两级映射。

1. 三级模式

三级模式结构是由外模式、模式和内模式三级组成。

模式（也称逻辑模式、概念模式）是数据库中全局数据的逻辑结构和特征的描述。主要描述数据的概念记录类型以及它们之间的关系，一个数据库只有一个模式，包括所有用户的公共数据视图，综合了所有用户的需求。模式是数据库系统模式结构的中间层，与数据的物理存储细节和硬件环境无关，与具体的应用程序、开发工具及高级程序设计语言也无关。

外模式（也称子模式或用户模式），是数据库用户（包括应用程序员和最终用户）能够看见和使用的局部数据的逻辑结构和特征的描述，它由概念模式推导而出，一个概念模式可以有若干个外模式，外模式介于模式与应用之间。

内模式（也称存储模式、物理模式），是数据物理结构和存储方式的描述，是数据在数据库内部的表示方式，一个数据库只有一个内模式。

模式、外模式、内模式三者地位关系：

① 内模式是处于最底层，反映了数据在计算机物理结构中的实际存储形式。

② 概念模式处于中层，它反映了设计者的数据全局逻辑要求。

③ 外模式处于最外层，它反映了用户对数据的要求。

2. 二级映射

(1) 外模式/模式映射

定义外模式与模式之间的对应关系,每一个外模式都对应一个外模式/模式映射。映射又称为映像,它实质就是一种对应规则,指出映射双方如何进行转换。

外模式/模式映射保证数据的逻辑独立性,当模式改变时,数据库管理员修改有关的外模式/模式映射,使外模式保持不变。应用程序是依据数据的外模式编写的,从而应用程序不必修改,保证了数据与程序的逻辑独立性,简称数据的逻辑独立性。

(2) 模式/内模式映射

模式/内模式映射定义了数据全局逻辑结构与存储结构之间的对应关系。数据库中模式/内模式映射是唯一的。

模式/内模式映象保证数据的物理独立性,当数据库的存储结构改变了,数据库管理员修改模式/内模式映象,使模式保持不变。应用程序不受影响。保证了数据与程序的物理独立性,简称数据的物理独立性。

1.4 关系代数

1.4.1 传统的集合运算

设关系 R、S 的结构完全相同,则:

R∪S:由属于 R 或属于 S 的元组组成。

R∩S:由既属于 R 又属于 S 的元组组成。

R−S:由属于 R 而不属于 S 的元组组成。

R×S:设 R 有 m 个属性,K1 个元组;S 有 n 个属性,K2 个元组,则 R×S 含有(m+n)个属性,(K1×K2)个元组。

1.4.2 专门的关系运算

(1) 选择:从关系 R 中选择满足条件的元组。记为:$\sigma_F(R)$。

(2) 投影:从关系 R 中选择若干属性组成新的关系,并把新关系的重复元组去掉。记为:$\prod_A R$。

(3) 条件连接:将两关系按一定条件连接成一个新关系。记为:$R \infty_F S = \sigma_F R \times S$。

说明:条件连接:两关系可以没有公共属性,若有公共属性,则新关系含有重复属性。

(4) 自然连接:将两关系按公共属性连接成一个新的关系,并把新关系的重复属性去掉。

记为:$R \infty S$。

说明:① 自然连接:两关系至少有一个公共属性。

② 对于 R 的每个元组,S 都从第一个元组开始判断,若两元组的公共属性值相同,则产生一个新元组添加到新关系中,最后把新关系中的重复属性去掉。

1.5 关系数据库的规范化

1.5.1 关系数据库规范化理论

1. 函数依赖

设 R(U)是属性集 U 上的关系模式。X,Y 是属性集 U 的子集。若对于 R(U)的任意一个可能的关系 r,r 中不可能存在两个元组在 X 上的属性值相等,而在 Y 上的属性值不等,则称 X 函数确定 Y 或 Y 函数依赖于 X,记作 X→Y(即只要 X 上的属性值相等,Y 上的值一定相等)。

X→Y,但 Y 不是 X 的子集,则称 X→Y 是非平凡的函数依赖。若不特别声明,总是讨论非平凡的函数依赖。

X→Y,但 Y 是 X 的子集,则称 X→Y 是平凡的函数依赖。

若 X→Y,则 X 叫作决定因素(Determinant)。

若 X→Y,Y→X,则记作 X←→Y。

2. 完全函数依赖、部分函数依赖

在 R(U)中,如果 X→Y,并且对于 X 的任何一个真子集 X',都有 X' → Y,则称 Y 对 X 完全函数依赖;若 X→Y,但 Y 不完全函数依赖于 X,则称 Y 对 X 部分函数依赖。

3. 传递依赖

在关系 R (U)中,如果 XY(YX),YX,YZ,则称 Z 对 X 传递函数依赖。

4. 候选码、主码

设 K 为 R(U,F)中的属性或属性组合,若 KU 则 K 为 R 的候选码。若候选码多于一个,则选定其中的一个为主码。

5. 外码

关系模式 R 中属性或属性组 X 并非 R 的码,但 X 是另一个关系模式的码,则称 X 是 R 的外部码也称外码。

6. 全码

整个属性组是码,称为全码(All-key)。

1.5.2 关系模式的规范化

设计关系数据库时,遵从不同的规范要求,设计出合理的关系型数据库,这些不同的规范要求被称为不同的范式,各种范式呈递次规范,越高的范式数据库冗余越小。

目前关系数据库有六种范式:第一范式(1NF)、第二范式(2NF)、第三范式(3NF)、巴斯一科德范式(BCNF)、第四范式(4NF)和第五范式(5NF,又称完美范式)。

1NF:若关系模式 R 的每一个分量是不可再分的数据项,则关系模式 R 属于第一范式(1NF)。

2NF:若关系模式 R∈1NF,且每一个非主属性完全函数依赖于码,则关系模式 R∈2NF(即 1NF 消除了非主属性对码的部分函数依赖则成为 2NF)。

3NF:关系模式 R<U,F> 中若不存在这样的码 X、属性组 Y 及非主属性 Z(Z 不是 Y 的子集)使得 X→Y,Y→X,Y→Z 成立,则称 R<U,F>∈3NF。

BCNF:关系模式 R<U,F>∈1NF 。若 X→Y 且 Y 不是 X 的子集时,X 必含有码,则 R<U,F>∈BCNF。

多值依赖:设 R(U)是属性集 U 上的一个关系模式。X,Y,Z 是 U 的子集,并且 Z=U－X－Y。关系模式 R(U)中多值依赖 X→→Y 成立,当且仅当对 R(U)的任一关系 r,给定的一对(x,z)值有一组 Y 的值,这组值仅仅决定于 x 值而与 z 值无关。

4NF:关系模式 R<U,F>∈1NF,如果对于 R 的每个非平凡多值依赖 X→→Y(Y 不是 X 的子集,Z=U－X－Y 不为空),X 都含有码,则称 R<U,F>∈4NF。

我们常用的只是三个范式,下面我们对这三个范式做下介绍。

1. 第一范式(1NF)无重复的列

所谓第一范式(1NF)是指数据库表的每一列都是不可分割的基本数据项,同一列中不能有多个值,即实体中的某个属性不能有多个值或者不能有重复的属性。如果出现重复的属性,就可能需要定义一个新的实体,新的实体由重复的属性构成,新实体与原实体之间为一对多关系。在第一范式(1NF)中表的每一行只包含一个实例的信息。

在任何一个关系数据库中,第一范式(1NF)是对关系模式的基本要求,不满足第一范式(1NF)的数据库就不是关系数据库。

2. 第二范式(2NF)属性完全依赖于主键[消除部分子函数依赖]

第二范式(2NF)是在第一范式(1NF)的基础上建立起来的,即满足第二范式(2NF)必须先满足第一范式(1NF)。第二范式(2NF)要求数据库表中的每个实例或行必须可以被唯一地区分。为实现区分通常需要为表加上一个列,以存储各个实例的唯一标识。例如员工信息表中加上了员工编号(emp_id)列,因为每个员工的员工编号是唯一的,因此每个员工可以被唯一区分。这个唯一属性列被称为主关键字或主键、主码。

第二范式(2NF)要求实体的属性完全依赖于主关键字。所谓完全依赖是指不能存在仅依赖主关键字一部分的属性,如果存在,那么这个属性和主关键字的这一部分应该分离出来形成一个新的实体,新实体与原实体之间是一对多的关系。为实现区分通常需要为表加上一个列,以存储各个实例的唯一标识。

5. 第三范式(3NF)属性不依赖于其他非主属性[消除传递依赖]

满足第三范式(3NF)必须先满足第二范式(2NF)。简而言之,第三范式(3NF)要求一个数据库表中不包含已在其他表中已包含的非主关键字信息。例如,存在一个部门信息表,其中每个部门有部门编号(dept_id)、部门名称、部门简介等信息。那么在员工信息表中列出部门编号后就不能再将部门名称、部门简介等与部门有关的信息再加入员工信息表中。如果不存在部门信息表,则根据第三范式(3NF)也应该构建它,否则就会有大量的数据冗余。

在 1NF 基础上,任何非主属性不依赖于其他非主属性[在 2NF 基础上消除传递依赖]。第三范式(3NF)是第二范式(2NF)的一个子集,即满足第三范式(3NF)必须满足第二范式(2NF)。简而言之,第三范式(3NF)要求一个关系中不包含已在其他关系已包含的非主关键字信息。

1.5.3　范式应用实例剖析

下面以一个学校的学生系统为例分析说明这几个范式的应用。因为第一范式(1NF)数据库表中的字段都是单一属性的,不可再分。在当前的任何关系数据库管理系统(DBMS)中,都可以做出符合第一范式的数据库,因为这些 DBMS 不允许你把数据库表的一列再分成二列或多列。因此,你想在现有的 DBMS 中设计出不符合第一范式的数据库都是不可能的。

首先我们确定一下要设计的内容,包括学号、学生姓名、年龄、性别、课程、课程学分、系别、学科成绩、系办地址、系办电话等信息。为了简单我们暂时只考虑这些字段信息。我们对于这些信息,说关心的问题有如下几个方面。

- 学生有哪些基本信息? 学生需要哪些信息?
- 学生选了哪些课,成绩是什么?
- 每个课的学分是多少?
- 学生属于哪个系,系的基本信息是什么?

1. 第二范式(2NF)的问题分析

如果我们把所有这些信息放到一个表中(学号,学生姓名、年龄、性别、课程、课程学分、系别、学科成绩,系办地址、系办电话),下面存在如下的依赖关系。

(学号)→（姓名,年龄,性别,系别,系办地址,系办电话）

(课程名称) →（学分）　　（学号,课程)→（学科成绩）

那么就不满足第二范式的要求,会产生如下问题。

(1) 数据冗余

同一门课程由 n 个学生选修,"学分"就重复 n-1 次;同一个学生选修了 m 门课程,姓名和年龄就重复了 m-1 次。

(2) 更新异常

① 若调整了某门课程的学分,数据表中所有行的"学分"值都要更新,否则会出现同一门课程学分不同的情况。

② 假设要开设一门新的课程,暂时还没有人选修。这样,由于还没有"学号"关键字,课程名称和学分也无法记录入数据库。

(3) 删除异常

假设一批学生已经完成课程的选修,这些选修记录就应该从数据库表中删除。但是,与此同时,课程名称和学分信息也被删除了。很显然,这也会导致插入异常。

2. 第二范式(2NF)的解决方案

把选课关系表 SelectCourse 改为如下三个表:

学生:Student(学号,姓名,年龄,性别,系别,系办地址,系办电话);

课程:Course(课程名称,学分);

选课关系:SelectCourse(学号,课程名称,成绩)。

3. 第三范式(3NF)的问题分析

学生表 Student(学号,姓名,年龄,性别,系别,系办地址,系办电话),关键字为单一关键字"学号",因为存在如下决定关系:

(学号)→（姓名,年龄,性别,系别,系办地址、系办电话）

但是还存在下面的决定关系：

（学号）→（所在学院）→（学院地点，学院电话）

即存在非关键字段"学院地点"、"学院电话"对关键字段"学号"的传递函数依赖。

它也会存在数据冗余、更新异常、插入异常和删除异常的情况。

4. 第三范式(3NF)的解决方案

根据第三范式把学生关系表分为如下两个表就可以满足第三范式了：

学生：（学号，姓名，年龄，性别，系别）；

系别：（系别，系办地址，系办电话）。

上面的数据库表就是符合一，二，三范式的，消除了数据冗余、更新异常、插入异常和删除异常等情况。

1.6 本章小结

数据库是由一批数据构成的有序集合，数据被存放在结构化的表格里面。数据表之间相互关联，反映客观事物间的本质联系。数据库系统还提供对数据的安全控制和完整性控制。

关系模型中的数据结构是一张二维表，它由行和列组成。

关系(Relation)：一个关系对应一张二维表。关系的名称一般取为表格的名称。

元组(Tuple)：表中的一行即为一个元组。

属性(Atturibute)：表中的一列即为一个属性，每一列第一行是属性名，其余行是属性值。

主码(Key)：表中的某个属性或属性组合，它可以唯一标识一个元组。

第 2 章　数据库设计

2.1　数据库设计的基础要求

数据库设计的主要目的是设计一个能满足用户要求、性能良好的数据库。数据设计的基本任务:根据用户对象的信息需求、处理需求和数据库的支撑环境(硬件、OS 与 DBMS),设计出数据模式。

数据库设计目前采用生命周期法,即将整个数据库应用系统的开发分解成目标独立的六个阶段:需求分析、概念设计、逻辑设计、物理设计、编码和测试阶段、运行维护阶段。

1. 需求分析

整个数据库设计的基础,其目的是为了准确了解与分析用户的各种需求:(1) 需求调查,(2) 需求总结,画出数据流图(Data Flow Diagram,DFD)。

2. 概念设计

在设计数据库时,需要计划要存储有关哪些事物的信息,以及要保存有关各个事物的哪些信息,还需要确定这些事物的相互关系。如果使用数据库设计中的术语,在这一步创建的数据原型就称作概念数据模型。概念数据模型能真实、充分地反映现实世界,是现实世界中具体应用的一个真实模型;易于向关系、网状、层次等各种数据逻辑模型转换。

数据抽象:数据抽象就是对需求分析阶段收集到的数据进行分类、组织,形成实体、实体的属性,并标识实体的主码、确定实体之间的联系类型(1∶1,1∶n,m∶n)。

选择局部应用,设计局部视图:根据实际系统的具体情况,在多层的数据流图中选择一个适当的层次,作为概念结构设计的入口,设计各个分 E-R 图即局部视图。

3. 逻辑设计

逻辑设计将概念结构转化为一般的关系、网状、层次模型,将转化来的关系、网状、层次模型向特定 DBMS 支持下的数据模型转换,对数据模型进行优化。

4. 物理设计

对数据库内部物理结构做调整并选取合理的存取路径,以提高数据的访问速度及有效利用存储空间。

5. 编码和测试阶段

称为数据库实施阶段,设计人员根据逻辑结构设计和物理结构设计的结果建立数据库,编制与调试应用程序,并进行试运行和评价。

6. 运行维护阶段

数据库维护阶段，在数据库系统运行过程中必须不断地对其进行评价、调整与修改。

2.2　数据建模工具 Power Designer

Power Designer 是一款功能非常强大的建模工具软件，足以与 Rose 比肩，同样是当今最著名的建模软件之一。Rose 是专攻 UML 对象模型的建模工具，之后才向数据库建模发展，而 Power Designer 则与其正好相反，它是以数据库建模起家，后来才发展为一款综合全面的 Case 工具。Power Designer 主要分为 7 种建模文件：

（1）概念数据模型（CDM）：对数据和信息进行建模，利用实体－关系图（E－R 图）的形式组织数据，检验数据设计的有效性和合理性。

（2）逻辑数据模型（LDM）：是概念模型的延伸，表示概念之间的逻辑次序，是一个属于方法层次的模型。具体来说，逻辑模型中一方面显示了实体的属性和实体之间的关系，另一方面又将继承实体关系中的引用，在实体的属性中进行展示。

（3）物理数据模型（PDM）：基于特定 DBMS，在概念数据模型、逻辑数据模型的基础上进行设计。由物理数据模型生成数据库，或对数据库进行逆向工程得到物理数据模型。

（4）面向对象模型（OOM）：包含 UML 常见的所有的图形：类图、对象图、包图、用例图、时序图、协作图、交互图、活动图、状态图、组件图、复合结构图、部署图（配置图）。OOM 本质上是软件系统的一个静态的概念模型。

（5）业务程序模型（BPM）：BPM 描述业务的各种不同内在任务和内在流程，而且客户如何以这些任务和流程互相影响。BPM 使用一个图表描述程序、流程、信息和合作协议之间的交互作用。

（6）信息流模型（ILM）：主要用于分布式数据库之间的数据复制。

（7）企业架构模型（EAM）：从业务层、应用层以及技术层的对企业的体系架构进行全方位的描述。包括：组织结构图、业务通信图、进程图、城市规划图、应用架构图、面向服务图、技术基础框架图。

我们需要使用 LDM 模型和 PDM 模型来进行数据库建模，下面分别介绍。

2.2.1　建立 CDM 概念模型数据

下面演示如何使用 Power Designer 进行数据库建模。

（1）打开 Power Designer 应用程序，然后点击 File——New Model。在左侧的 Model type 中选择 Conceptual Data Model，右边的 Diagram 中点击 Conceptual Diagram，在 Model name 中键入 Model 名称，如图 2.1 所示。

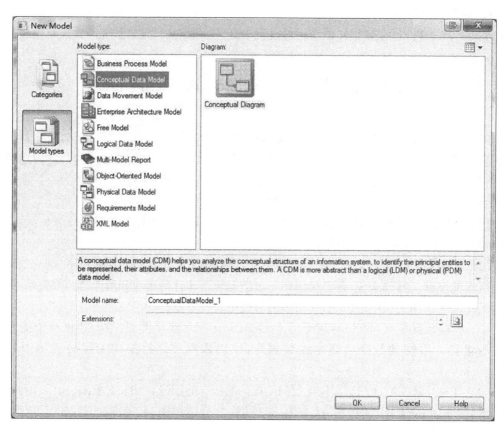

图 2.1 创建 CDM 概念模型

（2）新界面的左侧是 CDM 的各种模型，有域、数据项、实体和关联等，右侧是工作区，如图 2.2 所示。

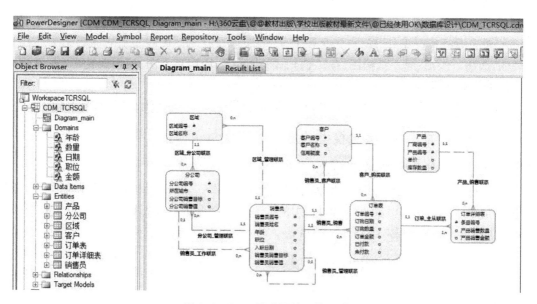

图 2.2 CDM 模式下的工作区域

（3）在图 2.2 的右侧将会出现 Toolbox 工具区，里面有进行 CDM 设计的各种工具，其中 Conceptual Diagram 中前三个图标分别是包、实体和关系，如图 2.3 所示。

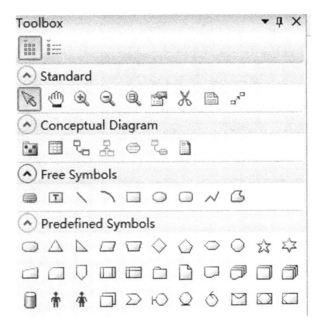

图 2.3　CDM 的 Toolbox

（4）点击 Toolbox 中的 Entity 图标，放入工作区中，就创建了一个实体 Entity，点击图标，打开 Entity 设置窗口，在 Name 上输入实体的名称，如图 2.4 所示。

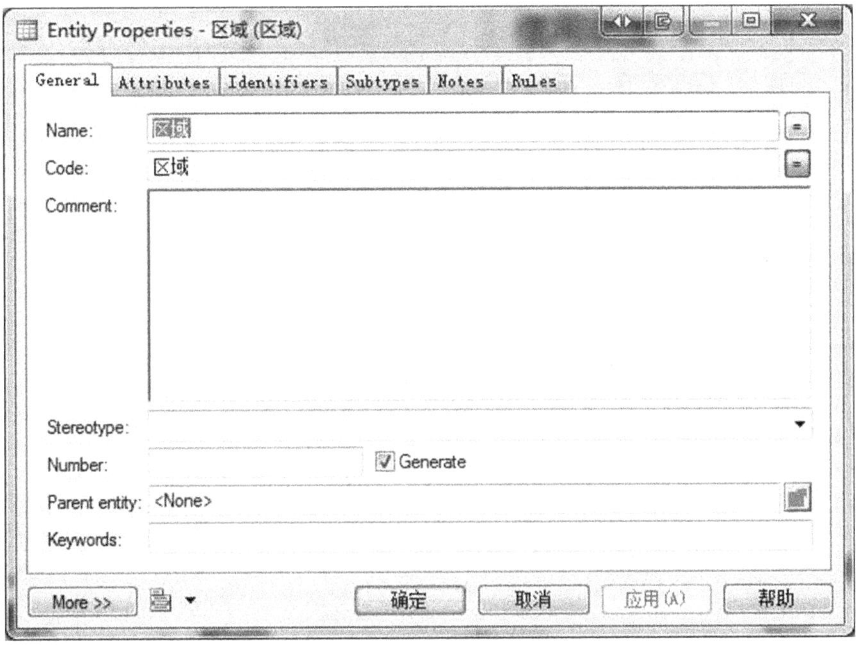

图 2.4　实体 Entity 设置窗口

（5）点击 Attributes 选项卡进入实体属性设置窗口，分别在 Name 和 Data Type 中输入实体属性名称和数据类型。M 表示 Mandatory，属性是否允许为空，P 表示 Primark 是否为主标识符（主键），D 表示 Dispaly 为是否在图形符号中显示。Domain 为作用到该属性上的域，如图 2.5 所示。

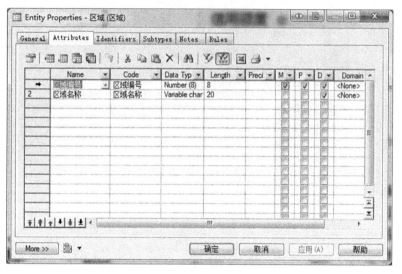

图 2.5　实体属性设置

（6）点击工具箱 Conceptual Diagram 选项条下的 Relationship，光标由指针变为图标形状，在需要设置联系的两个实体中的一个实体上点击并保持按键后，拖拽到另外一个实体，就创建了一个联系。双击打开 Relationship，如图 2.6 所示。

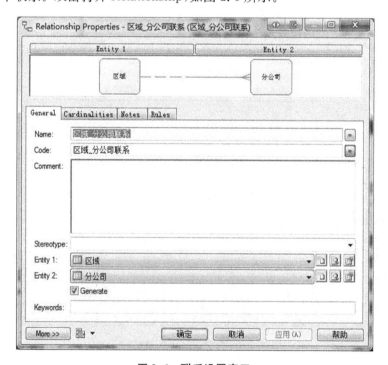

图 2.6　联系设置窗口

（7）点击 Cardinalities 选项卡，进入设置联系的基数信息，如图 2.7 所示。其参数含义如下：One—One($1:1$)；One—Many($1:n$)；Many—One($n:1$)；Many—Many($m:n$)；Dependent 依赖关系；Mandatory 强制，强制状态下，右边的实体必须有一个实体与之对应。

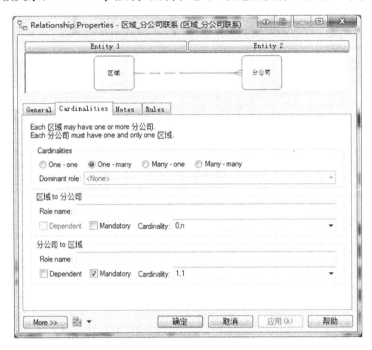

图 2.7　联系基数设置

（8）在 CDM 模型工作区中鼠标右键单击，在快捷菜单中选择 NEW—Domain，定义域的基本信息。在 Name 中输入域名称，Data type 中选择数据类型，如图 2.8 所示。

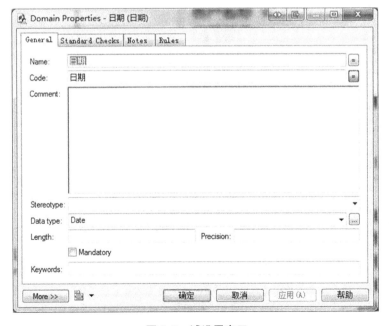

图 2.8　域设置窗口

（9）点击 Standard Checks 选项卡，进入域属性设置窗口，如图 2.9 所示。

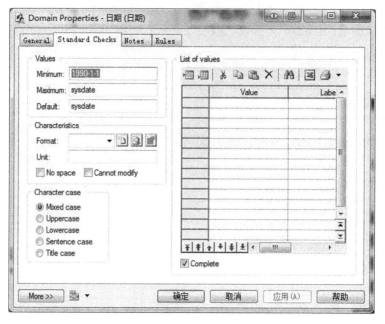

图 2.9　域属性的设置窗口

（10）设计好的实体、关系和域等将会在工作区左侧全部显示出来，如图 2.10 所示。

图 2.10　CDM 的工作区列表

2.2.2 建立 PDM 物理数据模型

（1）在 New Model 界面，左侧选中 Model Types，在 Model Type 列表中选择 Physical Data Model，在右侧的 Diagram 区域中选择 Physical Diagram，如图 2.11 所示。

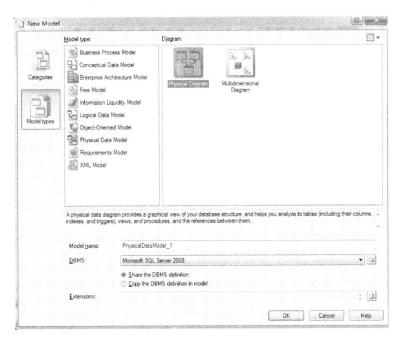

图 2.11 选择 Model 界面

（2）根据各自所需选择对应的 DBMS 系统，如图 2.12 所示。

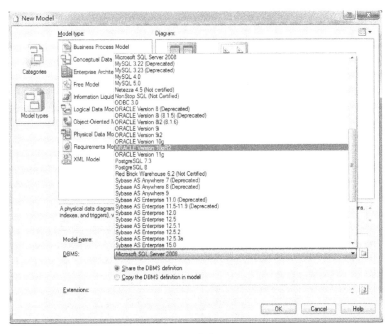

图 2.12 确定 DBMS

（3）输入 Model name 之后和 DBMS 之后，点击 OK，进入下一步。工作区如图 2.13 所示，Palette 是工具栏区，第三排最后一个是建表的工具 TABLE，点击之后，在工作区创建一个表。

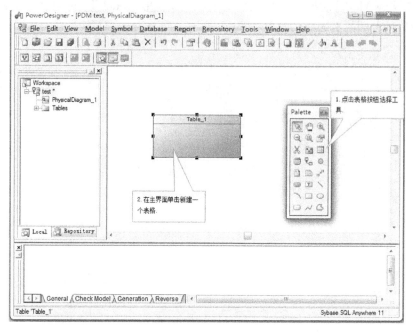

图 2.13　工作区

（4）双击所创建的表，可以打开属性窗口，进入数据表的详细设置，如图 2.14 所示。

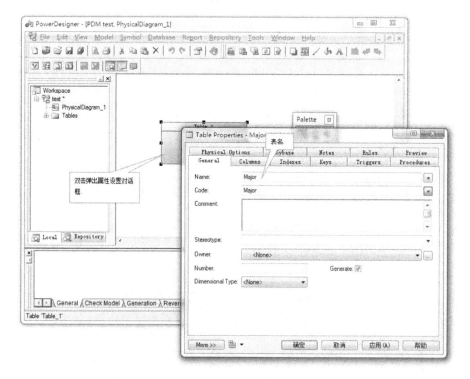

图 2.14　数据表的设置

（5）设置好表名，点击 Columns 标签，设置字段属性，设置如图 2.15 所示。

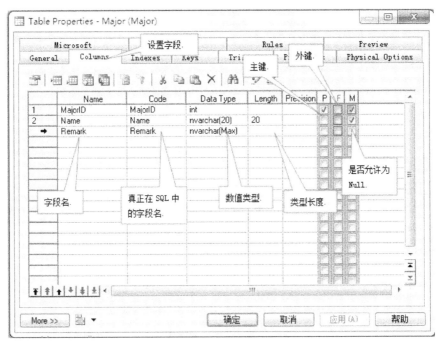

图 2.15　字段的设置

（6）如果有字段需要设置自动增长类型，如图 2.16 所示。

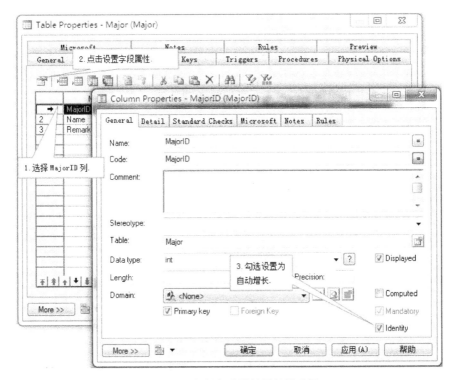

图 2.16　字段自动增长属性的设置

（7）依次在 Name 中输入字段名，Code 列会自动匹配用户输入的内容，两者区别是 Name 是给用户看的，Code 列是数据表的字段名，DataType 列是字段的数据类型，如图 2.17 所示。

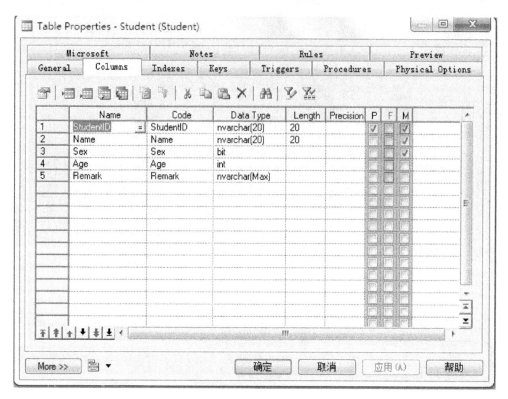

图 2.17 数据表的字段设置

（8）如果两个表需要设置表间关联，则在工具面板 Palette 中选择设置工具，然后在两表之间拖动。拖出的关联线是有箭头箭尾的，箭尾是外键所在表，箭头指向主键所在表。图 2.18 中，从 Student 表拖向 Major 表，便可以创建表间关联。

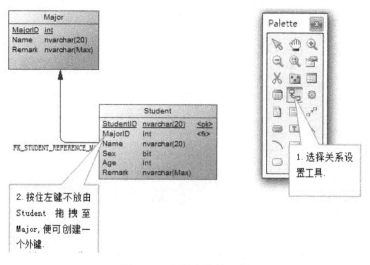

图 2.18 表间主外键设置

（9）当表全部设置好之后，设置所要生成的数据库属性，如图 2.19 所示。

图 2.19 数据库的属性设置

（10）点击 Database—Generate Database，设置好存储过程导出目录和文件名，点击确定输出数据库的 SQL，如图 2.20 所示。

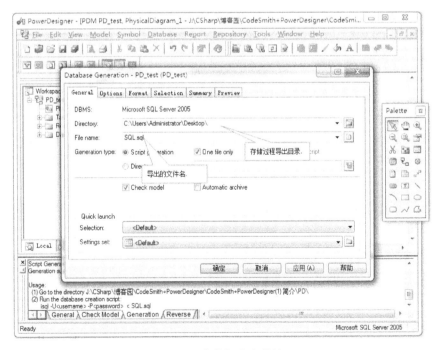

图 2.20 导出数据库生成的 SQL

2.3　系统需求分析

需求分析阶段是数据库应用系统开发的最重要阶段。需求分析要求应用系统的开发人员按照系统的思想,根据收集的资料,对系统目标进行分析,对业务的信息需求、功能需求以及管理中存在的问题等进行分析,抽取本质的、整体的需求,为设计一个结构良好的数据库应用系统的逻辑模型奠定坚实的基础。

2.3.1　总体需求介绍

为某贸易公司的销售系统设计一个数据库,要求如下:

公司分为好几个分公司,分别在不同的城市并按照地区分为北部、东部和南部地区,城市分别为北京、天津、大连、上海、苏州、南京、广州、深圳、长沙和昆明,每个分公司有销售定额和销售值,并有管理者。在公司的每个员工有编号、姓名、年龄、头衔和入职日期,每个员工都有销售定额和销售值,有其上司和所在分公司。

每个客户都有对其负责的销售员,因为在销售中不一定现款现付,每个客户都必须要有信用额度。

产品由不同的厂商生产,每个产品都用厂商编号和产品编号来确定,还有产品介绍和单价,库存数量等信息。

每次销售行为都形成订单,购买若干件产品,要求能知道每个销售行为的销售日期、负责的销售员、哪个客户买的以及每个产品数量和总金额,销售时库存不够则不能销售,还要求能查到每次销售行为当前已付和未付款项。

2.3.2　总体业务构造

贸易公司的业务主要有如下三个部分。

公司内部管理模块:按照层级组织的原则,将所有分公司按照所在区域进行划分,每个区域有若干家分公司,并都有专人进行业务管理。每个分公司有若干销售人员,各自有销售定额,整个分公司的销售目标是下属人员的定额总和,销售值是下属人员销售值的总和。

客户和产品管理模块:每个客户都安排一个销售人员进行业务对接,产品根据销售情况要随时调整库存。

订单管理模块:每一笔销售必须记录订单,订单包括详细的所订购产品信息,以及销售双方的信息,订购的日期等。每笔订单的销售额归入负责销售员及其所在分公司的业绩中。

2.4　数据库概念设计

概念设计就是通过对需求分析阶段所得到的信息需求进行综合、归纳与抽象,形成一个独立于具体数据库管理系统的概念模型,需要计划要存储有关哪些事物的信息,以及要保存有关各个事物的哪些信息,还需要确定这些事物的相互关系。主要的手段为 E-R 图。建立系统的 E-R 模型的描述,需进一步从数据流图和数据字典中提取系统所有的实体及其属性。这种提出实体的指导原则如下:

(1) 属性必须是不可分的数据项,即属性中不能包含其他的属性或实体。

(2) E-R 图中的关联必须是实体之间的关联,属性不能和其他实体之间有关联。

数据库设计时如下几点需要注意:数据库需要几个实体集和联系集? 每个实体集和联系集需要包含哪些属性? 表间关联怎么设计?

数据库的设计步骤如下:系统需求分析、设计数据库表、规划表中的字段、确定表与表之间的关系、优化表和表中字段的设计、输入数据、检测表的设计,如需要改进可以再次优化表的设计、创建查询、存储过程、触发器以及其他的数据库对象,使用数据库分析工具来分析和改进数据库的性能,设置数据库安全性。

2.4.1　创建域

域是一组具有相同数据类型值的集合,定义后可以被多个实体属性共享。由于引用同一域的数据项或者实体属性具有相同的数据类型、长度、精度等特性,使得不同实体中的属性标准化更容易。下面是案例数据库系统的域属性设置。

1. 数量域

主要用于设置产品的库存数量、销售数量等实体属性。在图 2.21 窗口设置域名称为数量,数据类型 Number(8),在图 2.22 窗口设置域值的范围在 1~99999999,缺省值为 1。

图 2.21　域-数量属性窗口

图 2.22　域-数量属性设置窗口

2. 日期域

主要用于设置员工入职日期、订单日期等实体属性。在图 2.23 窗口设置域名称为日期,数据类型 Date。在窗口 2.24 设置域值范围在 1990 - 1 - 1 到 SYSDATE(系统当前日期),缺省值为 SYSDATE。

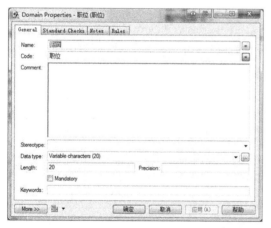

图 2.23　域-日期属性主窗口 　　　　图 2.24　域-日期属性设置窗口

3. 职位域

用于设置销售人员的职位的实体属性。在图 2.25 设置域名为职位,数据类型 Variable characters (20)。在图 2.26 设置职位列表为(总经理、区域经理、销售经理和销售代表)。

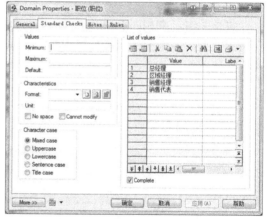

图 2.25　域-职位属性主窗口 　　　　图 2.26　域-职位属性设置窗口

4. 金额域

用于设置分公司和销售人员的销售目标、销售值,订单金额、产品单价、客户信用额度、订单已付款、订单未付款等实体属性。在图 2.27 设置域名为金额,数据类型 Money (14, 2)。在图 2.28 全部选择默认项目。

图 2.27 域-金额属性窗口

图 2.28 域-金额属性设置窗口

5. 年龄域

用于设置销售人员的年龄值，在图 2.29 设置域名为年龄，数据类型 Interger。在图 2.30 设置域值的范围为 18～80。

图 2.29 域-年龄属性窗口

图 2.30 域-年龄属性设置窗口

2.4.2　实体和属性

在数据库中，一个实体对应于一个名词。可识别的对象，例如，雇员、订单项、部门和产品，都是实体的示例。在数据库中用表代表各个实体。置入数据库的实体都源于要使用数据库执行的活动，例如，跟踪销售电话和维护雇员信息等等。

每个实体都包含一些属性。属性是指要为事物存储的特定特性。例如，在雇员实体中，需要存储雇员 ID 号、姓氏和名字、地址，以及与一个特定雇员相关的其他信息。

属性也称作特性。实体用一个矩形框表示。在矩形框内部，列出与该实体相关联的属性。标识符是指所有其他属性都依赖的一个或多个属性。它在实体中唯一地标识一个项目。在要组成标识符的属性名下面加上下划线，为每个实体都创建一个标识符。这些标识符在表中将成为主键，主键值必须唯一，并且不能为空或未定义。主键唯一地标识表中的每一行。

根据对案例数据库的需求分析，从中提取用于创建概念数据模型所需的数据，实体及其属性如表 2.1 所示。

表 2.1 实体与属性清单

编 号	实体名称	实体属性	图示
1	区域	区域编号、区域名称	图 2.31
2	分公司	分公司编号、分公司名称、分公司销售目标、分公司销售值	图 2.32
3	销售员	员工编号、员工姓名、年龄、职位、入职日期、销售定额,销售值	图 2.33
4	产品	厂商编号、产品编号、单价,库存数量、产品描述	图 2.34
5	客户	客户编号、客户名称、信用额度	图 2.35
6	订单	订单编号、订单日期、订单数量、订单金额、已付款、未付款	图 2.36

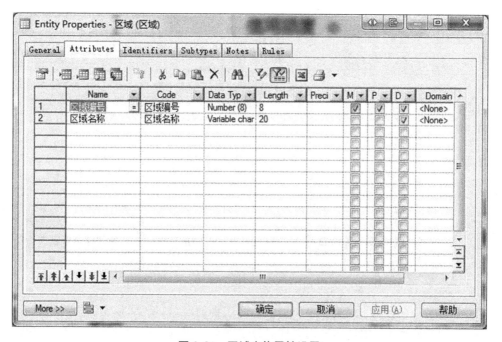

图 2.31 区域实体属性设置

图 2.32 区域分公司属性设置

图 2.33 销售员实体属性设置

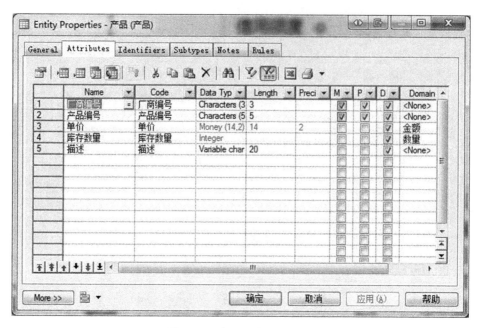

图 2.34 产品实体属性设置

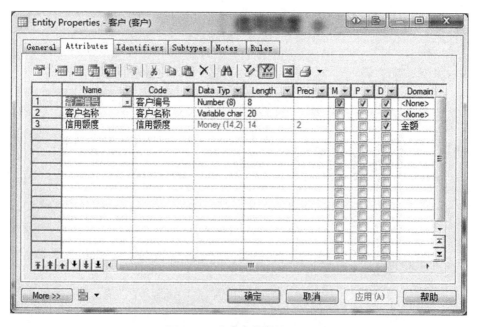

图 2.35 客户实体属性设置

图 2.36　订单实体属性设置

2.4.3　实体间的关系

在数据库中,实体之间的一个关系对应于一个动词。一个雇员属于一个部门,或者一个办事处位于一座城市。数据库中的关系可能表现为表间的外键关系,也可能自身就成为独立的表。要存储其相关信息的可识别对象或事物称作实体。它们之间的关联称作关系。在数据库描述语言中,可以将实体看作名词,将关系看作动词。概念模型对实体和关系进行了明确的区分,因此这种模型非常有用。这种模型将在任何特定数据库管理系统中实施设计所涉及的细节隐藏起来,从而使设计者可以集中考虑基础数据库结构。

概念数据库模型主要由一个显示实体和关系的示意图构成。这个示意图通常称作实体关系图。因此,许多人也使用实体关系建模这个词来指创建概念数据库模型的任务。在需求分析阶段我们采用的是自上而下的分析方法,那么要在其基础上进一步作概念设计我们面临的是细化的分析得到实体及其属性后,进一步可分析各实体之间的联系。

1. 一对多联系(1∶n)或者多对一联系(n∶1)

有 A,B 两个实体集,若 A 中的每个实体可以同 B 中的任意数目的实体相联系,而 B 中的每一个实体最多同 A 中的一个实体相联系,则实体 A 到 B 的联系称为一对多联系,记作 1∶n。

反过来,若 A,B 两个实体,若 A 中的每个实体最多同 B 中的一个实体相联系,而 B 中的每一个实体可以同 A 中的任意数目实体相联系,则实体 A 到 B 的联系称为多对一联系,记作 n∶1。

在一般情况,需要实体集 A 必须有且只能有一个对应实体 B,属于(1.1　0.n)类型,在案例数据库系统中,有下面 4 种情况属于这一联系类型,如图 2.37 所示。

（1）区域_分公司联系：一个区域内可能有任意多家分公司，而每个分公司必须有且只能属于一个区域。区域为实体 A，分公司为实体 B，如图 2.38 所示。

（2）区域_管理联系：一个销售员可能在多个区域任经理，而每个区域必须有且最多有一个销售员任经理负责管理。担任经理的销售员为 A，区域为 B，如图 2.39 所示。

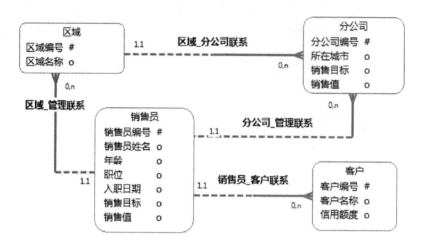

图 2.37　1∶n/n∶1 联系

图 2.38　区域分公司关联设置窗口

图 2.39　区域管理关联设置窗口

（3）分公司_管理联系：一个销售员可能在多个分公司任经理，而每个分公司有且最多有一个销售员任经理负责管理。担任经理的销售员为 A，分公司为 B，如图 2.40 所示。

（4）销售员_客户联系：一个销售员可以负责任意多个客户进行业务管理，而一个客户有且最多有一个销售员对应进行业务联系。销售员为 A，客户为 B，如图 2.41 所示。

图 2.40　分公司管理关联属性窗口

图 2.41　销售员客户关联属性设置窗口

还有一种情况,需要实体集 A 可以跟 B 中任意数目的实体对应,任意数目包括没有对应值,属于(0.1　0.n)类型。案例数据库中,销售员和分公司的关系就属于这类,每个分公司包括多个员工,但不是每个员工都需要有一个对应的分公司,例如新来的员工还没分配,如图 2.42 所示。

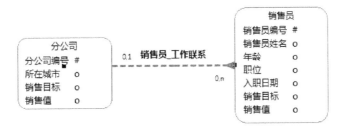

图 2.42　一对多联系

关联设置如图 2.43 和图 2.44 所示。

图 2.43　销售员工作关联属性主窗口

图 2.44　销售员工作关联属性设置窗口

2. 递归联系

递归联系是指实体与自身的联系,在案例数据库销售员有一个且仅一个领导对其进行管理,一个领导可以管理多名销售员,则销售员本身存在 1∶n 的递归联系,如图 2.45 所示。

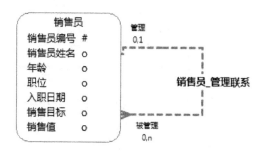

图 2.45　递归联系

递归设置如图 2.46 和图 2.47 所示。

图 2.46　销售员管理递归关联属性主窗口　　　图 2.47　销售员管理递归关联属性设置窗口

3. 多元联系

一个销售员可以销售多种产品,一种产品可以被多个销售员销售;一个客户可以购买多种产品,一种产品可以被多个客户购买。销售员与产品,客户与产品之间均构成多对多联系。表示为 m∶n 联系。这两种关联均通过订单联接在一起,形成多元联系。

销售员、客户、商品之间因为订单所联接形成的多元联系完整描述如下:

(1) 每个客户可以订购多种产品,每个产品可被多个客户订购。

(2) 一名销售人员可以销售多种产品,一种产品可由多个销售员销售。

(3) 每次销售需要记录销售员、客户、产品以及订购时间、数量和金额。

多元联系结构如图 2.48 所示。

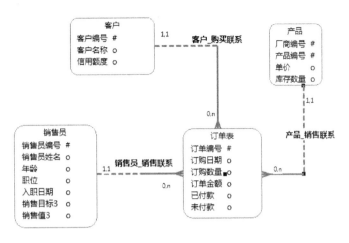

图 2.48　销售员、客户和产品的多元联系

客户采购联系的设置如图 2.49 和图 2.50 所示。

图 2.49　销售员工作关联属性主窗口

图 2.50　销售员工作关联属性设置窗口

产品销售联系联系的设置如图 2.51 和图 2.52 所示。

图 2.51　产品销售关联属性主窗口

图 2.52　产品销售关联属性设置窗口

客户购买联系的设置如图 2.49 和图 2.50 所示。

图 2.53　客户购买关联属性主窗口　　　图 2.54　客户购买关联属性设置窗口

　　系统的局部 E-R 图,仅反映系统局部实体之间的联系,但无法反映系统在整体上实体间的相互联系。而对于一个比较复杂的应用系统来说,这些局部的 E-R 图往往有多人各自分析完成的,只反映局部的独立应用的状况,在系统整体的运作需要时,他们之间有可能存在重复的部分或冲突的情况,如实体的划分、实体或属性的命名不一致等,属性的具体含义(包括数据类型以及取值范围等不一致)问题,都可能造成上述提到的现象。

　　为解决这些问题,必须理清系统在应用环境中的具体语义,进行综合统一,通过调整消除那些问题,集成为一个整体的数据概念结构,得到系统的全局 E-R 图。

　　整理上述分 E-R 图,整合为图 2.55 所示的总 E-R 图,整个数据库分为 6 张表,9 种关联。

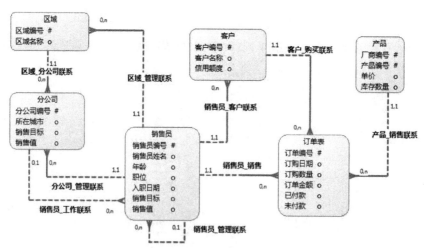

图 2.55　案例数据库总 E-R 图

2.5　关系表的规范化

在概念设计完成之后,必须在规范化和实际要求进行优化。

首先,需要我们确定上面建立的关系模式中的函数依赖,一般在做需求分析时就了解到一些数据项的依赖关系,如教师的编号决定了教师的姓名和其他的数据项信息,而实体间的联系本身也是反映了一种函数依赖关系。其次,对所有函数依赖进行检查,判别是否存在部分函数依赖以及传递函数依赖,针对有的依赖通过投影分解,消除在一个关系模式中存在的部分函数依赖和传递函数依赖。大部分数据库系统只要满足第三关系范式就可以,这也是我们这里规范化的基本要求。

数据规范化包括几项测试。数据在通过了第一项测试后,我们认为它满足第一范式;通过了第二项测试后,它满足第二范式;通过了第三项测试后,则满足第三范式。步骤如下:

步骤 1:列出这些数据。

○ 为每个实体至少确定一个键。每个实体必须有一个标识符。

○ 确定关系的键。关系的键是该关系所连接的两个实体的键。

○ 检查支持数据列表中是否有计算数据。计算数据通常不存储在关系数据库中。

步骤 2:第一范式测试。

○ 如果一个属性在同一个条目上可以有几个不同的值,则删除这些重复的值。

○ 用删除的数据创建一个或多个实体或关系。

步骤 3:第二范式测试。

○ 找出带有多个键的实体和关系。

○ 删除只依赖于键的一部分的数据。

○ 用删除的数据创建一个或多个实体或关系。

步骤 4:第三范式测试。

○ 删除依赖于实体或关系中的其他数据,而不依赖于键的数据。

○ 用删除的数据创建一个或多个实体或关系。

在规范化过程中,发现在订单表的设计中会出现一些缺陷。当一个订单订购了多种产品的时候,会出现不符合第二设计范式,如表 2.2 所示。

表 2.2　数据信息范例

编号(P)	订单编号	产　品	订购日期	订购者	销售者	订购数量	金额	……
00101	001	ACI	2015/9/20	2101	103	10	200	……
00102	001	YMM	2015/9/20	2101	103	20	300	……
00201	002	QYQ	2016/2/14	2103	201	15	850	……
00202	002	XXL	2016/4/15	2013	201	12	600	————

原先的设计中属性订购日期、订购者和销售者等并不依赖编号,信息被重复了,数据冗余。现将关于每个订单的公共信息提取出来形成一个新的实体,与原先的实体形成一对多关系,为图 2.56 中的订单详细表。

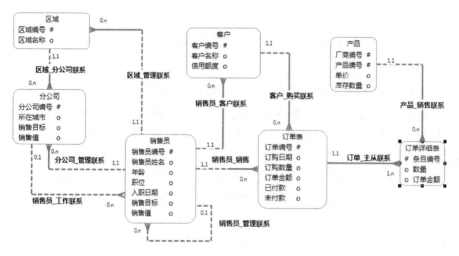

图 2.56 符合设计范式的总 E - R 图

2.6 数据库逻辑设计

在概念设计阶段得到的数据模型,是独立于具体 DBMS 产品的信息模型。在逻辑设计阶段就是将这种模型进一步转化为某一种(某些类)DBMS 产品支持的数据模型。逻辑设计就是把 E - R 图转换成关系模式,并对其进行优化。

在 Power Designer 的 CDM 模型中,打开 Tool→Generate Logical Data Mode 菜单项,打开生成 LDM 模型,可以生成案例数据库系统的逻辑数据模型,如图 2.57 所示。

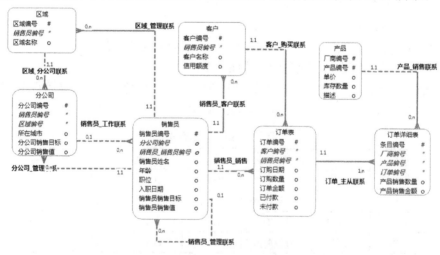

图 2.57 案例数据库系统逻辑数据模型

可以看出,逻辑设计将前面的概念设计转化为具体的实现形式。

2.7　数据库物理设计

在前面数据库逻辑设计的基础上,在 Power Designer 中使用 PDM 建模,建立数据库的物理数据模型。为了适用于不同的环境,这里将数据表名和字段名全部用用英文表示。所建立的 PDM 模型如图 2.58 所示。然后使用菜单中的 Database→Generate Database 转化为创建数据表以及表对象(关联、索引)的 SQL 语句。执行这个 SQL 即可创建好数据表。

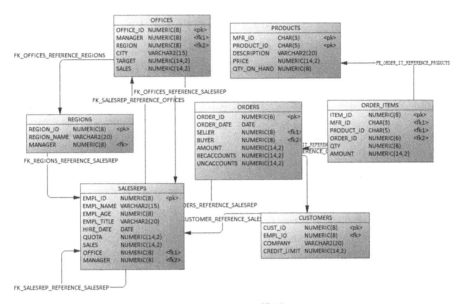

图 2.58　PDM 模型

2.8　本章小结

本章在第一章数据库系统基础的理论基础上,通过对一个实例——贸易公司销售系统,详细讲解了数据库设计的相关知识。通过对本章的学习,读者可以在具体的实践活动中贯彻前面各个章节的理论思想,为以后工作中实际的应用系统的数据库设计打下坚实的基础。

第 3 章 Oracle 数据库

Oracle 数据库系统是世界领先的数据库管理系统,在集群技术、高可用性、商业智能、安全性、系统管理等方面都在业界处于领先地位。Oracle 数据库拥有强大的功能和灵活的配置方式,是企业及开发的首选。但因为有一定的操作难度,使得很多初学者望而却步。本章首先介绍 Oracle 数据库的发展历程,然后由浅入深,图文并茂的讲解 Oracle 数据库安装、配置,体系结构和开发工具的使用,帮助读者逐步熟悉 Oracle 数据库的使用。

3.1 Oracle 数据库简介

1977 年 6 月,Larry Ellison 与 Bob Miner 和 Ed Oates 在硅谷共同创办了一家名为"软件开发实验室"的软件公司(Oracle 公司的前身,英文缩写 SDL)。在 Oates 看到了埃德加·考特的那篇著名的论文连同其他几篇相关的文章之后,非常兴奋,他找来 Ellison 和 Miner 共同阅读,Ellison 和 Miner 也预见到关系型数据库软件的巨大潜力。于是,这 3 个数据库界的巨人开始共同筹划构建可商用的关系型数据库管理系统(英文缩写 RDBMS),并把这种商用数据库产品命名为 Oracle。因为他们相信,Oracle(字典里的解释有"神谕、预言"之意)是一切智慧的源泉,这样当今世界最强大、最优秀的 Oracle 数据库诞生了。

1979 年,SDL 更名为关系软件有限公司(Relational Software, Inc. , RSI)。1983 年,为了突出公司的核心产品,RSI 再次更名为 Oracle。Oracle 从此正式走入人们的视野。

RSI 在 1979 年的夏季发布了可用于 DEC 公司的 PDP - 11 计算机上的商用 Oracle 产品,这个数据库产品整合了比较完整的 SQL 实现,其中包括子查询、连接及其他特性。出于市场策略,公司宣称这是该产品的第 2 版,但却是实际上的第 1 版。

1983 年 3 月,RSI 发布了 Oracle 第 3 版。Miner 和 Scott 历尽艰辛用 C 语言重新写就这一版本。因为 C 编译器便宜而又有效,还有很好的移植性。从那时起,Oracle 产品有了一个关键的特性:可移植性。

1984 年 10 月,Oracle 发布了第 4 版产品。产品的稳定性总算得到了得到了一定的增强,用 Miner 的话说,达到了"工业强度"。

在 1985 年,Oracle 发布了 5.0 版。有用户说,这个版本算得上是 Oracle 数据库的稳定版本。这也是首批可以在 Client/Server 模式下运行的 RDBMS 产品。

1986 年 3 月 12 日,Oracle 公司公开上市。

Oracle 第 6 版于 1988 年发布。由于过去的版本在性能上屡受诟病,Miner 带领着工程师对数据库核心进行了重新改写。引入了行级锁(row-level locking)这个重要的特性,也就是说,执行写入的事务处理只锁定受影响的行,而不是整个表。这个版本引入了还算不上完善的 PL/SQL(Procedural Language extension to SQL)语言。第 6 版还引入了联机热备份功能,使数据库能够在使用过程中创建联机的备份,这极大地增强了可用性。

Oracle 第 7 版 1992 年 6 月终于闪亮登场,该版本增加了许多新的性能特性:分布式事务处理功能、增强的管理功能、用于应用程序开发的新工具以及安全性方法。Oracle 借助这一版本的成功,销售额也从 1992 年的 15 亿美元变为 4 年后的 42 亿美元。

1997 年 6 月,Oracle 第 8 版发布。Oracle 8 支持面向对象的开发及新的多媒体应用,这个版本也为支持 Internet、网络计算等奠定了基础。同时这一版本开始具有同时处理大量用户和海量数据的特性。

1998 年 9 月,Oracle 公司正式发布 Oracle 8i。"i"代表 Internet,这一版本中添加了大量为支持 Internet 而设计的特性。这一版本为数据库用户提供了全方位的 Java 支持。Oracle 8i 成为第一个完全整合了本地 Java 运行时环境的数据库,用 Java 就可以编写 Oracle 的存储过程。

在 2001 年 6 月的 Oracle Open World 大会中,Oracle 发布了 Oracle 9i。在 Oracle 9i 的诸多新特性中,最重要的就是 Real Application Clusters(RAC)了。

2003 年 9 月 8 日,旧金山举办的 Oracle World 大会上,Ellison 宣布下一代数据库产品为"Oracle 10g"。Oracle 应用服务器 10g(Oracle Application Server 10g)也将作为甲骨文公司下一代应用基础架构软件集成套件。"g"代表"grid,网格"。这一版的最大的特性就是加入了网格计算的功能(Oracle 绝对是造概念的能手,只要是能引领出新的卖点,出些新概念,也是值得的)。

2007 年 11 月,Oracle 11g 正式发布,功能上大大加强。11g 是甲骨文公司 30 年来发布的最重要的数据库版本,根据用户的需求实现了信息生命周期管理(Information Lifecycle Management)等多项创新。大幅提高了系统性能安全性,全新的 Data Guard 最大化了可用性,利用全新的高级数据压缩技术降低了数据存储的支出,明显缩短了应用程序测试环境部署及分析测试结果所花费的时间,增加了 RFID Tag、DICOM 医学图像、3D 空间等重要数据类型的支持,加强了对 Binary XML 的支持和性能优化。

3.2　Oracle 的安装和配置

3.2.1　安装 Oracle 数据库

在安装 Oracle 之前,首先需要获得 Oracle 数据库的安装包,可以登录 https://www.oracle.com/进行下载。下载时要主要不同的操作系统,不同的版本。完整下载好安装包之后,就可以直接进行安装了。

(1) 点击 Oracle 的安装文件中,启动安装,界面如图 3.1 所示。

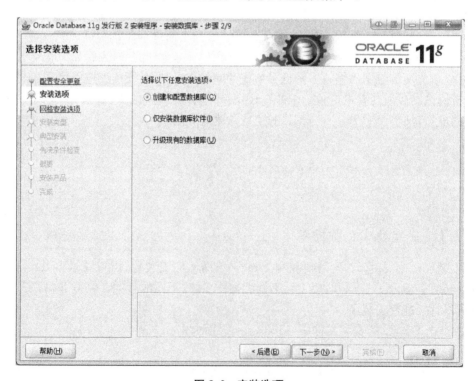

图 3.1　启动安装界面

（2）安装选项，如图 3.2 所示，这里选择"创建和配置数据库"。

图 3.2　安装选项

（3）安装数据库，个人学习和开发研究，选桌面类即可，如图 3.3 所示。

图 3.3　安装数据库

（4）设置 Oracle 的基本目录，选择【数据库版本】下的【企业版 3.27GB】，【字符集】下拉
列表中的【ZHS16GBK】选项，并输入统一的管理口令。Oracle 要求的密码强度比较高，建
议的密码组合为：大写字母＋小写字母＋数字。字符长度还要控制在 Oracle 数据库要求的
范围之内。设置好之后单击【下一步】，如图 3.4 所示。

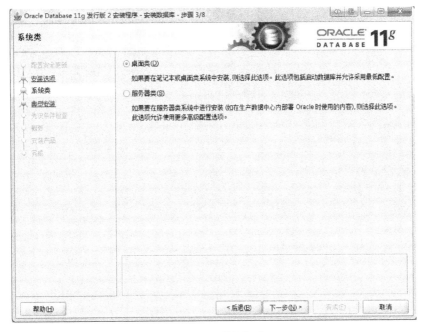

图 3.4　典型安装

（5）执行先决条件检查，开始检查目标环境是否满足最低安装和配置条件，如图 3.5 所示。

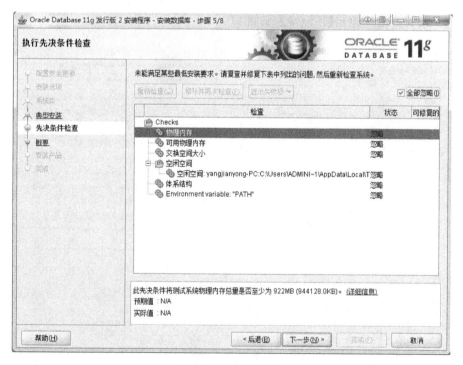

图 3.5　执行先决条件检查

（6）进入安装信息界面，直接点击【下一步】，如图 3.6 所示。

图 3.6　安装概要

（7）进入安装概要界面，直接点击【完成】，进行安装，如图 3.7 所示。

图 3.7　安装概要界面

（8）安装进行中，如图 3.8 所示。

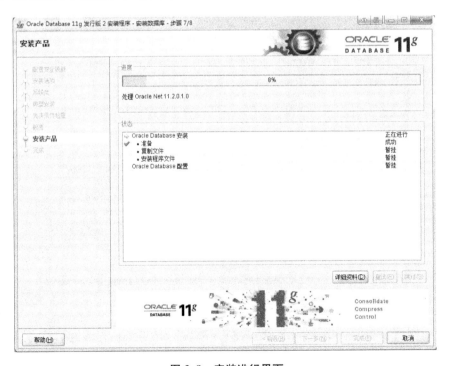

图 3.8　安装进行界面

（9）安装实例数据库，如图 3.9 所示。

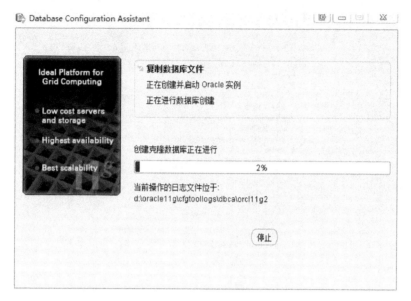

图 3.9　安装实例数据库

（10）安装完成，显示安装信息，如图 3.10 所示。

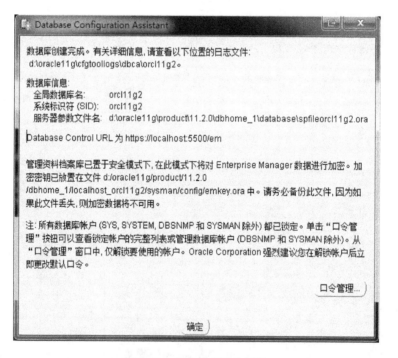

图 3.10　安装完成信息显示

（11）打开口令管理，修改 SYSYTEM，SYS 和 SCOTT 密码，修改之后单击【确定】，如图 3.11 所示。安装完成。

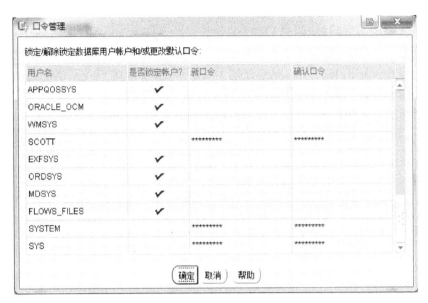

图 3.11　口令管理

3.2.2　Oracle 的服务

如果需要使用 Oracle,必须先启动相关服务,有三个主要的服务,名称和功能如下:

(1) Oracle<Oracle_HOME_NAME>TNSListener:

该服务是服务器端为客户端提供的监听服务,只有该服务在服务器上正常启动,客户端才能连接到服务器。该监听服务接收客户端发出的请求,然后将请求传递给数据库服务器。一旦建立了连接,客户端和数据库服务器就能直接通信了。

(2) OracleService<SID>

该服务是数据库启动的基础,只有该服务启动了,Oracle 数据库才能正常启动。这是必须启动的服务。

(3) OracleDBConsole<SID>

Oracle 提供了一个基于 B/S 的企业管理器,在操作系统的命令行中输入命令:emctl start dbconsole,就可以启动 OracleDbConsole 服务。

3.2.3　Oracle 数据库管理助手

Oracle Enterprise Manager(OEM)是基于 Web 界面的 Oracle 数据库管理工具。采用 Web 应用方式实现对 Oracle 运行环境的完全管理,包括对数据库、监听器、主机、应用服务器、HTTP 服务器、Web 应用等的管理。DBA 可以从任何可以访问 Web 应用的位置通过 OEM 对数据库和其他服务进行各种管理和监控操作。它的主要功能如下:

(1) 实现对 Oracle 运行环境的完全管理,包括 Oracle 数据库和应用服务器等的管理。

(2) 实现对单个 Oracle 数据库的本地管理,包括系统监控、性能诊断与优化、系统维护、对象管理、存储管理、安全管理、作业管理、数据备份与恢复、数据移植等。

(3) 实现对多个 Oracle 数据库的集中管理。

（4）实现对 Oracle 应用服务器的管理；检查与管理目标计算机系统软硬件配置。

在安装过程中，系统自动创建 OEM 的超级用户 SYSMAN，将 OEM 的管理权限授予数据库用户 SYS 和 SYSTEM。启动 Oracle 的 OEM 只需在浏览器中输入其 URL 地址，通常为 https://localhost:1518/em，然后连接主页即可；也可以在"开始"菜单的"Oracle 程序组"中选择"Database Control-orcl"菜单命令来启动 Oracle 的 OEM 工具。

在登录界面输入用户名、口令，并选择连接身份后，单击"登录"按钮。以 OEM 管理员账户登录，如图 3.12 所示。

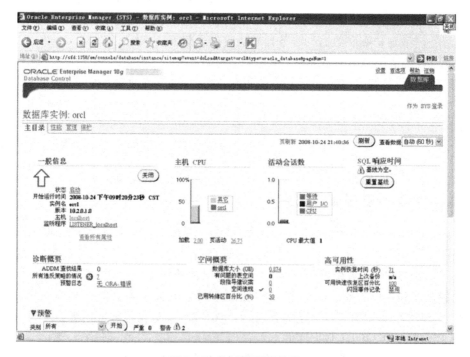

图 3.12　OEM 登录界面

"主目录"属性页：反映数据库运行状态的信息，如图 3.13 所示。

图 3.13　"主目录"属性页

"性能"属性页：实时监控数据库服务器运行状态，提供系统运行参数，如图 3.14 所示。

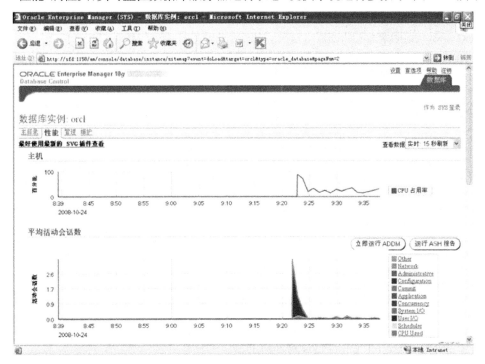

图 3.14　"性能"属性页

"管理"属性页：可以配置和调整数据库的各个方面，提高性能和调整设置，如图 3.15 所示。

图 3.15　"管理"属性页

"维护"属性页:可以实现数据库的备份与恢复,将数据导出到文件或从文件中导入数据,将数据从文件加载到 Oracle 数据库中,收集、估计和删除统计信息,同时提高对数据库对象进行 SQL 查询的性能如图 3.16、图 3.17、图 3.18、图 3.19、图 3.20 所示。

图 3.16　"维护"属性页

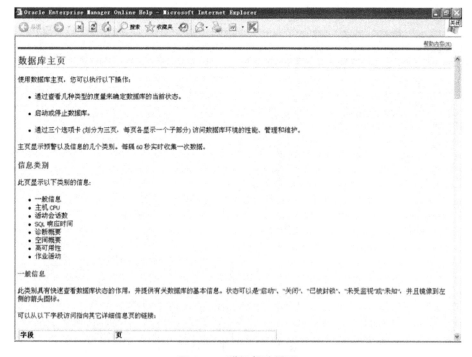

图 3.17　联机帮助界面

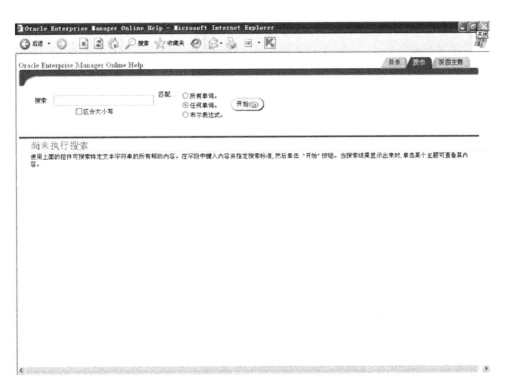

图 3.18　高级帮助界面

图 3.19　搜索界面

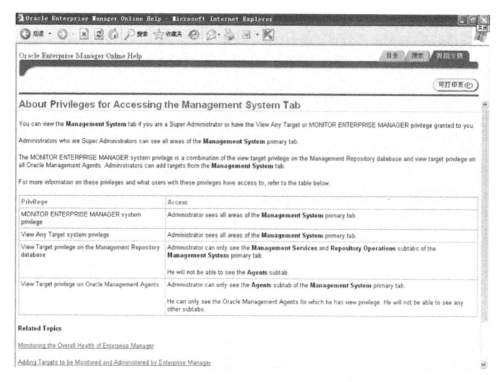

图 3.20　视图主题界面

3.3　Oracle 体系结构

在 Oracle 数据库管理系统中有 3 个重要的概念需要理解，那就是实例（Instance）、数据库（Database）和数据库服务器（Database Server）。

实例是指一组 Oracle 后台进程以及在服务器中分配的共享内存区域；数据库是由基于磁盘的数据文件、控制文件、日志文件、参数文件和归档日志文件等组成的物理文件集合；数据库服务器是指管理数据库的各种软件工具（比如，sqlplus、OEM 等）和实例及数据库三个部分。

从实例与数据库之间的辩证关系来讲，实例用于管理和控制数据库；而数据库为实例提供数据。一个数据库可以被多个实例装载和打开；而一个实例在其生存期内只能装载和打开一个数据库。

3.3.1　逻辑存储结构

逻辑结构是 Oracle 数据库存储结构的核心内容，对 Oracle 数据库的所有操作都会涉及逻辑存储结构。Oracle 的逻辑结构是一种层次结构，主要由表空间、段、区间和数据块等概念组成，下面分别做介绍。

1. 数据块(Data Blocks)

数据块是 Oracle 逻辑存储结构中的最小的逻辑单位,也是执行数据库输入输出操作的最小存储单位。Oracle 数据存放在"Oracle 数据块"中,而不是"操作系统块"中。通常 Oracle 数据块是操作系统块的整数倍,如果操作系统快的大小为 2048B,并且 Oracle 数据块的大小为 8192B,则表示 Oracle 数据块由 4 个操作系统块构成。Oracle 数据块有一定的标准大小,其大小被写入到初始化参数 DB_BlOCK_SIZE 中。另外,Oracle 支持在同一个数据库中使用多种大小的块,与标准块大小不同的块就是非标准块。

2. 数据区(Extent)

数据区(也可称作数据扩展区)是由一组连续的 Oracle 数据块所构成的 Oracle 存储结构,一个或多个数据块组成一个数据区,一个或多个数据区再组成一个段(Segment)。当一个段中的所有空间被使用完后,Oracle 系统将自动为该段分配一个新的数据区,这也正符合 Extent 这个单词所具有的"扩展"的含义,可见数据区是 Oracle 存储分配的最小单位,Oracle 就以数据区为单位进行存储控件的扩展。

使用数据区的目的是用来保存特定数据类型的数据,也是表中数据增长的基本单位。在 Oracle 数据库中,分配存储空间就是以数据区为单位的。一个 Oracle 对象包含至少一个数据区。设置一个表或索引的存储参数包含设置它的数据区大小。

3. 段(Segment)

段是由多个数据区构成的,它是为特定的数据库对象分配的一系列数据区。段内包含的数据区可以不连续,并且可以跨越多个文件。一个 Oracle 中的段可有 4 种类型。

数据段也称为表段,用来存储用户的数据。当创建一个表时,系统自动创建一个以该表的名字命名的数据段。索引段用来存储系统、用户的索引信息,一旦建立索引,系统自动创建一个以该索引的名字命名的索引段。回滚段包含了回滚信息,并在数据库恢复期间使用,以便为数据库提供读入一致性和回滚未提交的事务,即用来回滚事务的数据空间。临时段是 Oracle 在运行过程中自行创建的段。例如当一个 SQL 语句需要临时工作区时,建立临时段,一旦语句执行完毕,临时段的区间便退回给系统。

4. 表空间(Table Space)

Oracle 使用表空间将相关的逻辑结构(比如段、数据区等)组合在一起,表空间是数据库的最大逻辑划分区域,通常用来存放数据表、索引、回滚段等数据对象(即 Segment),任何数据对象在创建时都必须被指定存储在某个表空间中。表空间(属逻辑存储结构)与数据文件(属物理存储结构)相对应,一个表空间由一个或多个数据文件组成,一个数据文件只属于一个表空间;Oracle 数据的存储空间在逻辑上表现为表空间,而在物理上表现为数据文件。举个例子来说,表空间相当于操作系统中的文件夹,而数据文件就相当于文件夹中的文件。每个数据库至少有一个表空间(即 SYSTEM 表空间),表空间的大小等于所有从属于它的数据文件大小的总和。关于表空间更详细的讲解请看第 4 章。

3.3.2　物理存储结构

物理存储结构用来描述 Oracle 数据在磁盘上物理组成部分。由多种物理文件组成,主要有数据文件、控制文件、重做日志文件、归档文件、服务器参数文件等。

1. 数据文件

数据文件是用于保存用户应用程序数据和 Oracle 系统内部数据的文件,这些文件在操作系统中就是普通的操作系统文件,Oracle 在创建表空间的同时会创建数据文件。Oracle 数据库在逻辑上由表空间组成,每个表空间可以包含一个或多个数据文件,一个数据文件只能隶属于一个表空间,如图 3.21 所示。

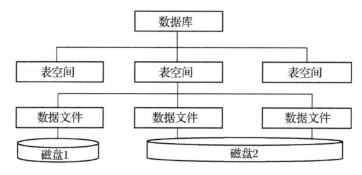

图 3.21　数据库、表空间、数据文件、磁盘之间的关系

2. 控制文件

控制文件是一个二进制文件,它记录了数据库的物理结构,其中主要包含数据库名、数据文件与日志文件的名字和位置、数据库建立日期等信息。控制文件一般在 Oracle 系统安装时或创建数据库时自动创建,控制文件所存放的路径由服务器参数文件 spfileorcl. ora 的 control_files 参数值来指定。

由于控制文件存放有数据文件、日志文件等的相关信息,因此,Oracle 实例在启动时必须访问控制文件。如果控制文件正常,实例才能加载并打开数据库;但若控制文件中记录了错误的信息,或者实例无法找到一个可用的控制文件,则实例无法正常启动。

3. 日志文件

日志文件的主要功能是记录对数据所做的修改,对数据库所做的修改几乎都记录在日志文件中。在出现问题时,可以通过日志文件得到原始数据,从而保障不丢失已有操作成果。Oracle 的日志文件包括重做日志文件(Redo Log File)和归档日志文件(Archive Log File),它们是 Oracle 系统的主要文件之一,尤其是重做日志文件,它是 Oracle 数据库系统正常运行所不可或缺的。

4. 服务器参数文件

服务器参数文件 SPFILE(Server Parameter File)是二进制文件,用来记录了 Oracle 数据库的基本参数信息(如,数据库名、控制文件所在路径、日志缓冲大小等)。数据库实例在启动之前,Oracle 系统首先会读取 SPFILE 参数文件中设置的这些参数,并根据这些初始化参数来配置和启动实例。比如,设置标准数据块的大小(即参数 db_block_size 的值)、设置日志缓冲区的大小(即参数 log_buffer 的值)等等,所以 SPFILE 参数文件非常重要。服务器参数文件在安装 Oracle 数据库系统时由系统自动创建,文件的名称为 SPFILEsid. ora,sid 为所创建的数据库实例名。与早期版本的初始化参数文件 INITsid. ora 不同的是,SPFILE 中的参数由 Oracle 系统自动维护,如果要对某些参数进行修改,则尽可能不要直接对 SPFILE 进行编辑,最好通过企业管理器(OEM)或 ALTER SYSTEM 命令来修改,所修改过的参数会自动写到 SPFILE 中。

Oracle 系统运行时,除了必须的数据文件、控制文件、日志文件及服务器参数文件外,还需要一些辅助文件,如,密码文件、警告文件和跟踪文件。

3.3.3　Oracle 11g 服务器结构

Oracle 服务器主要由实例、数据库、程序全局区和前台进程组成。实例可以进一步划分为系统全局区和后台进程两部分。下面进行详细讲解。

1. 系统全局区

系统全局区(System Global Area)是所有用户进程共享的一块内存区域,也就是说,SGA 中的数据资源可以被多个用户进程共同使用。SGA 主要由高速数据缓冲区、共享池、重做日志缓存区、Java 池和大型池等内存结构组成。SGA 随着数据库实例的启动而加载到内存中,当数据库实例关闭时,SGA 区域也就消失了。

2. 程序全局区

程序全局区(Program Global Area)也可称作用户进程全局区,它的内存区在进程私有区而不是共享区中。虽然 PGA 是一个全局区,可以把代码、全局变量和数据结构都存放在其中,但区域内的资源并不像 SGA 一样被所有的用户进程所共享,而是每个 Oracle 服务器进程都只拥有属于自己的那部分 PGA 资源。

在程序全局区(PGA)中,一个服务进程只能访问属于它自己的那部分 PGA 资源区,各个服务进程的 PGA 区的总和即为实例的 PGA 区的大小。通常 PGA 区由私有 SQL 区和会话区组成。

3. 前台进程

(1)用户进程:用户进程是指那些能够产生或执行 SQL 语句的应用程序,无论是 SQL Plus,还是其他应用程序,只要是能生成或执行 SQL 语句,都被称作用户进程。

(2)服务器进程:服务进程就是用于处理用户会话过程中向数据库实例发出的 SQL 语句或 SQL Plus 命令,它可以分为专用服务器模式和共享服务器模式。

4. 后台进程

Oracle 后台进程是一组运行于 Oracle 服务器端的后台程序,是 Oracle 实例的重要组成部分。进程包括 DBWR、CKPT、LGWR、ARCH、SMON、PMON、LCKN、RECO、DNNN、SNPN。其中 SMON、PMON、DBWR、LGWR 和 CKPT 这 5 个后台进程必须正常启动,否则将导致数据库实例崩溃。此外,还有很多辅助进程,用于实现相关的辅助功能,如果这些辅助进程发生问题,只是某些功能受到影响,一般不会导致数据库实例崩溃。

3.4　数据库开发和管理工具

Oracle 数据库管理系统提供了许多的开发和管理工具,可以用来管理 Oracle 服务器、对数据库进行访问控制、管理用户以及数据备份恢复等。这使得用户对数据库的使用非常方便和灵活,本节将介绍这些工具的使用。

3.4.1　SQL Plus

SQL Plus 是一款简单易用的 Oracle 客户端工具。除了在本节介绍的格式化属性之外，还可以通过指定其他属性来更好的格式化输出结果。例如，使用 column 命令来设定特定列的输出格式。值得注意的是，在 SQL Plus 中自定义的属性，当 SQL Plus 会话关闭时将失效。除此之外，还可以通过 host 关键字，后跟系统命令的方式来调用 DOS 命令（Windows）；或者使用"!"后跟系统命令来执行实际的系统命令（Linux）。

SQL Plus 工具主要用来进行数据查询和数据处理。利用 SQL Plus 可将 SQL 和 Oracle 专有的 PL/SQL 结合起来进行数据查询和处理。SQL Plus 工具具备以下功能：

（1）定义变量，编写 SQL 语句。

（2）插入、修改、删除、查询，以及执行命令和 PL/SQL 语句。

（3）格式化查询结构、运算处理、保存、打印机输出等。

（4）显示任何一个表的字段定义，并实现与用户进行交互。

（5）完成数据库的几乎所有管理工作。比如，维护表空间和数据表。

（6）运行存储在数据库中的子程序或包。

（7）以 sysdba 身份登录数据库实例，可以实现启动/停止数据库实例。

SQL Plus 是一个常用工具，经常被用作简单查询、更新数据库对象、更新数据库中数据、调试数据库等的首选工具。本节将详细讲述 SQL Plus 的使用。SQL Plus 有两种模式，一种为命令行模式，另一种为 GUI 模式。这两种方式具有相同的功能，但是 GUI 模式的用户界面更加友好。这两种登录方式实际对应了两个可执行文件。在 Windows 下，打开 Oracle 安装目录下的 BIN 文件夹，会获得这两个可执行文件。

选择"开始"/"所有程序"/"Oracle－OraDb11g_home1"/"应用程序开发"/"SQL Plus"命令，打开的命令窗口如图 3.22 所示。

图 3.22　SQL PLUS 命令窗口

1. SQL PLUS 的输出和设置

在 Oracle 数据库中，用户可以使用 SET 命令来设置 SQL Plus 的运行环境，语法格式为：

```
SET system_variable valu;
```

参数 system_variable 表示变量名，参数 value 表示变量值。system_variable value 取值：

```
    ARRAY {15|n}                //设置从数据库中提取的行数目
    AUTO   {ON|OFF|IMM|n}       //设置是否对修改数据进行自动提交
    ECHO {ON|OFF}               //设置是否显示@命令中正在执行的 SQL 语句
    EDITF file_name             //设置 EDIT 命令默认的文件名
    NEWP {1|n|NONE}             //设置页与页之间的分隔
    PAGESIZE /LINESIZE          //设置每页的行数/每行的宽度
    PAU[SE] {ON|OFF|text}       //是否允许控制终端的滚动
    SERVEROUT {ON|OFF} [SIZE n] //控制是否显示存储过程
    TERM {ON|OFF}               //控制是否显示启动文件的正常输出
    TIME {ON|OFF}               //控制时间统计信息的显示
    TRIM {ON|OFF}               //是否允许伪脱机的末尾空格
    VER {ON|OFF}                //是否显示 SQL 命令中变量的新旧值
```

SHOW：显示 SQL PLUS 系统变量值或当前的 SQL PLUS 环境。格式如下：

```
    SHOW   Option
```

Option 值：ALL　//显示当前环境变量的值　ERR［ORS］［｛ FUNCTION ｜ PROCEDURE ｜ PACKAGE ｜ PACKAGE BODY ｜ TRIGGER ｜ VIEW ｜ TYPE｜ TYPE BODY ｝［ schema.］name］//显示当前创建函数、存储过程、触发器、包等对象的错误信息。

COLUMN 命令：格式化查询结果、设置列宽度、重新设置列标题等功能，语法格式如下：

```
    COL[UMN] [column_name | alias | option]
```

COLUMN_NAME：用于指定要设置的列的名称。

ALIAS：用于指定列的别名，通过它可以把英文列标题设置为汉字。

OPTION：用于指定某个列的显示格式。

HELP 功能：显示 SQL PLUS 命令的帮助。

DESCRIBE 命令的语法形式如下：

```
    desc[ribe] object_name;
```

describe 可以缩写为 desc，object_name 表示将要查询的对象名称。

SPOOL 命令的语法格式如下：

```
    SPO[OL] [file_name[.ext] [CRE[ATE] | REP[LACE] | APP[END]] | OFF | OUT]
```

参数 file_name 用于指定脱机文件的名称，默认的文件扩展名为 LST。

2. 缓冲区操作

LIST：显示 SQL 缓冲区中的行，格式如下：

```
    List   n [Last]
```

EDIT：对当前的输入或缓冲区的内容进行编辑，格式如下：

```
EDIT file_name
```

CHANGE：修改缓冲区当前行的文本，格式如下：

```
CHANGE /old_value/new_value
```

SAVE 功能：将 SQL BUFFER 中的 SQL 语句保存到一个文件中，格式如下：

```
SAVE file_name
```

GET 功能：将一个文件中的 SQL 语句导入到 SQL BUFFER 中，格式如下：

```
GET file_name
```

3. 输出控制

PROMPT 功能：将指定的信息或一个空行输出到屏幕上。格式如下：

```
PROMPT [text]
```

EXIT /QUIT 功能：终止 SQL PLUS，并将控制权交给 OS。格式如下：

```
EXIT QUIT
```

CLEAR 功能：重新设置或删除制定选项的当前值，格式如下：

```
CLEAR Value
```

CLEAR SCREEN 功能：清除屏幕。格式如下：

```
CLEAR SCREEN
```

SPOOL 功能：将显示的内容输出到指定文件。格式如下：

```
SPOOL file_name
```

SPOOL OFF 功能：关闭 SPOOL 输出，只有关闭 SPOOL 输出，才会在输出文件中看到输出的内容。格式如下：

```
SPOOL OFF
```

TTITLE 命令的语法格式如下：

```
TTI[TLE] [printspec [text|variable] ...] | [OFF|ON]
```

TEXT：用于设置输出结果的头标题（即报表头文字）。

VARIABLE：用于在头标题中输出相应的变量值。

OFF：表示禁止打印头标题。

ON：表示允许打印头标题。

4. 数据库操作

CONNECT 功能：用给出的用户名连接到指定的 Oracle 数据库，格式如下：

```
CONNECT user_name/passwd@db_alias
```

COPY 功能:将一个数据库中的一些数据拷贝到另外一个数据库。格式如下:

```
COPY  { FROM database | TO database| FROM database TO database }
       {APPEND|CREATE|INSERT|REPLACE}destination_table [ (column, column,
       column, ...) ] USING query
```

5. SQL 的运行执行

EXECUTE 功能:执行一单个的 PL/SQL 命令或存储过程。格式如下:

```
EXECUTE procedure_name
```

START:执行一个包含多条 SQL 语句的脚本文件,类似 DOS 的批处理命令,格式如下:

```
START  file_name 或  @  file_name  file_name
```

必须制定文件的全路径,否则从缺省路径(SQL PATH 变量)下读取指定的文件。

RUN 功能:重新运行在 SQL BUFFER 区中的 SQL 语句,格式如下:

```
RUN
```

3.4.2 PL/SQL Developer

PL/SQL Developer 是一个为 Oracle 数据库开发存储程序单元的集成开发环境,PL/SQL Developer 的安装十分简单,先安装 PL. SQL. Developer. exe 文件,然后安装 chinese. exe 文件进行汉化。安装成功后在桌面点击 PL/SQL Developer 的快捷方式进入登录页面。

输入用户名和口令,选择好要连接的数据库,点击"确定"登录成功,如图 3.23 所示。

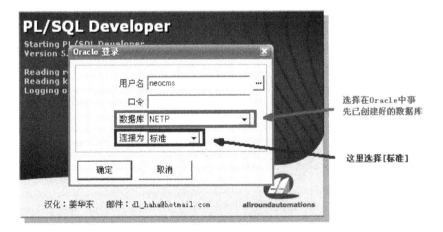

图 3.23 登录界面

在成功登录后会进入到 PL/SQL Developer 的操作界面,如图 3.24 所示。

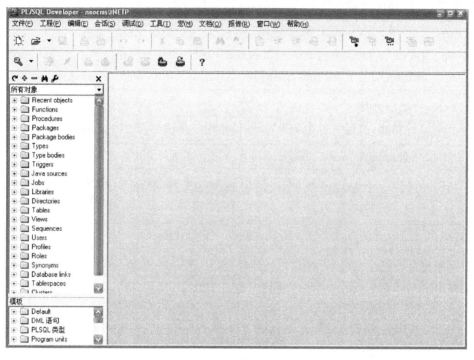

图 3.24　操作界面

　　用户可以在左边下拉菜单中选择"我的对象",然后点击"Table"可以显示出项目所涉及的数据库中所有表,如图 3.25 所示。

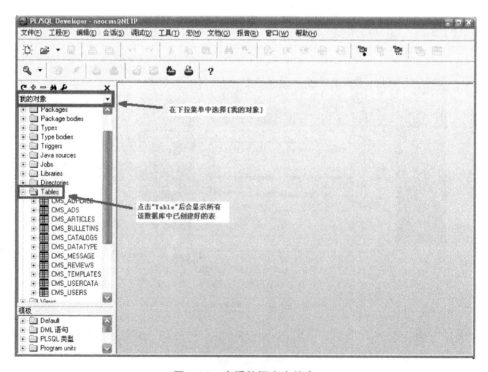

图 3.25　查看数据库中的表

新建表,点击 Table 文件夹,然后点击鼠标右键在列表中选择"新建"选项进入到创建新表的页面,如图 3.26 所示,用户可以根据自己的需要来创建新表,但一定要遵循 Oracle 规范,信息填写完毕后点击"应用"按钮创建成功。

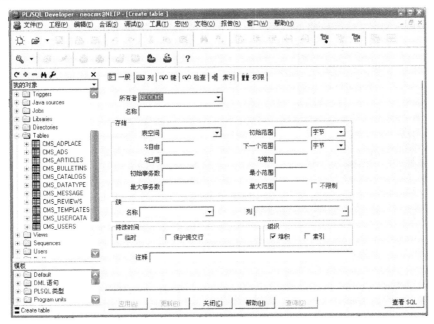

图 3.26 创建表的界面

修改表结构,可以选中要该表后点击鼠标右键在列表中选择"编辑"选项进入到修改表结构的页面,如图 3.27 所示,这里显示的都是该表的结构信息,如要进行修改操作请根据实际情况慎重修改,修改后点击"应用"按钮提交修改内容。

图 3.27 表结构修改

修改表名,可以选中要该表后点击鼠标右键在列表中选择"重新命名"选项进入到重新命名的页面,如图 3.28 所示,这里需要注意的是表名起的一定要有意义。

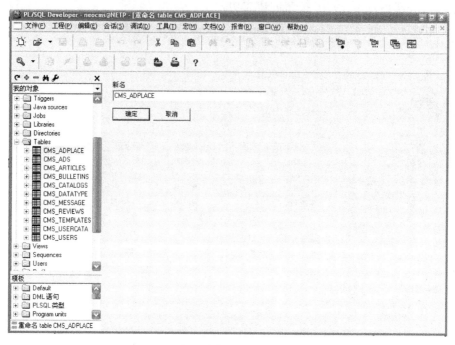

图 3.28　重命名表

查询表结构,可以选中要该表后点击鼠标右键在列表中选择"查看"选项进入到查看表结构的页面,如图 3.29 所示。

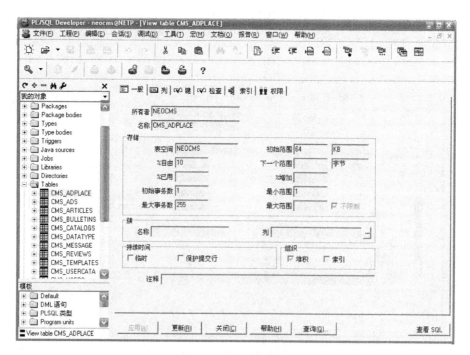

图 3.29　表结构查看

删除表,可以选中要该表后点击鼠标右键在列表中选择"删掉表"选项就可以删除已创建的表了。查询表中存储的数据,可以选中要该表后点击鼠标右键在列表中选择"查询数据"选项进入到查询结果页面,如图 3.30 所示,这里显示了所有已录入的数据。

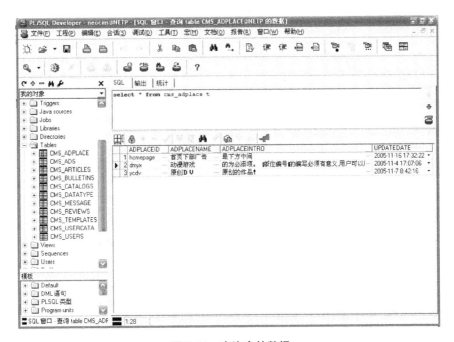

图 3.30　查询表的数据

编辑数据,可以选中要该表后点击鼠标右键在列表中选择"编辑数据"选项进入到查询结果页面,如图 3.31 所示,显示了所有已录入的数据,用户可以对想要编辑的数据进行操作。

图 3.31　编辑数据

修改数据，用户可以在页面中直接对想要修改的数据进行操作，修改后点击页面中的"√"记入改变，然后点击"提交"按钮（快捷键为 F10）则修改成功，如果要回滚修改的数据可点击"回滚"按钮（快捷键为 shift ＋ F10），如图 3.32 所示。

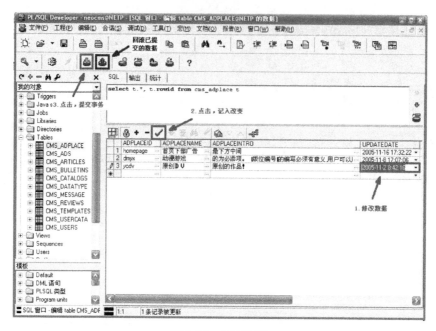

图 3.32　修改数据

添加数据，用户可以点击页面中的"＋"增加一条新的空白记录，然后在记录中添加需要的数据，然后点击页面中的"√"记入改变，最后点击"提交"按钮（快捷键为 F10）则添加成功，如果要回滚添加的数据可点击"回滚"按钮，如图 3.33 所示。

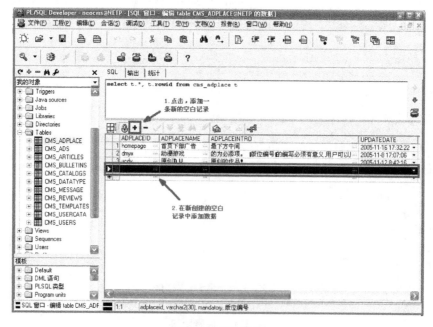

图 3.33　添加数据

删除数据,选中要删除的记录后用户可以点击页面中的"**—**"删除记录,然后点击页面中的"√"记入改变,最后点击"提交"按钮(快捷键为 F10)则删除成功,如果要回滚添加的数据可点击"回滚"按钮,如图 3.34 所示。

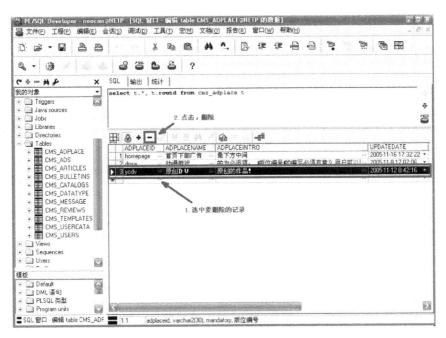

图 3.34 删除数据

用户也可以通过手写 SQL 语句来对具体表中的具体数据进行操作,点击"新建"按钮,在下拉菜单中选择 SQL 窗口,进入到 SQL 语句书写页面,如图 3.35 所示。

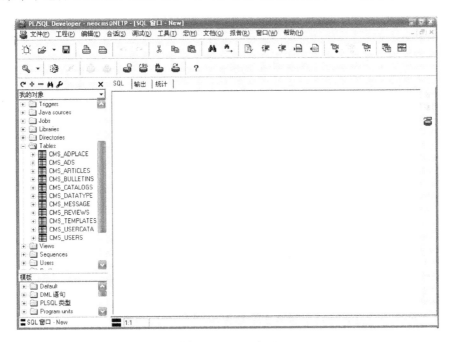

图 3.35 SQL 窗口

书写完 SQL 语句,点击"执行"按钮(快捷键为 F8),就可以执行该语句的操作了,这里需要注意的是除了查询语句之外其他 SQL 语句在执行了之后都要点击"提交"按钮(快捷键为 F10)提交事务,如果要回滚数据可点击"回滚"按钮,如图 3.36 所示。

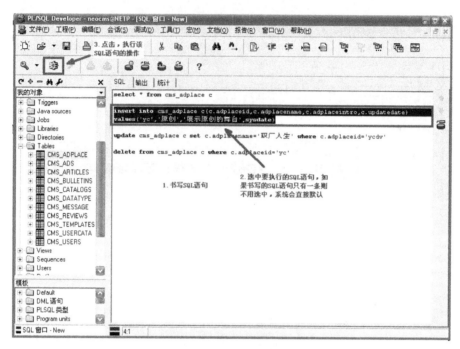

图 3.36　SQL 语句执行

3.5　本章小结

Oracle 数据保存在磁盘上,数据库数据和磁盘数据之间存在两种结构:逻辑结构,开发人员所理解的数据库中的 Oracle 的结构;物理结构,操作系统所拥有的存储结构。而逻辑结构到物理结构的转换由 Oracle 数据库管理系统来完成。

扫一扫可见
本章参考答案

3.6　本章练习

【练习3-1】　Oracle 数据库服务器安装之后,在硬盘上搜索名为 Oracle 数据库安装的文件夹,查看已有数据库的子文件夹及文件。

【练习3-2】　利用 SQL Plus 登录数据库,并查看数据库版本。

【练习3-3】　利用 SQL Plus 来创建一个新表,数据表名 testdata,字段类型如下:tid number, tname varchar2(20),字段 tid 是主键,创建好之后查看表的信息,然后删除表。

第4章 表空间、数据表和数据的操作

不同于其他的数据库(SQL Server,MySQL),Oracle 数据库使用表空间来进行数据管理,表空间的数据存放在磁盘的数据文件中,对表空间的管理操作和对数据文件的管理操作密切相关。表是存储数据的主要对象,通过对表定义约束,可以实现对表的数据有效性和完整性的维护。

4.1 表空间

Oracle 磁盘空间管理中的最高逻辑层是表空间(TABLESPACE),表空间是 Oracle 数据库中最大的逻辑结构。一个 Oracle 数据库就是由一个或者多个表空间构成。

每一个表空间将由多个数据文件组成,用户所创建的数据表也都统一被表空间所管理。表空间与磁盘上的数据文件对应,所以直接与物理存储结构关联。而用户在数据库之中所创建的数据表、索引、视图、子程序等都被表空间保存到了不同的区域内。表空间提供了一整套有效管理组织数据的方法。

表的下一层是段(SEGMENT),并且一个段只能驻留在一个表空间内。段的下一层就是盘区(EXTENT),一个或多个盘区可以组成一个段,并且每个盘区只能驻留在一个数据文件中。如果一个段跨越多个数据文件,它就只能由多个驻留在不同数据文件中的盘区构成。盘区的下一层就是数据块,它也是磁盘空间管理中逻辑划分的最底层,一组连续的数据块可以组成一个盘区。图 4.1 展示了数据库、表空间、数据文件、段、盘区、数据块及操作系统块之间的相互关系。

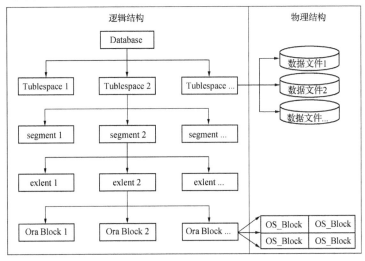

图 4.1 表空间的结构

在 Oracle 数据库之中一般有两类表空间：系统表空间和用户表空间两类。

系统表空间：是在数据库创建时与数据库一起建立起来的，用来存储 Oracle 数据库系级的信息。例如：用户用于撤销的事务处理，或者使用的数据字典就保存在了系统表空间之中，例如：System 或 Sysaux 表空间；该表空间不能被重命名或删除。

用户表空间：由具备指定管理员权限的数据库用户创建，主要用于保存用户数据、索引等数据库对象，主要存放用户创建的对象和私有信息，也被称作为数据表空间。

4.1.1 系统表空间

在创建 Oracle 数据库时都会自动创建几个表空间，这些表空间都存储在数据词典中。可以通过查询视图 DBA_TABLESPACES 和视图 DBA_DATA_FILES 来获得数据库的表空间信息。DBA_TABLESPACES 可以用来查看所有表空间的基本信息；而 DBA_DATA_FILES 可以用来查看相关数据文件的信息。

【范例 4-1】 查看系统的表空间的信息。

```
SELECT  *  FROM DBA_TABLESPACES
```

查询结果如图 4.2 和 4.3 所示。

	TABLESPACE_NAME	BLOCK_SIZE	INITIAL_EXTENT	NEXT_EXTENT	MIN_EXTENTS	MAX_EXTENTS	MAX_SIZE	PCT_INCREASE
1	SYSTEM	8192	65536	(null)	1	2147483645	2147483645	(null)
2	SYSAUX	8192	65536	(null)	1	2147483645	2147483645	(null)
3	UNDOTBS1	8192	65536	(null)	1	2147483645	2147483645	(null)
4	TEMP	8192	1048576	1048576	1	(null)	2147483645	0
5	USERS	8192	65536	(null)	1	2147483645	2147483645	(null)
6	EXAMPLE	8192	65536	(null)	1	2147483645	2147483645	(null)

图 4.2 系统表空间

MIN_EXTLEN	STATUS	CONTENTS	LOGGING	FORCE_LOGGING	EXTENT_MANAGEMENT	ALLOCATION_TYPE	PLUGGED_IN	SEGMENT_SPACE_M.
65536	ONLINE	PERMANENT	LOGGING	NO	LOCAL	SYSTEM	NO	MANUAL
65536	ONLINE	PERMANENT	LOGGING	NO	LOCAL	SYSTEM	NO	AUTO
65536	ONLINE	UNDO	LOGGING	NO	LOCAL	SYSTEM	NO	MANUAL
1048576	ONLINE	TEMPORARY	NOLOGGING	NO	LOCAL	UNIFORM	NO	MANUAL
65536	ONLINE	PERMANENT	LOGGING	NO	LOCAL	SYSTEM	NO	AUTO
65536	ONLINE	PERMANENT	NOLOGGING	NO	LOCAL	SYSTEM	YES	AUTO

图 4.3 系统表空间

各个表空间的作用如下。

SYSTEM 表空间：在一个数据库中至少有一个表空间，即 System 表空间，是数据库最重要的表空间，存储了数据库运行的最基本信息。创建数据库时必须指明表空间的数据文件的特征，如数据文件名称、大小。System 主要是存储数据库的数据字典，在 Oracle 系统表空间中存储全部的 PL/SQL 程序的源代码和编译后的代码，例如存储过程、函数、包、数据库触发器。如果要大量使用 PL/SQL，就应该设置足够大的 System 表空间。

SYSAUX 表空间：主要用于存放 Oracle 系统内部的数据字典，而 SYSAUX 表空间充当 SYSTEM 的辅助表空间，主要用于存储除数据字典以外的其他数据对象，它在一定程度上降低了 SYSTEM 表空间的负荷。许多数据库的工具和可选组件将其对象存储在 SYSAUX 表空间内，它是许多数据库工具和可选组件的默认表空间。

Users 表空间:用于存储用户的数据。

Undo 表空间(UNDOTBS1):系统回滚段空间,用于回滚操作时的数据存储用于事务的回滚、撤销。

Temp 临时表空间:临时表空间是一个磁盘空间,主要用于内存排序区不够而必须将数据写到磁盘的那个逻辑区域,由于该空间在排序操作完成后可以由 Oracle 系统自动释放。临时表空间主要用于临时段,而临时段是由数据库根据需要创建、管理和删除的,这些临时段的生成通常与排序之类的操作有关。

EXAMPLE 表空间:范例表空间。

【范例 4-2】 查看系统的数据文件的信息。

```
SELECT  * FROM DBA_DATA_FILES;
```

查询结果如图 4.4 和图 4.5 所示。

	FILE_NAME	FILE_ID	TABLESPACE_NAME	BYTES	BLOCKS	STATUS	RELATIVE_FNO
1	D:\ORACLE11G\ORADATA\ORCL11G2\USERS01.DBF	4	USERS	5242880	640	AVAILABLE	4
2	D:\ORACLE11G\ORADATA\ORCL11G2\UNDOTBS01.DBF	3	UNDOTBS1	104857600	12800	AVAILABLE	3
3	D:\ORACLE11G\ORADATA\ORCL11G2\SYSAUX01.DBF	2	SYSAUX	639631360	78080	AVAILABLE	2
4	D:\ORACLE11G\ORADATA\ORCL11G2\SYSTEM01.DBF	1	SYSTEM	723517440	88320	AVAILABLE	1
5	D:\ORACLE11G\ORADATA\ORCL11G2\EXAMPLE01.DBF	5	EXAMPLE	104857600	12800	AVAILABLE	5

图 4.4 系统数据文件 1

AUTOEXTENSIBLE	MAXBYTES	MAXBLOCKS	INCREMENT_BY	USER_BYTES	USER_BLOCKS	ONLINE_STATUS
YES	34359721984	4194302	160	4194304	512	ONLINE
YES	34359721984	4194302	640	103809024	12672	ONLINE
YES	34359721984	4194302	1280	638582784	77952	ONLINE
YES	34359721984	4194302	1280	722468864	88192	SYSTEM
YES	34359721984	4194302	80	103809024	12672	ONLINE

图 4.5 系统数据文件 2

4.1.2 创建表空间

创建表空间的语法格式如下:

```
CREATE  [SMALLFILE/BIGFILE]  TABLESPACE   表空间名称
DATAFILE '/PATH/FILENAME' SIZE NUM[K/M] REUSE       [,'/PATH/FILENAME' SIZE
NUM[K/M] REUSE][, … ]
[AUTOEXTEND [ON | OFF] NEXT NUM[K/M]
[MAXSIZE [UNLIMITED | NUM[K/M]]]  |  [MININUM EXTENT NUM[K/M]]
[DEFAULT STORAGE STORAGE][ONLINE | OFFLINE]
[LOGGING | NOLOGGING]
```

其中:

DATAFILE:保存表空间的磁盘路径,可以设置多个保存路径;

TEMPFILE:保存临时表空间的磁盘路径;

SIZE:开辟的空间大小,其单位有 K(字节)和 M(兆);

AUTOEXTEND：是否为自动扩展表空间，如果为 ON 表示可以自动扩展表空间大小，反之为 OFF；NEXT：可以定义表空间的增长量；

LOGGING | NOLOGGING：是否需要对 DML 进行日志记录，可以用于数据恢复。

【范例 4-3】 创建一个表空间，SQLTCR，容量为 20 M，自动分配。

```
CREATE TABLESPACE SQLTCR
DATAFILE 'D:\OracleDatabase\SQLTCR\SQLTCR.ora' SIZE 20M
AUTOALLOCATE;
```

4.1.3 表空间操作

创建好表空间之后，可以对表空间的进行操作。操作包括如下几种：

（1）设置默认表空间

默认表空间是相对用户来说的，也就是说，每个用户登录 Oracle 数据库时，都有一个默认的工作空间。当进行与表空间相关操作（例如，创建数据表，每个数据表都隶属于一个表空间），如果未显式指定表空间（例如，创建数据表，未显式指定将表创建于哪个表空间中），则该操作将作用于用户的默认表空间。

（2）更改默认临时表空间

```
ALTER  DATABASE  DEFAULT  TEMPRORY  TABLESPACE
```

（3）更改默认永久表空间

```
ALTER  DATABASE  DEFAULT  TABLESPACE
```

（4）更改表空间在线或者离线状态

```
ALTER TABLESPACE 【表空间名】 OFFLINE(ONLINE)
```

（5）更改表空间的读写状态

```
ALTER  TABLESPACE 【表空间名】 READ ONLY (READ WRITE)
```

表空间有只读和可读写两种状态，若设置某个表空间为只读状态，则用户就不能够对该表空间中的数据进行 DML 操作（INSERT、UPDATE、DELETE），但对某些对象的删除操作还是可以进行的，比如，索引和目录就可以被删除掉；若设置某个表空间为可读写状态，则用户就可以对表空间中的数据进行任何正常的操作，这也是表空间的默认状态。

（6）重命名表空间

```
ALTER  TABLESPACE 【表空间名】 TO 【新表空间名】
```

在 Oracle 11g 以前的版本中，表空间无法重命名，但 Oracle 11g 提供了对表空间进行重命名的新功能，这对于一般的管理和移植来说是非常方便的。

但要注意的是：数据库管理员只能对普通的表空间进行更名，不能够对 SYSTEM 和 SYSAUX 表空间进行重命名，也不能对已经处于 OFFLINE 状态的表空间进行重命名。表空间重命名并不对数据文件产生影响。

（7）删除表空间：

```
DROP TABLESPACE【表空间名】[INCLUDING CONTENTS]  [CASCADE CONSTRAINTS]
```

删除表空间有两种方式，一种是仅仅删除其在数据库中的记录，二是将记录和数据文件一起删除。当 Oracle 系统采用 Oracle Managed Files 方式管理文件时，删除某个表空间后，Oracle 系统将自动删除该表空间包含的所有物理文件。

4.2　数据表

数据表（通常简称表）是 Oracle 数据库中主要的数据存储容器，表中的数据被组织成行和列。表中的每个列均有一个名称，并且每个列都具有一个指定的数据类型和大小，比如，VARCHAR(30)，TIMESTAMP(6)或 NUMBER(12)。

在关系型数据库中，表可以对应于现实世界中的实体（如，雇员、岗位等）或联系（如，雇员工资）。在进行数据库设计时，需要首先设计 E-R 图（实体联系图），然后再将 E-R 图转变为数据库中的表。

从用户的角度来看，数据表的逻辑结构是一张二维的平面表，即表由纵向的标记——列和横向的标记——行两部分组成。表通过行和列来组织数据。通常称表中的一行为一条记录，表中的一列为属性列。一条记录描述一个实体，一个属性列描述实体的一个属性，如，雇员有雇员编号、雇员姓名、雇员岗位等属性；学生有学生编号、姓名、所在学校等属性。每个列都具有列名、列数据类型、列长度，可能还有约束条件、默认值等，这些内容在创建表时即被确定。在 Oracle 中有多种类型的表。不同类型的表各有一些特殊的属性。适应于保存某种特殊的数据、进行某些特殊的操作，即在某些方面可能比其他类型的表的性能更好，如处理速度更快、占用磁盘空间更少。

表一般指的是一个关系表，也可以生成对象表及临时表。其中，对象表是通过用户定义的数据类型生成的，临时表用于存储专用于某个事务或者会话的临时数据。

4.2.1　表的创建

创建表通常使用 CREATE TABLE 语句。如果用户在自己的模式中创建一个表，则用户必须具有 CREATE TABLE 系统权限。如果要在其他用户模式中创建表，则必须具有 CREATE ANY TABLE 的系统权限。此外，用户还必须在指定的表空间中设置一定的配额存储空间。

```
CREATE TABLE 表名(
列名 数据类型(宽度)[DEFAULT 表达式][COLUMN CONSTRAINT],
[TABLE CONSTRAINT]
[TABLE_PARTITION_CLAUSE] );
```

表名称及列名称的定义要求如下：表名和列名可以是用中文或英文；表名最大长度为30 个字符；同一个用户下，表不能重名，但不同用户表的名称可以相重，但不能是 Oracle 中的保留字，像 CREATE、SELECT 等都是作为保留字。

DEFAULT 表达式：用来定义列的默认值，多列之间用","分隔。

COLUMN CONSTRAINT:用来定义列级的约束条件。

TABLE CONSTRAINT:用来定义表级的约束条件。

TABLE_PARTITION_CLAUSE:定义表的分区子句。

【范例4-4】 创建 OFFICES(分公司)表的 SQL 代码。表结构如表 4.1 所示。

表 4.1 OFFICES 表的结构

字段名	数据类型	长度	精度	主键	外键	字段描述
OFFICE_ID	NUMBER(8)	8		TRUE	FALSE	公司编号
EMPL_ID	NUMBER(8)	8		FALSE	TRUE	公司经理
REG_ID	NUMBER(8)	8		FALSE	TRUE	所在区域
CITY	VARCHAR2(15)	15		FALSE	FALSE	所在城市
TARGET	NUMBER(14,2)	14	2	FALSE	FALSE	销售目标
SALES	NUMBER(14,2)	14	2	FALSE	FALSE	销售值

SQL 代码如下：

```
create table OFFICES   (
    OFFICE_ID              NUMERIC(8)                    not null,
    MANAGER                NUMERIC(8),
    REGION                 NUMERIC(8),
    CITY                   VARCHAR2(15),
    TARGET                 NUMERIC(14,2),
    SALES                  NUMERIC(14,2),
    constraint PK_OFFICES primary key (OFFICE_ID)
);
```

【范例4-5】 创建 SALESREPS(员工)表的 SQL 代码。表结构如表 4.2 所示。

表 4.2 SALESREPS(员工)表

字段名	数据类型	长度	精度	主键	外键	字段描述
EMPL_ID	NUMBER(8)	8		TRUE	FALSE	职员编号
EMPL_NAME	VARCHAR2(15)	15		FALSE	FALSE	职员姓名
EMPL_AGE	NUMBER(8)	8		FALSE	FALSE	职员年龄
EMPL_TITLE	VARCHAR2(10)	10		FALSE	FALSE	职员头衔
HIRE_DATE	DATE			FALSE	FALSE	入职日期
QUOTA	NUMBER(14,2)	14	2	FALSE	FALSE	销售目标
SALES	NUMBER(14,2)	14	2	FALSE	FALSE	销售额
OFFICE_ID	NUMBER(8)	8		FALSE	TRUE	公司编号
MANAGER	NUMBER(8)	8		FALSE	TRUE	上司经理

SQL 代码如下：

```
create table SALESREPS   (
    EMPL_ID                 NUMERIC(8)                        not null,
    EMPL_NAME               VARCHAR2(15),
    EMPL_AGE                NUMERIC(8),
    EMPL_TITLE              VARCHAR2(20),
    HIRE_DATE               DATE,
    QUOTA                   NUMERIC(14,2),
    SALES                   NUMERIC(14,2),
    OFFICE                  NUMERIC(8),
    MANAGER                 NUMERIC(8),
    constraint PK_SALESREPS primary key (EMPL_ID)
);
```

4.2.2　表的复制

```
CREATE TABLE 表名(列名...)
AS
SQL 查询语句;
```

该语法既可以复制表的结构,也可以复制表的内容,并可以为新表命名新的列名。新的列名在表名后的括号中给出,如果省略将采用原来表的列名。复制的内容由查询语句的 WHERE 条件决定。

```
SELECT * FROM 表名 WHERE 1 = 2   只复制表的结构没有数据
```

【范例 4 - 6 】　创建 ORDERS 和 ORDER_ITEMS 表,重命名为 COPY_ORDERS 和 COPY_ORDER_ITEMS,只复制表的结构,没有数据。

```
CREATE TABLE COPY_ORDER_ITEMS   AS SELECT    *
FROM ORDER_ITEMS   WHERE 1 = 2;
CREATE TABLE COPY_ORDERS   AS   SELECT * FROM ORDERS   WHERE 1 = 2;
```

【范例 4 - 7】　删除表 COPY_ORDER_ITEMS。

```
TRUNCATE   TABLE   COPY_ORDER_ITEMS;
```

4.2.3　表的修改

```
ALTER TABLE <表名>
[ ADD <新列名> <数据类型> [ 完整性约束 ] ]
[ DROP <完整性约束名> ]
[ MODIFY <列名> <数据类型> ];
```

<表名>:要修改的基本表;

ADD 子句：增加新列和新的完整性约束条件；

DROP 子句：删除指定的完整性约束条件；

MODIFY 子句：用于修改列名和数据类型。

Oracle 的用户可以将表置于 READ ONLY（只读）状态。处于该状态的表不能执行 DML 和某些 DDL 操作。

1. 重命名表

在创建表后，用户可以修改指定表的名称，但用户只能对自己模式中的表进行重命名。重命名表通常使用 ALTER TABLE…RENAME 语句，其语法格式如下：

```
ALTER  TABLE  旧表名  RENAME  TO  新表名
```

只有表的拥有者，才能修改表名。

2. 数据表的操作——增加列

```
ALTER TABLE 表名
ADD 列名 数据类型[DEFAULT 表达式][COLUMN CONSTRAINT];
```

通过增加新列可以指定新列的数据类型、宽度、默认值和约束条件。

增加的新列总是位于表的最后。

假如新列定义了默认值，则新列的所有行自动填充默认值。

对于有数据的表，新增加列的值为 NULL，所以有数据的表，新增加列不能指定为 NOT NULL 约束条件。

3. 数据表的操作——修改列

除了在表中增加和删除字段外，还可以根据实际情况修改字段的有关属性，包括修改字段的数据类型的长度、数字列的精度、列的数据类型和列的默认值等。修改字段通常使用 ALTER TABLE…MODIFY 语句，其语法格式如下：

```
ALTER  TABLE  表名  MODIFY  列名 数据类型
[DEFAULT 表达式][COLUMN  CONSTRAINT]
```

列名是要修改的列的标识，不能修改。如果要改变列名，只能先删除该列，然后重新增加。其他部分都可以进行修改，如果没有给出新的定义，表示该部分属性不变。

修改列定义还有以下一些特点：

（1）列的宽度可以增加或减小，在表的列没有数据或数据为 NULL 时才能减小宽度。

（2）在表的列没有数据或数据为 NULL 时才能改变数据类型，CHAR 和 VARCHAR2 之间可以随意转换。

（3）只有当列的值非空时，才能增加约束条件 NOT NULL。

（4）修改列的默认值，只影响以后插入的数据。

4. 数据表的操作——删除列

```
ALTER TABLE 表名  DROP  COLUMN  列名;
```

删除表中的无用列：

```
ALTER TABLE 表名称  DROP    UNUSED    COLUMNS;
```

4.2.4 删除/截断表

数据表在创建之后,根据实际需求情况,用户还可以将其删除。但需要注意的是,一般情况下用户只能删除自己模式中的表,如果要删除其他模式中的表,则必须具有 DROP ANY TABLE 系统权限。删除表通常使用 DROP TABLE 语句,其语法格式如下:

```
DROP TABLE 表名   [CASCADE CONSTRAINTS];
```

表的删除者必须是表的创建者或具有 DROP ANY TABLE 权限。

CASCADE CONSTRAINTS 表示当要删除的表被其他表参照时,删除参照此表的约束条件。

```
TRUNCATE TABLE 表名
```

DELETE 清空表数据的方法不仅需要的时间很长,而且一张表所占用的资源(例如:索引、约束等)也不会立刻释放掉,清空表可删除表的全部数据并释放占用的存储空间。

TRUNCATE 和 DELETE 命令删除数据主要有三点不同:

(1) TRUNCATE 属于 DDL(数据库定义语言),DELETE 是 DML(数据库操作语言)。

(2) TRUNCATE 一次性删除数据表所有数据,DELETE 对数据表所有记录进行循环处理。

(3) TRUNCATE 删除的数据不能回滚,DELETE 在提交修改之前,仍然可以回滚操作。

4.3 数据字典

在 Oracle 中专门提供了一组数据专门用于记录数据库对象信息、对象结构、管理信息、存储信息的数据表,这种类型的表就称为数据字典,Oracle 数据字典的名称由前缀和后缀组成,使用下划线"_"连接。在 Oracle 中一共定义了两类数据字典:

(1) 静态数据字典:由表及视图所组成,分三类:

USER_:存储了所有当前用户的对象信息。

ALL_:存储所有当前用户可以访问的对象信息(某些对象可能不属于此用户)。

DBA_:存储数据库之中所有对象的信息(数据库管理员操作)。

表 4.3　Oracle 的静态数据字典

数据字典名称	说　明
dba_tablespaces	关于表空间的信息
dba_ts_quotas	所有用户表空间限额
dba_free_space	所有表空间中的自由分区
dba_segments	描述数据库中所有段的存储空间
dba_extents	数据库中所有分区的信息
dba_tables	数据库中所有数据表的描述

(2) 动态数据字典:随着数据库运行而不断更新的数据表,一般用来保存内存和磁盘状态,而这类数据字典都以"v＄"开头。

V$_:当前实例的动态视图,包含系统管理和系统优化等所使用的视图。

GV_:分布式环境下所有实例的动态视图,包含系统管理和系统优化使用的视图。

表 4.4　Oracle 的动态数据字典

数据字典名称	说　明
v$database	描述关于数据库的相关信息
v$datafile	数据库使用的数据文件信息
v$log	从控制文件中提取有关重做日志组的信息
v$logfile	有关实例重置日志组文件名及其位置的信息

4.4　Oracle 的数据类型

数据类型决定了数据在计算机中的存储格式,代表了不同的信息类型。Oracle 中的数据类型大致可以分为 4 类:字符型(character)、数值型(number)、日期型(date)和大对象型(LOB)。

4.4.1　字符型

CHAR(N):用于标识固定长度的字符串,小括号内的数字 N 代表字符串的长度。当实际长度不大于 N 时,将使用空格在右边补足,N 最大值不能大于 2000,同时不能小于 1。

VARCHAR(N):可变字符串,最大长度不大于 N,当小于 N 时,并不在其右端补齐空格。

VARCHAR2(N):类似于 VARCHAR(N),其最大长度可达 4000。

4.4.2　数值型

Oracle 的数值型可以用于存储整数(integer)、浮点数(float)和实数(real number)。而所有这些数值类型都被统一为 number 型。

Oracle 中的 number 数据类型具有精度和小数位数。精度是数值中的数字总位数,最大位数为 38 位。小数位数则是小数点之后的位数。number 表示 number(38),即最大位数为 38 的整数。

number(7,2)表示小数位数最大为 2,整数部分最大位数为 5 的数值。number(3)表示最大位数为 3 位的整数。

4.4.3　日期时间型

主要用来存储日期和时间格式的数据。Oracle 中最常用的日期型为 DATE,中包含以下信息:

Year:年份信息;

Month:月份信息;

Day：天数信息；

Hour：小时信息；

Minutes：分钟信息；

Second：秒数信息。

4.4.4　lob 类型

主要用于存储大对象（Large Object）类型。例如，大量的文本信息（因为 varchar2 最大长度只能达到 4000）、二进制文件等。lob 类型的最大存储容量为 4G 字节，数据的存储形式可以为数据库或者外部数据文件。

lob 类型有以下几种具体类型：

clob：用于存储大型文本数据，例如，备注信息。

blob：用于存储二进制数据，例如图片文件的二进制内容。

bfile：作为单独文件存在的二进制数据。

四种基本数据类型保证了 Oracle 可以处理数据存储、变量使用等大部分的工作。另外，Oracle 中存在着一些特殊的数据值得注意。

4.4.5　特殊类型

1. ROWID

rowid 是用于标识数据物理地址的列。该列是一个伪列，它并非用户创建，而是由数据库自动为表添加，且只可供数据库内部使用。rowid 的组成通常为 10 个字节。

rowid 的前 6 个字符代表数据对象编号（例如 AAAMbj），其后的 3 个字符代表文件编号（例如 AAB）；接下来的 5 个字符代表块编号（例如 AAAN/）；最后的 4 个字符代表行的编号（例如 CAAA、CAAB）。分析表中各记录的 rowid 可知，表中的 rowid 是唯一的。一般情况下，可以认为在查询语句中没有指定排序标准时，将以 rowid 作为默认排序标准。

需要注意的是，rowid 不能作为记录插入数据表的先后标准。rowid 位置靠后的记录不一定是晚插入的记录。因为，Oracle 总是查找空闲的空间进行插入动作。某些记录被删除之后，Oracle 即可释放相应空间，之后插入的数据有可能存储于删除记录所带来的空闲空间中。其 rowid 将小于现有某些记录的 rowid。

2. null 与空字符串

Oracle 中将空字符串视为 null。

在 Oracle 中判断某列的值是否为空，不能将该列的值与空字符串进行比较，而应该使用 is null。

3. 单引号与双引号

Oracle 中的单引号用于界定字符串，而双引号则用于标识对象名称。

在 SQL 语句中单引号内为字符串，即普通数据。要想获得单引号的原义字符，需要使用两个连续单引号。

双引号用作特殊的列名，控制列名的大小写形式。

4.5 数据操作

4.5.1 数据插入

```
INSERT INTO <表名> (<属性列 1>,<属性列 2>…)]
VALUES (<常量 1> [,<常量 2>]     …          )
```

<表名>:所要定义的基本表的名字;

<属性列>:组成该表的各个属性(列);

<常量 1>:插入到对应列的数据。

DBMS 在执行插入语句时会检查所插元组是否破坏表上已定义的完整性规则,包括:

(1) 实体完整性|参照完整性|用户定义的完整性。

(2) 对于有 NOT NULL 约束的属性列是否提供了非空值。

(3) 对于有 UNIQUE 约束的属性列是否提供了非重复值。

(4) 对于有值域约束的属性列所提供的属性值是否在值域范围内。

插入数据有如下几种:通过指定各列的值直接插入、通过子查询插入、通过视图插入等。

(1) 通过指定各列的值直接插入,使用 insert 命令。插入数据时,列名列表和列值列表必须保持一致,即每个列的数据类型和实际插入类型保持一致。

【范例 4-8】 将下面表格内的数据插入到表 REGIONS 中。

REGION_ID	REGION_NAME
1	北部
2	东部
3	南部

insert 的 SQL 代码如下:

```
Insert into REGIONS(REGION_ID,REGION_NAME) values(1,'北部');
Insert into REGIONS(REGION_ID,REGION_NAME) values(2,'东部');
Insert into REGIONS(REGION_ID,REGION_NAME) values(3,'南部');
```

【范例 4-9】 将下面表格内的数据插入到表 OFFICES 中。

OFFICE_ID	REGION	CITY	TARGET	SALES	MANAGER
NUMBER(8)	NUMBER(8)	String	NUMBER(14,2)	NUMBER(14,2)	NUMBER(8)
11	1	北京	1850000	1921724	106
12	1	大连	900000	753607	104
13	1	天津	300000	352763	105

续表

OFFICE_ID	REGION	CITY	TARGET	SALES	MANAGER
21	2	上海	1250000	1194968	201
22	3	苏州	750000	714668	203
23	3	南京	530000	593134	205
31	3	广州	600000	597892	301
32	3	深圳	1130000	846367	303
33	3	长沙	100000	49344	303
34	3	昆明	150000	189484	303

如果需要插入多条记录,可以使用多个 INSERT 语句。

多条 INSERT 的 SQL 代码如下:

```
Insert into COPY_OFFICES(OFFICE_ID,REGION,CITY,TARGET,SALES)
SELECT 11,1,'北京',1850000,1921724　FROM DUAL
UNION ALL　SELECT 2,1,'大连',900000,753607 FROM DUAL
UNION ALL　SELECT 13,1,'天津',300000,352763　FROM DUAL
UNION ALL　SELECT 21,2,'上海',1250000,1194968　FROM DUAL
UNION ALL　SELECT 22,2,'苏州',750000,714668 FROM DUAL
UNION ALL　SELECT 23,2,'南京',530000,593134 FROM DUAL
UNION ALL　SELECT 31,3,'广州',600000,597892 FROM DUAL
UNION ALL　SELECT 32,3,'深圳',1130000,846367 FROM DUAL
UNION ALL　SELECT 33,3,'长沙',100000,49344 FROM DUAL
UNION ALL　SELECT 34,3,'昆明',150000,189484 FROM DUAL;
```

多条的 INSERT 语句在处理的时候效率比多个单行的 INSERT 语句更高,速度快,因此推荐采用这种方式。

(2) 通过子查询插入。

```
INSERT INTO　新表名　SELECT * FROM 旧表名
```

【范例 4 - 10】　复制 SALESREPS 和 PRODUCTS 表的数据,重命名为 COPY_ SALESREPS 和 COPY_PRODUCTS 表,既有相同的表结构也有同样的数据。

```
INSERT INTO COPY_SALESREPS　SELECT * FROM SALESREPS;
INSERT INTO COPY_PRODUCTS　SELECT * FROM PRODUCTS;
```

【范例 4 - 11】　将 ORDER_ITEMS 表的数据按照要求进行复制,要求如下:

(1) AMOUNT<10000 复制到表 TEMP_ORDER_ITEMS_COPY0;

(2) AMOUNT<100000 复制到表 TEMP_ORDER_ITEMS_COPY1;

(3) AMOUNT≥100000 复制到表 TEMP_ORDER_ITEMS_COPY10。

```
01   CREATE TABLE TEMP_ORDER_ITEMS_COPY0
          AS SELECT  *  FROM ORDER_ITEMS WHERE 1 = 2;
02   CREATE TABLE TEMP_ORDER_ITEMS_COPY1
          AS SELECT  *  FROM ORDER_ITEMS WHERE 1 = 2;
03   CREATE TABLE TEMP_ORDER_ITEMS_COPY10
          AS SELECT  *  FROM ORDER_ITEMS WHERE 1 = 2;
04   INSERT FIRST
05        WHEN AMOUNT<10000
06        THEN  INTO  TEMP_ORDER_ITEMS_COPY0
07        WHEN AMOUNT<100000
08        THEN INTO  TEMP_ORDER_ITEMS_COPY1
09         WHEN AMOUNT> = 100000
10        THEN  INTO  TEMP_ORDER_ITEMS_COPY10
11        ELSE  INTO TEMP_ORDER_ITEMS_COPY10
12        SELECT *    FROM ORDER_ITEMS;
```

4.5.2　数据更新

数据更新使用 UPDATE 语句,注意在 UPDATE 的 SQL 语句中要带有 WHERE 条件,否则会将整个数据表的数据全部更新。例如在【范例 4 - 8】 中,首先新增 REGIONS 表的数据,但此时 SALESREPS 表还没有数据,无法填入 MANAGER 一列的值。当 SALESREPS 表的数据新增之后,再更新 REGIONS 表的数据。SQL 语句如下:

```
update REGIONS set MANAGER = 106  where REGION_ID = 1;
update REGIONS set MANAGER = 201  where REGION_ID = 2;
update REGIONS set MANAGER = 303  where REGION_ID = 3;
```

4.5.3　数据删除 DELETE/TRUNCATE

数据删除的目标是数据表中的记录,而不是针对列来进行的。

删除数据应该使用 DELETE 命令或者 TRUNCATE 命令。

DELETE 命令的作用目标是表中的某些记录,针对表中的整条记录,因此,其后不需要指定列名或者 * 。与 WHERE 子句一起出现,可删除数据表中的某些数据。

TRUNCATE 命令的作用目标是整个数据表。

4.6　本章小结

表空间能有效地部署不同类型的数据,加强数据管理,从而提高数据库的运行性能。一个数据文件只能属于一个表空间。一个表空间只能属于一个数据库。Temp 临时表空间:用于存放 Oracle 运行中需要临时存放的数据,如排序的中间结果等。系统表空间:即 SYSTEM 和 SYSAUX 表空间。临时表空间:用来临时存储中心数据披露临时表中的数据或者是因为排序分组索引等共产生的临时数据这些数据不会被永久表保留的。撤销表空间:用来代替旧版数据库中回推断中的信息。大文件表空间:是主要由一个可以包含 4GB 数据块的数据文件组成的表空间。

　　表是最常见的一种组织数据的方式,一张表一般都具有多个列(即多个字段)。每个字段都具有特定的属性,包括字段名、数据类型、字段长度、约束、默认值等,这些属性在创建表时被确定。从用户的角度来看,数据库中数据的逻辑结构是一张二维的平面表,在表中通过行和列来组织数据。在表中每一行存放一条信息,通常称表中的一行为一条记录。

　　Oracle 中的四种基本数据类型:字符串类型、数值型、日期型和 lob 型。尤其需要注意的是 varchar2 类型的理解。对于特殊的数据,着重需要理解的是 Oracle 如何分析和解释多个单引号的字符串。而双引号的应用也不同于其他编程语言,在 Oracle 中,双引号主要用于界定特殊标识符,并将其作为对象名。

4.7　本章练习

☞扫一扫可见
本章参考答案

　　【练习 4-1】　创建一个表空间,名称为 ZBTS,数据文件 zbts01 存放在 D 盘 myorcldatabase 文件夹,容量大小 50 M;zbts02 存放在 E 盘 zbdatabase 文件夹中,容量大小 20 M,自动增长 2 M。

　　【练习 4-2】　创建一个临时表空间,名称为 ZBTEMPTS,数据文件 zbtempts01 存放在 D 盘 myorcldatabase 文件夹,容量大小 30 M;zbtempts02 存放在 E 盘 zbdatabase 文件夹中,容量大小 10 M,自动增长M。

　　【练习 4-3】　创建一个表空间 testsize,其数据文件大小为M,并设置自动增长尺寸为 1 M。在表空间中建立一个数据表,用循环方式向其中插入十万条数据,观察表空间文件的变化。最后删除这个表空间及其物理文件。

　　【练习 4-4】　写出 REGIONS(区域表)表的创建 SQL 语法,表结构如下:

字段名	数据类型	长度	精度	主键	外键	字段描述
REGION_ID	NUMBER(8)	8		TRUE	FALSE	区域编号
REGION_NAME	VARCHAR2(20)	20		FALSE	FALSE	区域名称
MANAGER	NUMBER(8)	8		FALSE	TRUE	区域经理

　　【练习 4-5】　写出 PRODUCTS(产品)表的创建 SQL 语法,表结构如下:

字段名	数据类型	长度	精度	主键	外键	字段描述
MFR_ID	CHAR(3)	3		TRUE	FALSE	产品编号
PRODUCT_ID	CHAR(5)	5		TRUE	FALSE	制造商编号
DESCRIPTION	VARCHAR(20)	20		FALSE	FALSE	产品描述
PRICE	NUMBER(14,2)	14	2	FALSE	FALSE	价格
QTY_ON_HAND	NUMBER(8)	8		FALSE	FALSE	库存数量

　　【练习 4-6】　在数据库中创建一个表 testdata,并向其中插入 10 条记录。字段类型如下:tid number, tname varchar2(20),其中 tid 是主键。创建成功之后向表中插入 10 条数据。

第5章 用户权限及角色管理

在 Oracle 数据库中任何对象都属于一个特定用户，或者说一个用户与同名的模式相关联。模式是指用户所拥有的所有对象的集合。这些对象包括：表、索引、视图、存储过程等。每个用户都会有独立的模式信息。当然，对于新建用户，在没有创建任何对象时，所拥有的对象集合为空，Schema 同样为空。但是，Schema 必须依赖于用户的存在而存在，即不存在不属于任何用户的 Schema 对象。

要连接到 Oracle 数据库需要一个用户账户，根据需要授予的操作权限。登录 Oracle 数据库，要用户和密码。当用户登录数据库时，该用户需要有一定的操作权限。角色则是权限的集合，角色可以分配给用户，相当于一次性将某个特定权限集合分配给用户。Oracle 正是通过用户、权限、角色这三个重要的对象来实现数据库操作的安全策略。

5.1 用户管理

用户是数据库中最基本的对象之一。Oracle 中的用户可以分为两类：

1. 系统用户

Oracle 数据库创建时，由系统自动创建的用户，如 sys 和 system。系统用户 sys 和 system 是 Oracle 数据库常用的两个系统用户。其中 sys 是 Oracle 数据库中最高权限用户，其角色为 SYSDBA（数据库管理员）；而 system 用户的权限仅次于 sys 用户，其角色为 SYSOPER（数据库操作员）。在权限的范围上，sys 可以创建数据库，而 system 不可以。

（1）SYS：所有的 Oracle 的数据字典的基表和视图都存放在 SYS 用户中，这些基表和视图对于 Oracle 的运行是至关重要的，有数据库自己维护，任何用户都不能手动更改。SYS 用户拥有 DBA，SYSDBA，SYSOPER 角色或权限，是 Oracle 权限最高的用户。

（2）SYSTEM：默认系统管理员（DBA 权限）用户。用于存放次一级的内部数据，如 Oracle 的一些特性或工具的管理信息，SYSTEM 用户拥有 DBA，SYSDBA 角色或系统权限。

SYS 用户必须以 AS SYSDBA 或 AS SYSOPER 形式登录，不能以 NORMAL 方式登录数据库。SYSTEM 如果正常登录，它其实就是一个普通的 DBA 用户，但是如果以 AS SYSTEM 登录，其结果实际上它是以 SYS 用户登录的。

2. 普通用户

另一类用户是利用系统用户创建的用户，称为普通用户。可以通过查询视图 DBA_USERS 来查看当前数据库的所有用户状况。

```
    SELECT USERNAME, ACCOUNT_STATUS, DEFAULT_TABLESPACE, TEMPORARY_TABLESPACE
FROM DBA_USERS
```

查询结果如图 5.1 所示。

	USERNAME	ACCOUNT_STATUS	DEFAULT_TABLESPACE	TEMPORARY_TABLESPACE
1	MGMT_VIEW	OPEN	SYSTEM	TEMP
2	SYS	OPEN	SYSTEM	TEMP
3	SYSTEM	OPEN	SYSTEM	TEMP
4	DBSNMP	OPEN	SYSAUX	TEMP
5	SYSMAN	OPEN	SYSAUX	TEMP
6	SCOTT	OPEN	USERS	TEMP
7	DEMOUSER	OPEN	SQLICR	TEMP
8	OUTLN	EXPIRED & LOCKED	SYSTEM	TEMP
9	FLOWS_FILES	EXPIRED & LOCKED	SYSAUX	TEMP
10	MDSYS	EXPIRED & LOCKED	SYSAUX	TEMP
11	ORDSYS	EXPIRED & LOCKED	SYSAUX	TEMP
12	EXFSYS	EXPIRED & LOCKED	SYSAUX	TEMP

图 5.1　系统用户信息

5.1.1　创建用户

采用 CREATE USER 命令，创建一个新的用户。其语法格式如下：

```
CREATE  USER  username
IDENTIFIED  BY  { password | EXTERNALLY | GLOBALLY  AS  'CN = user'}
[ DEFAULT  TABLESPACE  tablespace  ]
[ TEMPORARY TABLESPACE  temptablespace ]
[ Quota  [inter K[M] ] [UNLIMITED]  ON  tablespace ]
[ PROFILES  profile_name ]
[PASSWORD EXPIRE]
[ACCOUNT LOCK or ACCOUNT UNLOCK]
```

username：指定要创建的用户名称。

｛password｜EXTERNALLY｜GLOBALLY　AS　'CN＝user'｝：用户的密码，后二者是参数和中心服务器验证。

［DEFAULT　TABLESPACE　tablespace　］：指定当用户创建方案对象时，如果没有指定特定的表空间，将使用此处指定的默认表空间。如果不指定 DEFAULT TABLESPACE 子句，Oracle 会以 SYSTEM 表空间作为用户默认的表空间。

［TEMPORARY　TABLESPACE　temptablespace］：指定默认的临时表空间。如果不指定 TEMPORARY　TABLESPACE 子句，Oracle 会使用数据库默认的临时表空间作为用户的临时表空间。

［Quota　［inter K[M]］［UNLIMITED］　ON　tablespace］：用户可以使用的表空间大小，也就是表空间的配额。

082

〔PROFILES　profile_name〕:指定用户配置信息的配置名,用户配置信息是使用 CREATE PROFILES 语句创建。

〔PASSWORD EXPIRE〕:表示将口令设置为过期状态,用户登录时必须要修改其用户密码。

〔ACCOUNT LOCK or ACCOUNT UNLOCK〕:用户是否被加锁,默认不进行锁定,锁定的用户无法进行登录。

5.1.2　维护用户

用户账号的维护包括修改用户信息,删除用户和查看用户。

1. 修改用户

用户创建完后,管理员可以对用户进行修改,包括修改用户口令,改变用户默认表空间、临时表空间、磁盘配额及资源限制等。修改用户的语法与创建的用户的语法基本相似,只是把创建用户语法中的"CREATE"关键字替换成"ALTER"罢了,具体语法请参考创建用户的基本语法。语法格式如下:

```
ALTER  USER  USERNAME
IDENTIFIED  BY  { PASSWORD│EXTERNALLY│GLOBALLY  AS  'CN=USER'}
[ DEFAULT  TABLESPACE  TABLESPACE  ]
[ TEMPORARY TABLESPACE  TEMPTABLESPACE ]
[ QUOTA  [INTER K[M] ] [UNLIMITED]  ON  TABLESPACE ]
[ PROFILES  PROFILE_NAME ]
[PASSWORD EXPIRE]
[ACCOUNT LOCK OR ACCOUNT UNLOCK]
```

2. 删除用户

删除用户通过 DROP USER 语句完成的,删除用户后,Oracle 会从数据字典中删除用户、方案及其所有对象方案,语法格式如下:

```
DROP  USER  USERNAME  [CASCADE]
```

当前正连接的用户不得删除。使用 CASCADE 选项时,用户及实体马上被删除,需要再进入数据文件进行物理删除。

3. 查询用户

```
SHOW  USER
```

【范例 5-1】　新建一个表空间 ZBTS 和临时表空间 ZBTEMPTS,创建一个用户 ZBNEWDEMOUSER,使其有操作表空间的权限和配额,并授予用户权限、锁定和密码等。

步骤 1:创建一个表空间 ZBTS。

```
CREATE TABLESPACE  ZBTS
DATAFILE    'E:\yjyOracledatabase\zbts01.dbf'  size 50M REUSE,
            'D:\zbdatabase\zbts02.dbf'  size 20M REUSE
AUTOEXTEND  ON NEXT 2M
LOGGING;
```

步骤 2：创建一个临时表空间 ZBTEMPTS。

```
CREATE   temporary TABLESPACE   ZBTEMPTS
TEMPFILE      'E:\oracledatabase\zbtempts01.dbf'   size 30M   REUSE,
              'D:\zbdatabase\zbtempts02.dbf'   size 10M REUSE
AUTOEXTEND   ON NEXT 2M;
```

步骤 3：创建一个新的用户：ZBNEWDEMOUSER，密码 ZBNEWDEMOUSER。

```
CREATE USER ZBNEWDEMOUSER
IDENTIFIED BY   ZBNEWDEMOUSER
DEFAULT TABLESPACE ZBTS
TEMPORARY TABLESPACE   ZBTEMPTS
QUOTA 30M ON ZBTS
ACCOUNT UNLOCK
PASSWORD EXPIRE;
```

步骤 4：通过 dba_users 查看用户信息。

```
SELECT username, user_id, default_tablespace, temporary_tablespace, lock_
     date, profile FROM dba_users WHERE username = 'ZBNEWDEMOUSER';
```

运行结果：如图 5.2 所示。

USERNAME	USER_ID	DEFAULT_TABLESPACE	TEMPORARY_TABLESPACE	LOCK_DATE	PROFILE
1 ZBNEWDEMOUSER	92 ZBTS		ZBTEMPTS	(null)	DEFAULT

图 5.2　查看用户 ZBNEWDEMOUSER 信息

步骤 5：通过 dba_ts_quotas 查看用户可用表空间配额。

```
SELECT *  FROMdba_ts_quotas WHEREusername = 'ZBNEWDEMOUSER';
```

运行结果：如图 5.3 所示。

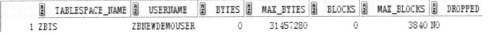

TABLESPACE_NAME	USERNAME	BYTES	MAX_BYTES	BLOCKS	MAX_BLOCKS	DROPPED
1 ZBTS	ZBNEWDEMOUSER	0	31457280	0	3840	NO

图 5.3　ZBNEWDEMOUSER 可用表空间配额

步骤 6：为 ZBNEWDEMOUSER 用户授予 CREATE SESSION 权限。

```
GRANT CREATE SESSION TO ZBNEWDEMOUSER;
```

运行结果：此时在 SQL * PLUS 中用 zbnewdemouser 登录，会显示 the password has expired * 。

步骤 7：修改 ZBNEWDEMOUSER 的密码为：ZBNEWDEMOUSER。

```
ALTER USER ZBNEWDEMOUSER   IDENTIFIED BY ZBNEWDEMOUSER;
```

步骤 8：将 ZBNEWDEMOUSER 用户设置为锁定状态。

```
ALTER USER ZBNEWDEMOUSER ACCOUNT LOCK;
```

运行结果：此时在 SQL＊PLUS 中登录会显示 the account is locked。

步骤 9：通过 dba_users 查看 ZBNEWDEMOUSER 用户的锁定信息。

```
SELECT username, user _ id, default _ tablespace, temporary _ tablespace,
    created, lock _ date, profile FROM dba _ users WHERE username =
    'ZBNEWDEMOUSER';
```

运行结果：如图 5.4 所示，其中 LOCK_DATE 为账户锁定日期。

	USERNAME		USER_ID		DEFAULT_TABLESPACE		TEMPORARY_TABLESPACE		CREATED	LOCK_DATE		PROFILE
1	ZBNEWDEMOUSER		92 ZBTS				ZBTEMPTS		05-9月 -16	05-9月 -16		DEFAULT

图 5.4　ZBNEWDEMOUSER 用户的锁定信息

步骤 10：将 ZBNEWDEMOUSER 用户解锁。

```
ALTER USER ZBNEWDEMOUSER ACCOUNT UNLOCK;
```

运行结果：如图 5.5 所示，解锁之后，LOCK_DATE 一栏就会空着。

	USERNAME		USER_ID		DEFAULT_TABLESPACE		TEMPORARY_TABLESPACE		CREATED	LOCK_DATE		PROFILE
1	ZBNEWDEMOUSER		92 ZBTS				ZBTEMPTS		05-9月 -16	(null)		DEFAULT

图 5.5　ZBNEWDEMOUSER 用户解锁信息

步骤 11：让 ZBNEWDEMOUSER 密码失效。

```
ALTER USER ZBNEWDEMOUSER PASSWORD EXPIRE;
```

步骤 12：修改 ZBNEWDEMOUSER 用户的表空间配额。

```
ALTER USER ZBNEWDEMOUSER
QUOTA 20M ON ZBTS;
```

步骤 13：通过 dba_ts_quotas 数据字典查看 ZBNEWDEMOUSER 用户新的表空间配额。

```
SELECT ＊ FROM dba_ts_quotas WHERE username = 'ZBNEWDEMOUSER';
```

运行结果：如图 5.6 所示。对比图 5.3，可以看出 MAX_BYTES 由 30 M 变为了 20 M。

	TABLESPACE_NAME		USERNAME		BYTES	MAX_BYTES		BLOCKS		MAX_BLOCKS		DROPPED
1	ZBTS		ZBNEWDEMOUSER		0	20971520		0		2560		NO

图 5.6　ZBNEWDEMOUSER 用户新的表空间配额

5.2　权限管理

权限是管理用户对数据库定义（DDL）和访问数据库（DML）的操作。权限的最终作用

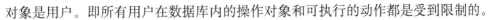
对象是用户。即所有用户在数据库内的操作对象和可执行的动作都是受到限制的。

用户创建完成之后实际上是没有任何权限的,即是无法使用的。如果要想让一个用户真正可用,那么就必须为此用户授权,权限给用户一种行使 Oracle 数据库操作的权利。只有分配了权限,用户才能进行一系列的操作。

Oracle 中共有两种权限:系统权限和对象权限。

系统权限:系统权限是给了用户执行特定类型 SQL 命令的权利,允许用户在数据库中执行特定的操作。在系统级对数据库进行存取和使用的机制,比如,用户是否能够连接到数据库系统(SESSION 权限),执行系统级的 DDL 语句(如 CREAT、ALTER、和 DROP)等。允许用户在数据库中执行特定的操作,比如启动和关闭数据库、修改数据库的状态等等。在系统默认的两个系统用户 SYSTEM 和 SYSDBA,SYSTEM 的权限比 SYSDBA 的权限要低,它不能关闭数据库和启动数据库等权限。

对象权限:允许用户访问和操作特定的对象。维护数据库中对象的能力,即:由一个用户操作另外一个用户的对象。

所有的权限应该由 DBA 进行控制,在 SQL 语句规范之中针对权限的控制提供了两个核心的操作命令:GRANT(授权)、REVOKE(回收权限)。

5.2.1　系统权限

Oracle 系统权限如表 5.1 所示。

表 5.1　Oracle 系统权限列表

权限名称	注　释
CREATE　SESSION	允许用户连接到数据库
CREATE　TABLE	允许用户创建数据库表
CREATE　VIEW	允许用户创建视图
CREATE　PUBLIC SYNONYM	允许用户创建公有同义词
CREATE　SEQUENCE	允许用户创建序列
CREATE　PROCEDURE	允许用户创建存储过程
CREATE　TRIGGER	允许用户创建触发器
CREATE　CLUSTER	允许用户创建簇
CREATE　TYPE	允许用户创建类型
CREATE　DATABASE LINK	允许用户创建数据库链接

在 Oracle 中含有 200 多种系统特权,这些系统特权均被列举在 SYSTEM_PRIVILEGE_MAP 数据目录视图中。授权操作使用 GRANT 命令,其语法格式如下:

```
GRANT { system  privilege | role | all [privileges ] } [, {system  privilege
| role | all [privilege ]  } …..]
TO { user  | role  } [, { user  | role } ] ….
[identified  by  password ]
[with admin option ]
```

GRANT 语句后面是一个权限列表,多个 权限以逗号隔开,除了权限之外还可以指定角色给用户。ALL 子句表示给用户分配除 SELECT ANY DICTIONARY 系统权限之外的所有权限。TO 语句后面是用户列表，如果为角色分配权限可以指定角色列表。with admin option 选项指定被授权的用户或角色还可以将相应的系统权限授予其他用户和角色，也就说可以使用 GRANT 语句将这个权限再赋予其他用户。

一般用户若被授予过高的权限就可能给 Oracle 系统带来安全隐患。作为 Oracle 系统的管理员，应该能够查询当前 Oracle 系统各个用户的权限，并且能够使用 REVOKE 命令撤销用户的某些不要的系统权限，REVOKE 命令的语法格式如下：

```
REVOKE SYS_PRIVI | ROLE FROM USER | ROLE | PUBLIC
```

表示要进行撤销的系统权限，多个权限之间用逗号分隔，指定要进行撤销的权限，表示要撤销所有权限。字句后面指定要进行权限回收的角色，用户列表。

5.2.2 对象权限

对象权限是在数据库中针对特定对象的操作，允许用户访问和操作特定的对象。某一个用户对其他用户的表、视图、序列、存储过程、函数、包等的操作权限。允许用户访问和操纵特定的对象，比如修改数据库表或者是删除数据、更新数据等等。不同类型的对象具有不同的对象权限，对于某些模式对象，比如簇、索引、触发器、数据库链接等没有相应的实体权限，这些权限由系统权限进行管理。

系统的权限不依赖任何东西，所以级联授权后不级联收回；对象的权限互相依赖，级联授权的后级联的收回，如表 5.2 所示。

表 5.2　Oracle 对象权限列表

ALTER	允许用户修改表和序列
DELETE	允许用户删除表和视图中的数据
EXECUTE	允许用户执行过程
INDEX	允许用户在表上创建索引
INSERT	允许用户向表或视图插入记录
REFERENCES	允许用户在表上创建外键
SELECT	允许用户查询表、视图或者序列的值
UPDATE	允许用户对表和视图进行更新

与将系统权限授予用户基本相同，授予对象权限给用户或角色也使用 GRANT 命令，其语法格式如下：

```
GRANT  {OBJECT  PRIVILEGE | ALL [ PRIVILEGE ] }
{(COLUMN [,  CLOUMN]… )}
[, {OBJECT  PRIVILEGE | ALL [ PRIVILEGE ] }[(COLUMN[,  COLUMN ] …)]] …
ON  [  SCHEMA .]  OBJECT
TO {  USER  |  ROLE  }
[ WITH  GRANT  OPTION  ]
```

OBJECT　PRIVILEGE 用于标识对象的权限,多个对象权限之间用逗号分隔,如果指定 ALL,表示分配所有权限。COLUMN 用于标识要应用权限的对应的列,列与列之间用逗号分隔。ON 后面的子句指定要进行分配的目标对象,SCHEMA 指定要赋予的目标对象。TO 后面的子句指定要分配到的目标用户或角色,如果指定为 TO PUBLIC,将使得所有的用户都能够使用这个权限。WITH GRANT OPTION 指定被授权的用户也可以将对象权限转授给其他用户,该选项不能够授予角色。

要从用户或角色中撤销对象权限,仍然要使用 REVOKE 命令,其语法格式如下:

```
REVOKE OBJ_PRIVI | ALL ON SCHEMA.OBJECT FROM USER | ROLE |
PUBLIC CASCADE CONSTRAINTS
```

表 5.3　与权限相关的 Oracle 数据字典

ROLE_SYS_PRIVS	某个角色所拥有的系统权限
ROLE_TAB_PRIVS	角色拥有的对象权限
USER_TAB_PRIVS_MADE	查询授权出去的对象权限
USER_TAB_PRIVS_RECD	用户拥有的对象权限
USER_COL_PRIVS_MADE	用户分配出去的列的对象权限
USER_COL_PRIVS_RECD	用户拥有的关于列的对象权限
SYSTEM_PRIVILEGE_MADE	获得完整的系统权限
DBA_SYS_PRIVS	查询某个用户所拥有的系统权限
USER_SYS_PRIVS	当前用户所拥有的系统权限
SESSION_PRIVS	当前用户所拥有的全部权限
USER_TAB_PRIVS	读取其他用户对象权限

收回系统权限:

```
Revoke 系统权限列表  From  用户名
```

收回对象权限:

```
Revoke 对象权限列表 ON  对象名 From  用户名;
[CASCADE CONSTRAINTS];
```

【范例 5 - 2】　用户系统权限分配、授权例子。

步骤 1:为 ZBNEWDEMOUSER 用户授权。

```
GRANT CREATE TABLE, CREATE SEQUENCE, CREATE VIEW TO ZBNEWDEMOUSER;
```

步骤 2:创建一个新的用户:ZBORCLUSER,密码为:ZBORCLUSER。

```
CREATE USER ZBORCLUSER
IDENTIFIED BY ZBORCLUSER
DEFAULT TABLESPACE ZBTS
TEMPORARY TABLESPACE ZBTEMPTS
QUOTA 5M ON ZBTS
ACCOUNT UNLOCK;
```

步骤 3：为 ZBORCLUSER 用户授予 CREATE SESSION 权限。

```
GRANT CREATE SESSION TO ZBORCLUSER;
```

步骤 4：通过 dba_sys_privs 数据字典查看用户权限。

```
SELECT * FROM dba_sys_privs
WHERE grantee IN ('ZBORCLUSER', 'ZBNEWDEMOUSER')
ORDER BY grantee DESC;
```

运行结果：如图 5.7 所示。此时 ZBORCLUSER 可以登录，但是没有其他的权限。想用 ZBNEWDEMOUSER 给 ZBORCLUSER 授权，但是显示权限不足。

	GRANTEE	PRIVILEGE	ADMIN_OPTION
1	ZBORCLUSER	CREATE SESSION	NO
2	ZBNEWDEMOUSER	CREATE SEQUENCE	NO
3	ZBNEWDEMOUSER	CREATE SESSION	NO
4	ZBNEWDEMOUSER	CREATE TABLE	NO
5	ZBNEWDEMOUSER	CREATE VIEW	NO

图 5.7 ZBORCLUSER 和 ZBNEWDEMOUSER 用户权限

步骤 5：修改用户 ZBNEWDEMOUSER 权限，使其具有给其他用户授权的权限。

```
GRANT CREATE TABLE, CREATE SEQUENCE, CREATE VIEW TO ZBNEWDEMOUSER WITH ADMIN
  OPTION;
```

运行结果：授权之后，使用步骤 4 查询用户权限。如图 5.8 所示，有些权限边上会出现 ADMIN，表示此用户可以将这些权限授予别的用户。

	GRANTEE	PRIVILEGE	ADMIN_OPTION
1	ZBORCLUSER	CREATE SESSION	NO
2	ZBNEWDEMOUSER	CREATE SEQUENCE	YES
3	ZBNEWDEMOUSER	CREATE SESSION	NO
4	ZBNEWDEMOUSER	CREATE TABLE	YES
5	ZBNEWDEMOUSER	CREATE VIEW	YES

图 5.8 ZBORCLUSER 和 ZBNEWDEMOUSER 用户新权限

步骤 6：利用 ZBNEWDEMOUSER 用户登录，而后将创建表、以及创建序列和视图的权限授予 ZBORCLUSER 用户。

```
GRANT CREATE TABLE, CREATE SEQUENCE  , CREATE VIEW TO ZBORCLUSER;

GRANT CREATE SESSION TO ZBORCLUSER;
```

运行结果：授权之后，使用步骤 4 查询用户权限。如图 5.9 所示。此时 ZBORCLUSER 可以登录，但是没有其他的权限。想用 ZBNEWDEMOUSER 给 ZBORCLUSER 授权，但是显示权限不足。

	GRANTEE	PRIVILEGE	ADMIN_OPTION
1	ZBORCLUSER	CREATE SEQUENCE	NO
2	ZBORCLUSER	CREATE SESSION	NO
3	ZBORCLUSER	CREATE TABLE	NO
4	ZBORCLUSER	CREATE VIEW	NO
5	ZBNEWDEMOUSER	CREATE SEQUENCE	YES
6	ZBNEWDEMOUSER	CREATE SESSION	NO
7	ZBNEWDEMOUSER	CREATE TABLE	YES
8	ZBNEWDEMOUSER	CREATE VIEW	YES

图 5.9　ZBORCLUSER 和 ZBNEWDEMOUSER 用户新权限

步骤 7：新建一个用户 ZBUSER01，全部由 ZBNEWDEMOUSER 授权。

```
CREATE USER ZBUSER01

IDENTIFIED BY  ZBUSER01

DEFAULT TABLESPACE ZBTS

TEMPORARY TABLESPACE  ZBTEMPTS

QUOTA 2M ON ZBTS

ACCOUNT UNLOCK;
```

步骤 8：增加 ZBNEWDEMOUSER 的 SEESION 权限。

```
GRANT  CREATE SESSION  TO ZBNEWDEMOUSER  WITH ADMIN OPTION;
```

步骤 9：用 ZBNEWDEMOUSER 用户登录，然后给 ZBUSER01 授权。

```
GRANT  CREATE SESSION, CREATE TABLE, CREATE SEQUENCE, CREATE VIEW      TO
ZBUSER01;
```

步骤 10：将 ZBNEWDEMOUSER 用户的 CREATE VIEW、CREATE TABLE 权限回收。

```
REVOKE CREATE TABLE, CREATE VIEW FROM ZBNEWDEMOUSER;
```

步骤 11：通过 dba_sys_privs 数据字典查看用户权限。

```
SELECT * FROM dba_sys_privs WHERE grantee IN ('ZBORCLUSER', 'ZBNEWDEMOUSER',
'ZBUSER01')  ORDER BY grantee DESC;
```

运行结果：如图 5.10 所示，对比图 5.9，可以看出 ZBNEWDEMOUSER 的权限少了两项。

	GRANTEE	PRIVILEGE	ADMIN_OPTION
1	ZBUSER01	CREATE SEQUENCE	NO
2	ZBUSER01	CREATE SESSION	NO
3	ZBUSER01	CREATE TABLE	NO
4	ZBUSER01	CREATE VIEW	NO
5	ZBORCLUSER	CREATE SEQUENCE	NO
6	ZBORCLUSER	CREATE SESSION	NO
7	ZBORCLUSER	CREATE TABLE	NO
8	ZBORCLUSER	CREATE VIEW	NO
9	ZBNEWDEMOUSER	CREATE SEQUENCE	YES
10	ZBNEWDEMOUSER	CREATE SESSION	YES

图 5.10 用户权限显示

步骤 12：通过 ZBNEWDEMOUSER 用户。

——回收 ZBORCLUSER 用户的 CREATE SEQUENCE，CREATE VIEW 权限

——回收 ZBUSER01 用户的 CREATE TABLE，CREATE SESSION 权限

```
REVOKE CREATE SEQUENCE, CREATE VIEW  FROM ZBORCLUSER;
REVOKE CREATE TABLE,CREATE SESSION FROM ZBUSER01;
```

运行结果：如图 5.11 所示。

	GRANTEE	PRIVILEGE	ADMIN_OPTION
1	ZBUSER01	CREATE SEQUENCE	NO
2	ZBUSER01	CREATE VIEW	NO
3	ZBORCLUSER	CREATE SESSION	NO
4	ZBORCLUSER	CREATE TABLE	NO
5	ZBNEWDEMOUSER	CREATE SEQUENCE	YES
6	ZBNEWDEMOUSER	CREATE SESSION	YES

图 5.11 用户权限显示

【**范例 5 - 3**】 用户对象权限分配、授权例子。

步骤 1：首先在两个用户下分别建立表和输入数据。

```
ZBORCLUSER(regions,offices,salesreps)
ZBUSER01(products)
```

步骤 2：通过 ZBNEWDEMOUSER 无法访问 ZBORCLUSER 和 ZBUSER01 用户下的资源。

```
SELECT * FROM ZBORCLUSER.OFFICES;
SELECT * FROM ZBUSER01.PRODUCTS;
```

运行结果：在 ZBNEWDEMOUSER 登录之后，无法访问上述资源，显示表或视图不存在。

步骤 3：将 ZBORCLUSER.OFFICES 表的查询权限授予 ZBNEWDEMOUSER。

```
GRANT SELECT  ON ZBORCLUSER.OFFICES TO ZBNEWDEMOUSER;
```

步骤 4：将 ZBORCLUSER.SALESREPS 数据表更新销售量（SALES）的权限授予 ZBNEWDEMOUSER 用户。

```
GRANT UPDATE(SALES) ON ZBORCLUSER.SALESREPS TO ZBNEWDEMOUSER;
```

步骤 5：为 ZBNEWDEMOUSER 用户授予 ZBUSER01 用户 PRODUCTS 表的增加权限。

```
GRANT   INSERT ON ZBUSER01.PRODUCTS TO   ZBNEWDEMOUSER
```

步骤 6：查询在 ZBNEWDEMOUSER 登录用户下的所有对象权限。

```
SELECT * FROM user_tab_privs_recd;
```

步骤 7：查询"user_col_privs_recd"数据字典。

```
SELECT * FROM user_col_privs_recd;
```

步骤 8：ZBNEWDEMOUSER 对 ZBUSER01 下的 PRODUCTS 的操作权限。

```
SELECT   * FROM ZBUSER01.PRODUCTS;
```

运行结果：显示权限不足。

```
INSERT INTO   ZBUSER01.PRODUCTS(MFR_ID,PRODUCT_ID,DESCRIPTION,PRICE,QTY_ON_
HAND) VALUES('ZZZ','99987','ZZZ_99987',56,87);
```

运行结果：显示操作成功。

```
UPDATE   ZBUSER01.PRODUCTS SET QTY_ON_HAND = 98,PRICE = 76
WHERE MFR_ID = 'ZZZ' AND PRODUCT_ID = '99987';
```

运行结果：显示权限不足。

步骤 9：ZBNEWDEMOUSER 对 ZBORCLUSER 下三个表的 SELECT 操作权限。

```
SELECT   * FROM ZBORCLUSER.REGIONS;
```

运行结果：显示表或者视图不存在。

```
SELECT * FROM ZBORCLUSER.OFFICES;
```

运行结果：显示操作正常。

```
SELECT * FROM ZBORCLUSER.SALESREPS;
```

运行结果：显示权限不足。

步骤 10：ZBNEWDEMOUSER 对 ZBORCLUSER 下三个表的 INSERT 操作权限。

```
INSERT INTO   ZBORCLUSER.REGIONS(REGION_ID,REGION_NAME)VALUES
(88,'东南');
```

运行结果：显示表或者视图不存在。

```
INSERT INTO ZBORCLUSER.OFFICES(OFFICE_ID,CITY)VALUES(88,'东南');
```

运行结果：显示权限不足。

```
INSERT INTO ZBORCLUSER.SALESREPS(EMPL_ID,EMPL_NAME)VALUES(88,'东南');
```

运行结果:显示权限不足。

步骤 11:ZBNEWDEMOUSER 对 ZBORCLUSER 下三个表的 UPDATE 操作权限。

```
UPDATE ZBORCLUSER.REGIONS SET REGION_NAME='东南'WHERE REGION_ID=2;
```

运行结果:显示表或者视图不存在。

```
UPDATE   ZBORCLUSER.OFFICES   SET CITY='东南'WHERE OFFICE_ID=12;
```

运行结果:显示权限不足。

```
UPDATE   ZBORCLUSER.SALESREPS   SET EMPL_NAME='东南'WHERE EMPL_ID=103;
```

运行结果:显示权限不足。

```
UPDATE   ZBORCLUSER.SALESREPS SET SALES=998877   WHERE EMPL_ID=103;
```

运行结果:显示操作成功。

步骤 12:回收 ZBNEWDEMOUSER 的相关权限。

```
REVOKE SELECT ON ZBORCLUSER.OFFICES FROM ZBNEWDEMOUSER;
REVOKE UPDATE ON ZBORCLUSER.SALESREPS FROM ZBNEWDEMOUSER;
REVOKE INSERT ON ZBUSER01.PRODUCTS FROM ZBNEWDEMOUSER;
```

步骤 13:在 ZBNEWDEMOUSER 用户模式下运行,查询结果为空。

```
SELECT * FROM user_tab_privs_recd;
SELECT * FROM user_col_privs_recd;
```

步骤 14:再运行上面的 SELECT,UPDATE,INSERT 语句,均显示为表或者视图不存在。

步骤 15:通过 ZBNEWDEMOUSER 用户。
——回收 ZBORCLUSER 用户的 CREATE SEQUENCE,CREATE VIEW 权限
——回收 ZBUSER01 用户的 CREATE TABLE,CREATE SESSION 权限

```
REVOKE CREATE SESSION, CREATE TABLE   FROM ZBORCLUSER;
REVOKE CREATE SESSION, CREATE TABLE   FROM ZBUSER01;
```

在这里需要注意,with admin option 是分配系统权限,with grant option 是分配对象权限。系统权限传播出去之后,即使传播者的权限被收回,也不会影响到它已传播出去的权限。对象权限则不同,传播者的权限被收回之后,它传播出去的权限,也将尽数收回。

5.3　角　色

虽然可以利用 GRANT 命令为所有用户分配权限,但是如果数据库的用户众多,而且权限关系复杂,那么为用户分配权限的工作量将变得十分巨大。因此,Oracle 提出了角色

的概念。

角色是指系统权限或者对象权限的集合。角色是一组权限的集合,将角色赋给一个用户,这个用户就拥有了这个角色中的所有权限。只要第一次将角色赋给这一组用户,接下来就只要针对角色进行管理就可以了。

Oracle 允许首先创建一个角色,然后将角色信息赋予用户,从而间接地将权限信息添加给用户。因为角色的可复用性,因此,可以将角色再次分配给其他用户,从而减少了重复工作。用户可以通过角色继承权限,除了管理权限外角色服务没有其他目的。权限可以被授予,也可以用同样的方式撤销。

使用角色可以简化权限的管理,可以仅用一条语句就能从用户那里授予或回收权限,而不必对用户一一授权。使用角色还可以实现权限的动态管理,比如,随着应用的变化可以增加或者减少角色的权限,这样通过改变角色的权限,就实现了改变多个用户的权限。

5.3.1　创建角色

```
CREATE  ROLE  ROLE_NAME
[NOT INDENTIFIED | INDENTIFIED { BY | USING | EXTERNALLY | GLOBALLY } ];
```

ROLE_NAME:指定角色名称;
NOT IDENTIFIED:指定不启用角色验证方式;
IDENTIFIED:指定启动角色验证方式,其中 BY 指定密码验证;
USING 子名指定通过一个控制授权的包名称来启用或禁用角色;
EXTERNALLY 允许进行操作系统或第三方级别的验证;
GLOBALLY 允许通过企业目录服务进行验证。

5.3.2　查看角色

角色一旦创建,Oracle 会将角色信息存放到数据字典中,同时为角色权限或者是将角色分配给用户时,这些信息都会放到数据字典的相应表中,通过查询数据字典视图,可以了解到与角色相关的信息,如表 5.4 所示。

表 5.4　与角色相关的 Oracle 数据字典

数据字典视图名称	视图描述
DBA_ROLES	显示当前数据库所包含的所有角色
DBA_ROLE_PRIVS	显示用户或角色所具有的角色信息
ROLE_ROLE_PRIVS	显示角色所具有的其他角色的信息
USER_ROLE_PRIVS	显示当前用户所具有的角色信息
ROLE_SYS_PRIVS	显示角色所具有的系统权限
DBA_SYS_PRIVS	显示用户或角色所具有的系统权限
DBA_TAB_PRIVS	显示用户或角色所具有的对象权限
ROLE_TAB_PRIVS	显示角色所具有的对象权限
SESSION_ROLES	当前用户被激活的角色

5.3.3 预定义角色

系统预定义角色是指在数据库安装完成后由系统自动创建的一些常用角色,由系统授予了相应的系统权限,可以由数据库管理员直接使用。一旦将这些角色授予用户以后,用户便具有了角色中所包含的系统权限。下面这几个系统预定义角色是最常被用到的。

(1) CONNECT;

(2) RESOURCE;

(3) DBA;

(4) EXP_FULL_DATABASE;

(5) IMP_FULL_DATABASE。

【范例 5-4】 角色使用的例子

步骤 1:创建一个普通的角色。

```
CREATE ROLE ZB_ROLE_PUBLIC;
```

步骤 2:创建一个带有密码的角色。

```
CREATE ROLE ZB_ROLE_PWD  IDENTIFIED BY ZB_ROLE_PWD;
```

步骤 3:禁用当前会话中的所有角色、启用当前会话中的所有角色。

```
SET ROLE NONE; SET ROLE ALL;
```

步骤 4:启用 ZB_ROLE_PWD 角色,此角色存在密码。

```
SET ROLE ZB_ROLE_PWD IDENTIFIED BY ZB_ROLE_PWD;
```

步骤 5:查看 dba_roles 数据字典。

```
SELECT * FROM dba_roles WHERE role IN ('ZB_ROLE_PUBLIC','ZB_ROLE_PWD');
```

步骤 6:为 ZB_ROLE_PUBLIC 角色授权。

```
GRANT CREATE SESSION, CREATE TABLE, CREATE VIEW, CREATE SEQUENCE        TO ZB_
  ROLE_PUBLIC;
```

步骤 7:为 ZB_ROLE_PWD 角色授权。

```
GRANT CREATE SESSION, CREATE ANY TABLE, INSERT ANY TABLE TO ZB_ROLE_PWD;
```

步骤 8:查询 role_sys_privs 数据字典。

```
SELECT * FROM role_sys_privs
WHERE role IN ('ZB_ROLE_PUBLIC', 'ZB_ROLE_PWD')  ORDER BY role;
```

步骤 9:将 ZB_ROLE_PUBLIC 的角色授予 ZBORCLUSER 用户。

```
GRANT ZB_ROLE_PUBLIC TO ZBORCLUSER;
```

步骤 10:将 ZB_ROLE_PUBLIC 和 ZB_ROLE_PWD 的角色授予 ZBUSER01 用户。

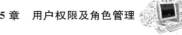
```
GRANT ZB_ROLE_PUBLIC, ZB_ROLE_PWD TO ZBUSER01;
```

步骤 11：在 ZBORCLUSER 用户模式下查询权限。

```
SELECT * FROM session_privs;
```

步骤 12：将 ZB_ROLE_PUBLIC 的角色密码设置为 ZB_ROLE_PUBLIC。

```
ALTER ROLE ZB_ROLE_PUBLIC IDENTIFIED BY ZB_ROLE_PUBLIC;
```

步骤 13：取消 ZB_ROLE_PWD 角色的密码。

```
ALTER ROLE ZB_ROLE_PWD NOT IDENTIFIED;
```

再用 dba_roles 查看数据字典。

```
SELECT * FROM dba_roles WHERE role IN ('ZB_ROLE_PUBLIC','ZB_ROLE_PWD');
```

步骤 14：将 CREATE SESSION 的权限从 ZB_ROLE_PUBLIC 角色中回收。

```
REVOKE CREATE SESSION FROM ZB_ROLE_PUBLIC;
```

步骤 15：查询 ZB_ROLE_PUBLIC 角色中的权限信息。

```
SELECT * FROM role_sys_privs WHERE role = 'ZB_ROLE_PUBLIC' ORDER BY
role;
```

步骤 16：删除 ZB_ROLE_PWD 角色。

```
DROP ROLE ZB_ROLE_PWD;
```

步骤 17：通过 sys 用户查询 CONNECT 和 RESROUCE 角色所拥有的权限。

```
SELECT * FROM role_sys_privs
WHERE role IN ('CONNECT', 'RESOURCE')     ORDER BY role;
```

步骤 18：将 CONNECT、RESOURCE 角色授予 ZBNEWDEMOUSER 用户。

```
GRANT CONNECT, RESOURCE TO ZBNEWDEMOUSER;
```

5.4　资源配置文件

　　PROFILE 作为用户配置文件是 Oracle 安全策略的重要组成部分，利用它可以对数据库用户进行基本的资源限制，并且可以对用户的密码进行管理，

　　在安装数据库时，Oracle 会自动建立名为 DEFAULT 的默认配置文件。如果没有为新创建的用户指定 DEFAULT 文件，Oracle 将自动为它指定 DEFAULT 配置文件。初始的 DEFAULT 文件没有进行任何密码和资源限制。

　　资源配置文件创建的语法格式如下：

```
CREATE PROFILE   配置文件名称   LIMIT 命令(s)
```

5.5　概要文件

在对 Oracle 的访问中,除了用户名和密码之外,还必须考虑用户的安全性,以防止非法的连接和非法的操作。对于数据库管理而言,用户和管理任务多,还必须限制不同类型用户对资源的占用,这时就需要对用户的各种操作进行限制和管理,在 Oracle 中使用 PROFILE 进行资源配置。PROFILE 是 Oracle 数据库中的概要文件,主要用于存放数据库的系统资源或者数据库使用限制的内容。它是 Oracle 安全策略的重要组成部分,利用它可以对数据库用户进行基本的资源限制,并且可以对用的密码进行管理。

默认情况下,如果用户没有创建概要文件,则使用系统默认的概要文件,文件名为 DEFAULT。

5.5.1　资源限制文件

```
SESSION_PER_USER 数字 | UNLIMITED | DEFAULT
CPU_PER_SESSION 数字 | UNLIMITED | DEFAULT
CPU_PER_CALL 数字 | UNLIMITED | DEFAULT
CONNECT_TIME 数字 | UNLIMITED | DEFAULT
IDLE_TIME 数字 | UNLIMITED | DEFAULT
LOGICAL_READS_PER_SESSION 数字 | UNLIMITED | DEFAULT
LOGICAL_READS_PER_CALL 数字 | UNLIMITED | DEFAULT
```

允许一个用户同时创建 SESSION 的最大数量;
每一个 SESSION 允许使用 CPU 的时间数,单位为毫秒;
限制每次调用 SQL 语句期间,CPU 的时间总量;
每个 SESSION 的连接时间数,单位为分;
每个 SESSION 的超时时间,单位为分;
限定每一个用户最多允许读取的数据块数;
每次调用 SQL 语句期间,最多允许用户读取的数据库块数。

5.5.2　口令限制文件

```
FAILED_LOGIN_ATTEMPTS 数字 | UNLIMITED | DEFAULT
PASSWORD_LIFE_TIME 数字 | UNLIMITED | DEFAULT
PASSWORD_REUSE_TIME 数字 | UNLIMITED | DEFAULT
PASSWORD_REUSE_MAX 数字 | UNLIMITED | DEFAULT
PASSWORD_VERIFY_FUNCTION 数字 | UNLIMITED | DEFAULT
PASSWORD_LOCK_TIME 数字 | UNLIMITED | DEFAULT
PASSWORD_GRACE_TIME 数字 | UNLIMITED | DEFAULT
```

当连续登录失败次数达到该参数指定值时,用户被加锁;

口令的有效期(天),默认为 UNLIMITED;

口令被修改后原有口令隔多少天后可以被重新使用,默认为 UNLIMITED;

口令被修改后原有口令被修改多少次才允许被重新使用;

口令效验函数;

账户因 FAILED_LOGIN_ATTEMPTS 锁定时,加锁天数;

口令过期后,继续使用原口令的宽限期(天)。

【范例 5-5】 配置文件使用例子。

步骤 1:定义一个概要文件。

```
CREATE PROFILE ZBUSER_PROFILE LIMIT
CPU_PER_SESSION 10000
LOGICAL_READS_PER_SESSION 20000
CONNECT_TIME 60
IDLE_TIME 30
SESSIONS_PER_USER 10
FAILED_LOGIN_ATTEMPTS 3        ——登录允许的失败次数
PASSWORD_LOCK_TIME UNLIMITED   ——账户被锁定的天数
PASSWORD_LIFE_TIME 60          ——密码有效时间(天数)
PASSWORD_REUSE_TIME 30         ——密码可重用的时间,单位为天
PASSWORD_GRACE_TIME 6;         ——密码失效后宽限时间
```

步骤 2:查询 dba_profiles 数据字典。

```
SELECT * FROM dba_profiles WHERE profile = 'ZBUSER_PROFILE';
```

步骤 3:创建用户时指定概要文件。

```
CREATE USER ZBUSER02   IDENTIFIED BY ZBUSER02
PROFILE ZBUSER_PROFILE;
```

步骤 4:配置已存在用户使用的概要文件。

```
ALTER USER ZBNEWDEMOUSER PROFILE ZBUSER_PROFILE;
```

步骤 5:查看 dba_users 数据字典,观察 ZBORCLUSER 和 ZBNEWDEMOUSER 两个用户的定义。

```
SELECT username, user_id, default_tablespace, temporary_tablespace, created,
lock_date, profile FROM dba_users
WHERE username IN ('ZBORCLUSER','ZBNEWDEMOUSER','ZBUSER01','ZBUSER02');
```

步骤 6:修改概要文件。

```
ALTER PROFILE ZBUSER_PROFILE LIMIT
CPU_PER_SESSION 1000
PASSWORD_LIFE_TIME 10;
```

步骤 7：删除 ZBUSER_PROFILE 概要文件。

```
DROP PROFILE ZBUSER_PROFILE CASCADE;
```

删除配置文件之后，用户的概要文件改为 default 配置文件。

5.6　本章小结

本章详细讲述了用户、权限和角色的相互关系，并通过多个实例来剖析如何创建用户、分配权限和使用角色。尤其需要注意的是角色的使用，合理使用角色可以极大提高数据库权限管理的效率，减轻数据库 DBA 的工作负担。

权限和角色的关系，对管理权限而言，角色是一个工具，权限能够被授予给一个角色，角色也能被授予给另一个角色或用户。

角色存在的目的就是为了使权限的管理变得轻松。角色是一个独立的数据库实体，它包括一组权限。也就是说，角色是包括一个或者多个权限的集合，它并不被哪个用户所拥有。角色可以被授予任何用户，也可以从用户中将角色收回。就角色的创建来说，可以利用继承的特性，从简单的角色衍生出复杂的角色，这无疑大大提高了权限分配工作的效率。管理用户对数据库进行不同级别的访问。

配置文件是一组命名了的口令和资源限制文件，管理员利用它可以直接限制用户的资源访问量或用户管理等操作，是密码限制、资源限制的命名集合。

5.7　本章练习

☞扫一扫可见
本章参考答案

【练习 5 - 1】　在 Oracle 里面创建一个用户，用户名和密码均为 DEMOUSER，所属表空间为 SQLTCR，分配 10 M 数据文件。

【练习 5 - 2】　按要求完成下面的用户创建和授权。

（1）创建新的用户 userA，密码同用户名。表空间 user，配额为 20 m；

（2）分别授予 userA create table 和 create any table 两种权限，比较这二者的区别。

【练习 5 - 3】　创建新的用户 userB，并为其分配 connect，create session 权限，以及在表空间 users 上 10 M 的配额利用 with admin option 选项，为 userA 分配系统权限 create table 的同时，允许其将权限传播给用户 userB。

【练习 5 - 4】　利用 with grant option 选项，为 userA 分配表 DEMOUSER. REGIONS 的 select 权限的同时，允许其将权限传播给用户 userB。

第6章　数据表对象

在 Oracle 的数据对象中,除了数据表之外,还有视图对象、约束、索引、序列、同义词和伪列等,这些数据表对象对改善数据的安全性、查询速度和简化代码起到了重要的作用。本章将对这些内容进行详细的讲解。

6.1　视　图

视图是从一个或几个实体表(或视图)导出的表。它与实体表不同,视图本身是一个不包含任何真实数据的虚拟表。数据库中只存放视图的定义,而不存放视图对应的数据,这些数据仍存放在原来的实体表中。所以实体表中的数据发生变化,从视图中查询出的数据也就随之改变了。从这个意义上讲,视图就像一个窗口,通过它可以看到数据库中自己感兴趣的数据及其变化。视图是数据库中特有对象,存储查询,但不会存储数据,这是试图和数据表的重要区别,可以利用试图进行查询,插入,更新和删除数据。

视图的优点如下:

(1) 数据访问控制安全性。视图也是一个数据库对象。如果限制用户只能通过视图访问数据,那么就可能限制用户访问指定的数据,而不是数据库中的原始数据。每个用户仅可以通过一组少量的视图来访问数据库。因此限制了用户访问存储的数据。

(2) 简化查询:视图能够从许多不同的表中提取数据,并且用单个表提取呈现的结果,这就把多表查询变成了针对视图的单表查询。

(3) 简化结构:视图为用户提供了个性化数据库结构的视角,将数据库呈现为一组用户感兴趣的虚表。

(4) 隔离变化:视图能表示数据库结构一致的、不变的映象,即使底层的数据源表已拆分、重新构造或者重新命名,也是如此。

(5) 数据完整性:如果通过视图来访问和输入数据,DBMS 会自动地校验该数据,以确保数据满足所规定的完整性约束。

视图的使用限制如下:

(1) 性能:如果视图由复杂得多表查询所定义,那么即使基于视图的简单查询也会变成一个复杂的链接,花费时间很长。

(2) 更新限制:用户试图更新视图中的某些记录时,对于简单视图是可行的,但是对于复杂视图,却不能更新。

用户创建视图需要相应的权限,授权的 SQL 语句如下:

```
GRANT CREATE ANY VIEW TO 被授权的用户名
```

视图的操作包括查看、修改、重新编译和删除。

（1）查看视图定义

用户可以通过查询数据字典视图 USER_VIEWS，获得视图的定义信息。

数据字典 USER_UPDATABLE_COLUMNS 包含了哪些列可以更新、插入、删除。

数据字典 USER_OBJECTS 中包含了用户的对象。

（2）修改视图定义

建立视图后，如果要改变视图所对应的子查询语句，则可以执行：

```
CREATE  OR  REPLACE  VIEW  语句
```

（3）重新编译视图

视图被创建后，如果用户修改了视图所依赖的基本表定义，则该视图会被标记为无效状态。当用户访问视图时，Oracle 会自动重新编译视图。

（4）删除视图

当视图不再需要时，用户可以执行 DROP VIEW 语句删除视图。用户可以直接删除其自身模式中的视图，但如果要删除其他用户模式中的视图，要求该用户必须具有 DROP ANY VIEW 系统权限。

在 Oracle 中，视图根据使用的时机与作用可以分为 4 类：

标准视图：也就是常见的存储 SQL 查询到数据库方案中的普通视图，又称为关系视图。

内联视图：内联视图不是一个方案对象，在使用 SQL 语句编写查询时，临时构建的一个嵌入式的视图，因此又称为内嵌视图。

对象视图：基于 Oracle 中的对象类型创建的对象视图，可以通过对这些视图的查询并修改对象数据。

物化视图：与标准视图存储 SQL 语句不同的是，物化视图存储的是查询的结果，因此物化视图有时又称为快照，在 Oracle 8i 以后被重命名为物化视图。

6.1.1　标准视图

标准视图也就是常见的存储 SQL 查询到数据库方案中的普通视图，又称为关系视图。关系视图是 4 种视图中最简单，同时也是最常用的视图。读者可以将关系视图看作对简单或复杂查询的定义。它的输出可以看作一个虚拟的表，该表的数据是由其他基础数据表提供的。由于关系视图并不存储真正的数据，因此占用数据库资源也较少。

创建标准视图的语法如下：

```
CREATE [ OR REPLACE ] [ FORCE ] VIEW
[SCHEMA.]VIEW_NAME  [ (COLUMN1,COLUMN2,...) ]
AS  SELECT ...
[ WITH CHECK OPTION ] [ CONSTRAINT CONSTRAINT_NAME ]
[ WITH READ ONLY ];
```

OR REPLACE：如果存在同名的视图，则使用新视图"替代"已有的视图。

FORCE："强制"创建视图，不考虑基表是否存在，也不考虑是否具有使用基表的权限。

COLUMN1,COLUMN2,...：视图的列名，列名的个数必须与 SELECT 查询中列的

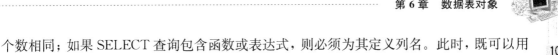

个数相同；如果 SELECT 查询包含函数或表达式，则必须为其定义列名。此时，既可以用 COLUMN1，COLUMN2 指定列名，也可以在 SELECT 查询中指定列名。

WITH CHECK OPTION：指定对视图执行的 DML 操作必须满足"视图子查询"的条件。即，对通过视图进行的增删改操作进行"检查"，要求增删改操作的数据，必须是 SELECT 查询所能查询到的数据，否则不允许操作并返回错误提示。默认情况下，在增删改之前"并不会检查"这些行是否能被 SELECT 查询检索到。一旦使用了该选项，那么 Oracle 将保证视图在数据更新之后与更新之前的结果集相同。

WITH READ ONLY：创建的视图只能用于查询数据，而不能用于更改数据.

水平视图：通过水平地切分源表来创建视图，源表的所有字段都在视图中，而通过视图仅可以看见部分记录。当源表包含与各种组织或用户有关的数据时，采用水平视图比较合适。

【范例 6-1】 创建一个视图，显示东部地区的销售人员。

```
01  Create  VIEW EASTREPS AS
02    SELECT *  FROM SALESREPS  WHERE OFFICE IN (11,12,13)
```

运行结果：视图数据显示如图 6.1 所示。

	EMPL_ID	EMPL_NAME	EMPL_AGE	EMPL_TITLE	HIRE_DATE	QUOTA	SALES	OFFICE	MANAGER
1	101	廖汉明	45	销售代表	20-10月-08	400000	516162	11	106
2	103	王天耀	29	销售代表	01-3月 -09	300000	274530	12	104
3	104	郭姬诚	33	销售经理	19-5月 -09	600000	479077	12	106
4	105	蔡勇村	37	销售代表	12-2月 -10	300000	352763	13	106
5	106	顾祖弘	52	总经理	14-6月 -07	1200000	1237416	11	(null)
6	109	金声权	31	销售代表	12-10月-11	250000	168146	11	106

图 6.1 东部地区销售员视图

【范例 6-2】 定义一个视图，显示订单金额的总和超过 30 000 元的客户。

```
01  CREATE  VIEW  V_BIGCUSTOMERS  AS
02  SELECT  *  FROM  CUSTOMERS
03  WHERE 30000 < (  SELECT SUM(AMOUNT) FROM ORDERS
04                   WHERE BUYER = CUST_ID)
```

运行结果：视图数据显示如图 6.2 所示。

	CUST_ID	EMPL_ID	COMPANY	CREDIT_LIMIT
1	2101	106	润欣华有…	75000
2	2102	101	诺美科技…	65000
3	2103	205	士林有限…	40000
4	2107	203	索菲艾尔…	55000
5	2108	109	华高电子…	55000
6	2109	103	凯华有限…	45000
7	2112	202	富达有限…	50000
8	2113	104	艾莎有限…	80000

图 6.2 拥有金额超过 3 000 美元客户信息的视图

102

垂直视图：当存储在表中的数据被不同的用户或者用户组使用时，需要用到垂直视图。它们为每个用户提供了一个私有表，该表仅由用户需要的某些字段组成。

【范例 6-3】 创建一个视图，它包括分公司所在的城市，分公司编号和所在区域。

```
01  Create  VIEW  V_OFFICEINFO AS
02  SELECT  OFFICE_ID,CITY,REGION  FROM  OFFICES
```

运行结果：视图数据显示如图 6.3 所示。

	OFFICE_ID	CITY	REGION
1	13	天津	1
2	11	北京	1
3	12	大连	1
4	21	上海	2
5	22	苏州	2
6	23	南京	2
7	31	广州	3
8	32	深圳	3
9	33	长沙	3
10	34	昆明	3

图 6.3 分公司信息视图

6.1.2 内联视图

内联视图不是一个方案对象，在使用 SQL 语句编写查询时，临时构建的一个嵌入式的视图，因此又称为内嵌视图。关系视图作为查询定义，一旦创建，即可存在于数据库中，并可被多次使用。但有时，需要某个视图作为过渡结果集，但在一次使用之后，便不再需要，此时不宜创建关系视图。因为关系视图占用数据库资源，而且也会增加维护成本。此时应该选择使用内嵌视图。

内嵌视图也是视图，只是不会利用 create view 进行显式创建。也不能在数据库中查询到其相关信息。一般情况下，被嵌套在查询语句中使用，因此称为内嵌视图。其功能类似于子查询。当然，内嵌视图也可以出现在更新、插入和删除语句中。内嵌视图具有临时性，它只在被嵌入语句的执行期间有效，并可以在被嵌入语句的任何地方使用该视图。

【范例 6-4】 创建一个内嵌视图，显示销售额超过定额的销售员。

```
01  CREATE OR REPLACE VIEW  V_INLINE_EMPLPROFIT
02  AS
03  SELECT  * FROM (
04        SELECT EMPL_ID,EMPL_NAME,EMPL_TITLE,SALES,QUOTA
05        FROM  SALESREPS
06        WHERE SALES>QUOTA );
07  WHERE ROWNUM<10;
```

代码分析:

第 04~06 行:查询销售值超过销售目标的销售员,子查询结果内嵌到视图中。

运行结果:如图 6.4 所示。

	EMPL_ID	EMPL_NAME	EMPL_TIITLE	SALES	QUOTA
1	101	廖汉明	销售代表	516162	400000
2	105	蔡勇村	销售代表	352763	300000
3	106	顾祖弘	总经理	1237416	1200000
4	201	李玮亚	区域经理	1090328	1000000
5	204	张春伟	销售代表	207719	180000
6	205	邓蓬	销售经理	385415	350000
7	301	徐友渔	销售经理	520618	400000
8	304	秦雨群	销售代表	263130	250000
9	307	徐锡麟	销售代表	189484	150000

图 6.4　内嵌视图结果

6.1.3　对象视图

Oracle 中的对象是一个逻辑概念,在对象的概念之下,数据是存储于关系表中的。要创建对象,首先要建立对象类型,类似于 Java 或 C♯中类的概念。基于 Oracle 中的对象类型创建的对象视图,可以通过对这些视图的查询并修改对象数据。Oracle 数据库不仅可以通过关系表来存储数据,也可以创建对象,以对象的方式进行数据存储。

关系视图是由关系表进行查询获得的,而对象视图则是对对象进行查询获得的。创建对象需要授权,授权的 SQL 语句为 GRANT CREATE TYPE TO　用户名。

【**范例 6-5**】　创建一个对象视图,显示销售员的当前销售情况。

```
01   CREATE TYPE EMPLOYEE IS OBJECT (
02       EMPL_ID NUMBER(8),
03       EMPL_NAME VARCHAR2(15),
04       PROFIT   NUMBER(14,2) );
05   CREATE   OR REPLACE VIEW V_OBJECT_EMPLPROFIT
06   OF EMPLOYEE   WITH OBJECT
07   OID(EMPL_ID) AS
08   01   SELECT EMPL_ID,EMPL_NAME,SALES－QUOTA
09   FROM SALESREPS;
```

代码分析:

第 01~04 行:建立一个 EMPLOYEE 对象,用来存放销售员的信息。

第 05~09 行:创建对象视图,将销售员信息的查询结果放入对象中。

运行结果:如图 6.5 所示。

	EMPL_ID	EMPL_NAME	PROFIT
1	101	廖汉明	116162
2	103	王天耀	-25470
3	104	郭姬诚	-120923
4	105	蔡勇村	52763
5	106	顾祖弘	37416
6	109	金声权	-81854
7	110	成翰林	(null)
8	201	李玮亚	90328
9	202	陈宗林	-145360
10	203	杨鹏飞	-35332
11	204	张春伟	27719
12	205	邓蓬	35415
13	301	徐友渔	120618
14	302	邱永汉	-122726
15	303	陈学军	-221691
16	304	秦雨群	13130
17	305	郁慕明	-75072
18	306	马玉瑛	-50656
19	307	徐锡麟	39484

图 6.5 对象视图查询结果

6.1.4 物化视图

前面所讲述的三种视图——关系视图、内嵌视图和对象视图,实际都是通过定制查询,并利用查询定义来获取数据。三种视图都不会直接存储数据,每次操作时,都会进行编译。与标准视图存储 SQL 语句不同的是,物化视图存储的是查询的结果,因此物化视图有时又称为快照。物化视图是物理化视图的简称,该视图存储实际数据,因此,会占用一定的数据库空间。在这一点上,更接近于临时表。但不像临时表那样在某个特定的时机会删除数据。物化视图中的数据是可重用的,因此,经常应用于读取频繁的场合。

物化视图对于大数据表的处理显得尤为重要。为了统计一个拥有百万级记录的数据表的总和及平均值问题,将耗费大量数据库资源和时间。可以通过物化视图改善这一状况。即对表进行一次统计,并将统计结果存储在物化视图中,以后的每次查询直接查询该视图即可。

【范例 6-6】 创建一个物化视图,显示库存产品的总价值。

```
01  CREATE MATERIALIZED VIEW V_MATERIALIZED_PRODCUTINFO
02  BUILD IMMEDIATE
03  REFRESH ON COMMIT
04  ENABLE QUERY REWRITE
05  AS
06  SELECT MFR_ID,PRODUCT_ID,PRICE * QTY_ON_HAND
07  FROM   PRODUCTS;
```

代码分析：

第 01 行：创建物化视图需要权限，授权的 SQL 语句为 GRANT CREATE MATERIALIZED VIEW TO 用户名。

第 02 行：BUILD IMMEDIATE。该选项用于立即加载物化视图的数据。也就是说，在创建物化视图的同时，立即根据定义从基础表中获取数据，并将数据添加到物化视图中。另外一个可用选项为 BUILD DEFFERED，表示延迟载入数据。使用延迟加载是必要的。有时，物化视图的基础表数据量巨大，载入数据会耗费大量资源。直接使用立即加载策略，在数据库使用高峰期，会造成客户端的延迟。但是，后续的开发工作可能使用到该物化视图，那么可以采用延迟加载数据的策略。

第 03 行：REFRESH ON COMMIT，要求 Oracle 实现自动更新的功能。即基础表的数据更新被提交后，应该自动更新物化视图的数据。

第 04 行：ENABLE QUERY REWRITE，该选项用于启用查询重写。查询重写是指 Oracle 对基础表的查询，按照优化原则，查找恰当的物化视图，如果获得优化视图，则将查询转化为对物化视图的查询。

运行结果：查看物化视图的信息，SQL 语句为如下，结果显示如图 6.6 所示。

```
SELECT OBJECT_NAME, OBJECT_TYPE, STATUS FROM USER_OBJECTS WHERE OBJECT_NAME
    = 'V_MATERIALIZED_PRODCUTINFO'
```

	OBJECT_NAME	OBJECT_TYPE	STATUS
1	V_MATERIALIZED_PRODCUTINFO	TABLE	VALID
2	V_MATERIALIZED_PRODCUTINFO	MATERIALIZED VIEW	VALID

图 6.6　物化视图信息

物化视图在创建视图同时，也创建了一个同名的物理表，物理表是真正存放数据的地方。

查看物化视图的数据，SQL 语句如下：

```
SELECT * FROM  V_MATERIALIZED_PRODCUTINFO;
```

数据显示如图 6.7 所示。全部数据有 61 条，截取前 8 条数据。

	MFR_ID	PRODUCT_ID	PRICE*QTY_ON_HAND
1	ACI	41003	8321
2	ACI	41004	405000
3	ACI	4100Z	60000
4	ACI	9773C	42935
5	ACI	DE114	188700
6	ACI	R775C	294975
7	ACI	XK48A	306475
8	BIC	41003	2280

图 6.7　物化视图的数据

6.1.5　视图更新

通过视图,不但可以对基础表中的数据进行查询,而且可以对数据表中的数据进行更新。更新的方式非常简单——直接更新视图中的数据即可将对基础表进行相应的更新。当然,并非视图中的所有列都能够进行更新,并映射到基础表中。只有那些直接由基础表获得的列可以进行更新操作,而由基础表中的数据经过运算获得,仅凭视图中的数据无法判断基础表中的数据情况的列,不能进行更新。

下面分别演示对单表和多表构成的视图进行数据操作。

【范例 6-7】　单表视图的操作:只包含北京分公司销售员信息的视图。

生成视图的 SQL 代码如下:

```
01    CREATE VIEW V_EMPL_IN_BJ
02    AS
03    SELECT * FROM SALESREPS WHERE OFFICE = 11;
```

步骤 1:新增数据。

在 V_EMPL_IN_BJ 视图之中增加一条新数据,SQL 代码如下:

```
INSERT INTO V_EMPL_IN_BJ(EMPL_ID,EMPL_NAME,EMPL_AGE,EMPL_TITLE)
VALUES (666,'小王',22,'销售代表');
```

运行结果:V_EMPL_IN_BJ 视图内新增数据不可见,但 SALESREPS 表可见新数据。

因为视图 where 条件是 OFFICE=11,但是新增数据没有包含这个字段值,所以在视图数据显示时,被过滤掉。

步骤 2:修改数据。

在 V_EMPL_IN_BJ 视图中对刚才新增的数据执行修改操作,SQL 代码如下:

```
UPDATE V_EMPL_IN_BJ
SET  HIRE_DATE = TO_CHAR('2014/5/4','YYYY/MM/DD'), QUOTA = 55555.55, SALES =
    33333.33WHERE EMPL_ID = 666;
```

运行结果:更新不成功。因为在视图中此条数据不可见。无法进行更新。

步骤 3:新增数据。

在 V_EMPL_IN_BJ 视图之中增加一条新数据,SQL 代码如下:

```
INSERT INTO V_EMPL_IN_BJ(EMPL_ID,EMPL_NAME,EMPL_AGE,EMPL_TITLE,OFFICE)
VALUES (777,'小李',24,'销售经理',11);
```

运行结果:视图可见数据,数据表可见新数据。

因为视图 where 条件是 OFFICE=11,新增数据包含这个字段值,所以在视图数据显示时,没有被过滤掉。

步骤 4:修改视图中数据。

在 V_EMPL_IN_BJ 视图中对刚才新增的数据执行修改操作,SQL 代码如下:

```
UPDATE V_EMPL_IN_BJ
SET   HIRE_DATE = TO_DATE('2014/5/4','YYYY/MM/DD'), QUOTA = 55555.55, SALES =
      33333.33   WHERE EMPL_ID = 777;
```

运行结果：更新成功，因为在视图中此条数据可见。可以进行更新。

步骤 5：修改视图数据的 WHERE 数据。

修改 EMPL_ID＝777 这条数据，修改其 OFFICE 值。

```
UPDATE V_EMPL_IN_BJ   SET   OFFICE = 21 WHERE EMPL_ID = 777;
```

运行结果：基础表中数据存在，但视图中不可见，因为数据的 OFFICE 值不是 11。

步骤 6：修改视图的定义。

修改 V_EMPL_IN_BJ 视图，加入 WITH CHECK OPTION 子句，要求带强制检查条件。

```
CREATE OR REPLACE VIEW V_EMPL_IN_BJ
AS
SELECT ＊ FROM SALESREPS WHERE OFFICE = 11
WITH CHECK OPTION CONSTRAINT V_CK_OFFICE11;
```

步骤 7：通过视图插入新数据。

```
INSERT INTO V_EMPL_IN_BJ   (EMPL_ID,EMPL_NAME,EMPL_AGE,EMPL_TITLE,OFFICE)
        VALUES (666,'小赵',20,'销售代表',11);
```

运行结果：可以插入刷新数据，但是必须带有 OFFICE＝11 这个条件。

步骤 8：修改视图内的数据。

更新 V_EMPL_IN_BJ 视图内的数据，将销售员编号为 777 的分公司编号修改为 21。

```
UPDATE V_EMPL_IN_BJ SET   OFFICE = 21   WHERE EMPL_ID = 101;
```

运行结果：显示如图 6.8 所示的错误。

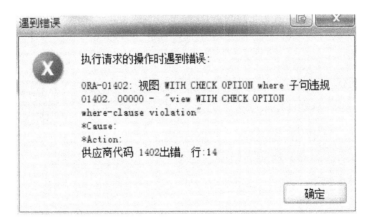

图 6.8 视图子句违规

因为 WITH CHECK OPTION WHERE 子句定义了不能改变 OFFICE＝11 这个条件。

如果不更新 OFFICE＝11 这个值，更新其字段的值，例如：

```
UPDATE V_EMPL_IN_BJ
SET   EMPL_NAME = ' 燕子 ',EMPL_AGE = 30, EMPL_TITLE = ' 总经理 ',   HIRE_DATE =
      TO_DATE('2015/10/19', 'YYYY/MM/DD'), QUOTA = 88888.88, SALES = 77777.77,
      MANAGER = 301   WHERE EMPL_ID = 777;
```

运行结果：更新成功。

任何试图修改 OFFICE 的值不在 11 的企图全部失效，但删除操作不受影响。

步骤 9：修改视图定义。

使用 WITH READ ONLY 子句进行限制：

```
CREATE OR REPLACE VIEW V_EMPL_IN_BJ
AS
SELECT  *  FROM SALESREPS WHERE OFFICE = 11 WITH READ ONLY;
```

步骤 10：新增数据。

向 V_EMPL_IN_BJ 视图之中增加一条新数据：

```
INSERT INTO V_EMPL_IN_BJ(EMPL_ID,EMPL_NAME,EMPL_AGE,EMPL_TITLE,OFFICE)
VALUES (778,' 小李 ',24,' 销售经理 ',11);
```

运行结果：数据新增成功。

可以插入刷新数据，但是必须带有 OFFICE＝11 这个条件。

步骤 11：更新数据。

在 V_EMPL_IN_BJ 视图中修改单个字段数据。

```
UPDATE V_EMPL_IN_BJ
SET    EMPL_NAME = ' 言子燕子 '   WHERE EMPL_ID = 778;
```

运行结果：显示如图 6.9 所示的错误。

在 V_EMPL_IN_BJ 视图中修改多个字段数据：

```
UPDATE V_EMPL_IN_BJ
 SET EMPL_NAME = ' 言子燕子 ', EMPL_AGE = 50, EMPL_TITLE = ' 经理 ',HIRE_DATE = TO
_DATE('2000/10/19', 'YYYY/MM/DD'), QUOTA = 188888.88, SALES = 177777.77,MANAGER =
103   WHERE EMPL_ID = 778;
```

运行结果：显示如图 6.9 所示的错误。

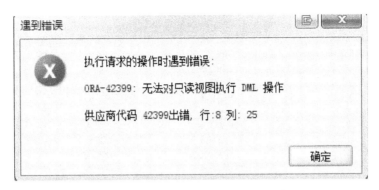

图 6.9　只读视图不能执行 DML 操作

使用 WITH READ ONLY 子句进行限制了视图数据只能读,不能修改。

步骤 12:删除数据。

```
DELETE FROM V_EMPL_IN_BJ   WHERE EMPL_ID = 7787;
```

运行结果:成功。

【**范例 6 - 8**】　多表链接的视图操作:创建显示销售员的详细信息的视图。

生成视图的 SQL 代码如下:

```
01   CREATE OR REPLACE VIEW V_EMPLINFO
02   AS
03   3SELECT EMPL.EMPL_ID 销售员工号, EMPL.EMPL_NAME 销售员姓名,
04        EMPL.EMPL_AGE 销售员年龄, EMPL.EMPL_TITLE 销售员头衔,
05        (EMPL.SALES - EMPL.QUOTA) 销售目标差额, MGRS.EMPL_NAME 负责经理,
06        CITY 所在分公司, REGION_NAME 所在区域
07   FROM SALESREPS EMPL, SALESREPS MGRS, OFFICES,REGIONS
08   WHERE      EMPL.MANAGER = MGRS.EMPL_ID( + )
09   AND        EMPL.OFFICE = OFFICES.OFFICE_ID( + )
10   AND        OFFICES.REGION = REGIONS.REGION_ID( + )
```

代码分析:

第 05 行:使用表达式计算销售员的销售目标差额。

第 07 行:用表的别名代替表 SALESREPS,EMPL 代表为销售员表,MGRS 代表为经理表。

第 08 行:建立销售员和对其负责的上司的链接关系。

运行结果:如图 6.10 所示。

	销售员工号	销售员姓名	销售员年龄	销售员头衔	销售目标差额	负责经理	所在分公司	所在区域
1	110	成翰林	41	销售代表	(null)	廖汉明	(null)	(null)
2	103	王天耀	29	销售代表	-25470	郭姬诚	大连	北部
3	303	陈学军	41	区域经理	-221691	顾祖弘	深圳	南部
4	201	李玮亚	42	区域经理	90328	顾祖弘	上海	东部
5	105	蔡勇村	37	销售代表	52763	顾祖弘	天津	北部
6	109	金声权	31	销售代表	-81854	顾祖弘	北京	北部
7	101	廖汉明	45	销售代表	116162	顾祖弘	北京	北部
8	104	郭姬诚	33	销售经理	-120923	顾祖弘	大连	北部
9	202	陈宗林	28	销售代表	-145360	李玮亚	上海	东部
10	205	邓蓬	35	销售经理	35415	李玮亚	南京	东部
11	203	杨鹏飞	49	销售经理	-35332	邓蓬	苏州	东部
12	204	张春伟	29	销售代表	27719	邓蓬	南京	东部
13	302	邱永汉	33	销售代表	-122726	徐友渔	广州	南部
14	301	徐友渔	28	销售经理	120618	陈学军	广州	南部
15	305	郁慕明	30	销售代表	-75072	陈学军	深圳	南部
16	304	秦雨群	37	销售代表	13130	陈学军	深圳	南部
17	306	马玉瑛	26	销售代表	-50656	陈学军	长沙	南部
18	307	徐锡麟	31	销售代表	39484	陈学军	昆明	南部
19	106	顾祖弘	52	总经理	37416	(null)	北京	北部

图 6.10 销售员详细信息的多表连接视图

步骤 1：视图列属性查看。

查看哪些列可以更新，SQL 代码如下：

```
SELECT * FROM USER_UPDATABLE_COLUMNS WHERE TABLE_NAME = 'V_EMPLINFO'
```

运行结果：如图 6.11 所示。

	OWNER	TABLE_NAME	COLUMN_NAME	UPDATABLE	INSERTABLE	DELETABL
1	DEMOUSER	V_EMPLINFO	销售员工号	YES	YES	YES
2	DEMOUSER	V_EMPLINFO	销售员姓名	YES	YES	YES
3	DEMOUSER	V_EMPLINFO	销售员年龄	YES	YES	YES
4	DEMOUSER	V_EMPLINFO	销售员头衔	YES	YES	YES
5	DEMOUSER	V_EMPLINFO	销售目标差额	NO	NO	NO
6	DEMOUSER	V_EMPLINFO	负责经理	NO	NO	NO
7	DEMOUSER	V_EMPLINFO	所在分公司	NO	NO	NO
8	DEMOUSER	V_EMPLINFO	所在区域	NO	NO	NO

图 6.11 多表连接视图列属性

视图中前面四个字段可以修改，后面四个字段不可以修改。

步骤 2：新增数据。

向 V_EMPLINFO 视图之中增加一条数据，SQL 代码如下：

```
INSERT INTO V_EMPLINFO (销售员工号,销售员姓名,销售员年龄,销售员头衔)
        VALUES (888,'小李',42,'销售经理');
```

运行结果：在 SALESREPS 表中成功插入工号 888 这条记录，如图 6.12 所示。

17	305 郁蔡明	30 销售代表	09-12月-08	80000	4928	32	303
18	306 马玉瑛	26 销售代表	18-6月 -10	100000	49344	33	303
19	307 徐锡麟	31 销售代表	17-7月 -11	150000	189484	34	303
20	888 小李	42 销售经理	(null)	(null)	(null)	(null)	(null)

图 6.12　数据成功插入表 SALESREPS 中

步骤 2：修改视图数据。

修改 V_EMPLINFO 视图中可以修改的四个字段值。

```
UPDATE V_EMPLINFO SET 销售员姓名 = 'YJY',销售员年龄 = 50,销售员头衔 = '区域经
理'
  WHERE 销售员工号 = 888;
```

运行结果：修改成功。

步骤 3：修改视图多个字段数据。

UPDATE V_EMPLINFO SET 销售员姓名＝'YJY',销售员年龄＝50,销售员头衔＝'区域经理',负责经理＝110,所在分公司＝21,所在区域＝1　WHERE 销售员工号＝888;

运行结果：修改失败。显示如图 6.13 所示的错误。

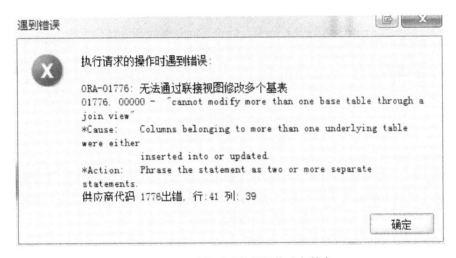

图 6.13　无法通过连接视图修改多基表

步骤 4：通过视图删除数据。

删除 V_EMPLINFO 视图中的数据：

```
DELETE FROM V_EMPLINFO WHERE 销售员工号 = 888;
```

运行结果：删除成功。

步骤 5：通过视图删除关联表数据。

删除视图之中所有头衔为销售代表销售员的信息：

```
DELETE FROM V_EMPLINFO WHERE 销售员头衔 = '销售代表';
```

删除视图之中所有上海分公司雇员的信息：

```
DELETE FROM V_EMPLINFO WHERE 所在分公司 = '上海';
```

运行结果:删除失败,显示如图 6.14 所示的错误。

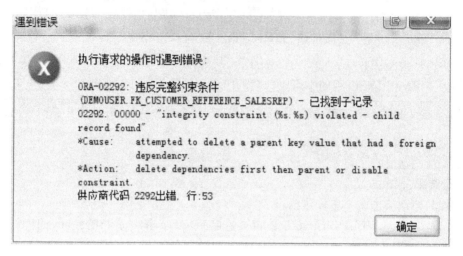

图 6.14　通过视图删除关联表数据失败

步骤 6:删除视图。

```
DROP VIEW V_EMPLINFO;
```

运行结果:删除成功。

6.2　约　束

约束是每个数据库必不可少的一部分。约束的根本目的在于保持数据的完整性。数据完整性,是指数据的精确性和可靠性,即数据库中的数据都是符合某种预定义规则。当用户输入的数据不符合这些规则时,将无法实现对数据库的更改。

完整性约束是保证用户对数据库所做的修改不会破坏数据的一致性,是保护数据正确性和相容性的一种手段,例如:

◆ 如果用户输入年龄,则年龄肯定不能是 999(这是千年老妖级别的年龄);

◆ 如果用户输入性别,则性别的设置只能是"男"或"女",而不能设置成"未知";

◆ 身份证号码的长度,只能是 15 位或者是 18 位(如果不是,则肯定是假的)。

在一个 DBMS 之中,为了能够维护数据库的完整性,必须能够提供以下的几种支持:

◆ 提供定义完整性约束条件机制:在数据表上定义规则,这些规则是数据库中的数据必须满足的语义约束条件;

◆ 提供完整性检查的方法:在更新数据库时检查更新数据是否满足完整性约束条件;

◆ 违约处理:DBMS 发现数据违反了完整性约束条件后要采取的违约处理行为,如拒绝(NO ACTION)执行该操作,或者级联(CASCADE)执行其他操作。

6.2.1 约束分类

Oracle 数据库的约束分为:主键约束、外键约束、唯一性约束、检查约束、默认值约束五类。以下的五种约束进行定义:

◆ 非空约束:如果使用了非空约束的话,则以后此字段的内容不允许设置成 null;

◆ 唯一约束:即:此列的内容不允许出现重复;

◆ 主键约束:表示一个唯一的标识,例如:人员 ID 不能重复,且不能为空;

◆ 检查约束:用户自行编写设置内容的检查条件;

◆ 主-外键约束(参照完整性约束):是在两张表上进行的关联约束,加入关联约束之后就产生父子的关系。

1. 非空约束 NK

非空约约束又称 NOT NULL 约束,要求字段的值不能为 NULL,就是限制必须为某个列提供值。空值(NULL)是不存在值,它既不是数字 0,也不是空字符串,而是不存在、未知的情况。在正常情况下,NULL 是每个属性的合法数据值。如果说现在某个字段不能为 NULL,且必须存在数据,那么就可以依靠非空约束来进行控制,这样在数据更新时,此字段的内容出现 NULL 时就会产生错误。

2. 唯一约束 UK

在一个表中,根据实际情况可能有多个列的数据都不允许存在相同值。例如,CUSTOMERS 表中 COMPANY 的值是不允许重复的(但用户可能不提供,这样就必须允许为空值),但是由于在一个表中最多只能由一个主键约束存在,那么如何解决这种多个列都不允许重复数据存在的问题呢? 这就是唯一性约束的作用。

UNIQUE 约束,指定列的值在整个表行中是唯一的,强调所在的列不允许有相同的值。但是,它的定义要比主键约束弱,即它所在的列允许空值(但主键约束列是不允许为空值的)。主键设计为标识唯一一条记录,而唯一性约束则设计为保证列自身值的唯一性。

若要设置某个列为 UNIQUE 约束,通常使用 CONSTRAINT…UNIQUE 标记该列。

3. 主键约束 PK

主键约束是数据库中最常见的约束,用于唯一地标识表中的每一行记录。主键约束可以保证数据完整性,即防止数据表中的两条记录完全相同。通过将主键纳入查询条件,可以达到查询结果最多返回一条记录的目的。

主键约束在一个表中最多只能有一个主键约束,主键约束既可以由一个列组成,也可以由两个或两个以上的列组成(这种称为联合主键)。对于表中的每一行数据,主键约束列都是不同的,主键约束同时也具有非空约束的特性。

如果主键约束由一列组成时,该主键约束被称为行级约束。如果主键约束由两个或两个以上的列组成时,则该主键约束被称为表级约束。若要设置某个或某些列为主键约束,通常使用 CONSTRAINT…PRIMARY KEY 语句来定义。

```
CONSTRAINT PK_CUSTOMERS PRIMARY KEY (CUST_ID)
```

在表 CUSTOMERS 中指定 CUST_ID 列为主键。

```
CONSTRAINT PK_PRODUCTS PRIMARY KEY (MFR_ID, PRODUCT_ID)
```

在表 PRODUCTS 中指定 MFR_ID 和 PRODUCT_ID 为组合主键。

主键被创建在一个或多个列上，通过这些列的值或者值的组合，唯一地标识一条记录。主键列的数据类型并不一定是数值型，主键列不一定只有一列。

4. 复合主键

在实际的开发之中，一般在一张表中只会设置一个主键，但是也允许为一张表设置多个主键，这个时候将其称为复合主键。在复合主键中，只有两个主键字段的内容完全一样，才会发生违反约束的错误。

主键约束＝非空约束＋唯一约束；

复合主键约束一般不建议使用。

5. 检查约束 CK

检查约束是可以在字段级或者是在表级加入的约束，使其满足特定的要求，对列值进行限制，将表中的一列或多列限制在某个范围内。例如，在学生课程成绩表中，可能需要将成绩限制在 0—100 之内，超过 100 分的单科成绩将不能够录入。又如，在客户表中，可能需要限制每位客户的信用额度不能超过 50 万，这些都可以通过检查约束来实现。

对数据增加的条件过滤，表中的每行数据都必须满足指定的过滤条件。在进行数据更新操作时，如果满足检查约束所设置的条件，数据可以更新，如果不满足，则不能更新，在 SQL 语句中使用 CHECK（简称 CK）设置检查约束的条件。

检查约束会设置多个过滤条件，所以 CK 约束过多时会影响数据更新性能。

检查约束实际可以看作一个布尔表达式，该布尔表达式如果返回为真，则约束校验将通过，反之，约束校验将无法通过。

检查约束可以在创建表时进行创建，使用选项 check。

【范例 6－9】 创建外键示例。

```
01    CREATE TABLE member(
02        mid      NUMBER         ,
03        name     VARCHAR2(200)   NOT NULL,
04        email    VARCHAR2(50)   ,
05        age      NUMBER               CHECK (age BETWEEN 0 AND 200),
06        sex      VARCHAR2(10),
07        CONSTRAINT pk_mid_name PRIMARY KEY (mid,name),
08        CONSTRAINT uk_email UNIQUE (email),
09   9    CONSTRAINT ck_sex   CHECK (sex IN ('男','女'))
10    );
```

6. 外键约束 FK

外键与主键一样用于保证数据完整性，主键是针对单个表的约束，而外键则描述了表之间的关系。即两个表之间的数据的相互依存性。

外键约束描述了表之间的父子关系。即子表中的某条数据与父表中的某条数据有着依附关系。例如，某条 order 记录没有对应的 customer 的信息是不允许的，亦即一张订单没有客户是不允许的。

当父表中的某条数据被删除或进行更改时,会影响子表中的相应数据。例如,父表中的数据被删除,则子表中的相应数据也应该被删除;当父表中的数据进行更新,子表中的数据也应该做出适当的反应。

【范例 6 - 10】　创建外键示例。

```
01    CREATE TABLE EMPLOYEES(
02    EMPLOYEE_ID        NUMBER(6),
03    LAST_NAME          VARCHAR2(25) NOT NULL,
04    EMAIL              VARCHAR2(25),
05    SALARY             NUMBER(8,2),
06    COMMISSION_PCT     NUMBER(2,2),
07    HIRE_DATE          DATE NOT NULL,
08    DEPARTMENT_ID      NUMBER(4),
09    CONSTRAINT EMP_DEPT_FK FOREIGN KEY (DEPARTMENT_ID)
10    REFERENCES DEPARTMENTS(DEPARTMENT_ID),
11    CONSTRAINT EMP_EMAIL_UK UNIQUE(EMAIL));
```

第 09 行:FOREIGN KEY:在表级指定子表中的列(列值必须被父表包含)。

第 10 行:REFERENCES:标示在父表中的列。

ON DELETE CASCADE:当父表中的列被删除是,子表中相对应的列也被删除(删除引用点,如果未设置该约束,被子表引用的值将不能从父表中删除)。

ON DELETE SET NULL:子表中相应的列置空。

删除父表数据前需要先清除所有子表的对应数据,删除父表时需要先将子表删除。

【级联操作一】级联删除(ON DELETE CASCADE)

【级联操作二】级联设置 NULL(ON DELETE SET NULL)

级联更新和级联删除时,在具有外键的情形下,尝试修改主表中的数据并不一定能够成功。但是有时又的确有这种需求,即修改主表中的主键列的值。当然,子表中的数据也应该同时更新。对于主表中的记录删除亦是如此。但是因为外键约束,造成了两种操作都不能成功进行。这就是级联更新与级联删除问题的提出背景。

7. 默认值约束

数据表的列可以有非空约束(nullable),所以如果允许列的值为非空的,对于某个字段值不进行显式赋值是允许的。但是,同样可以对其设定默认值约束。一旦设定默认值约束,该列将使用默认值赋值作为空值的替代值。即使未为列指定默认值,那么 Oracle 将隐式使用 null 作为默认值,即 default null。

默认值约束也是数据库中常用约束。当向数据表中插入数据时,并不总是将所有字段一一插入。对于某些特殊字段,其值总是固定或者差不多的。用户希望,如果没有显式指定值,就使用某个特定的值进行插入,即默认值。为列指定默认值的操作即为设置默认值约束。

6.2.2　约束管理

查看全部的约束名称、类型、约束设置对应的表名称:

```
SELECT constraint_name,constraint_type,table_name FROM user_constraints;
```

查询 user_cons_columns 数据字典：

```
SELECT * FROM user_cons_columns;
```

增加约束：

```
ALTER TABLE 表名称 ADD CONSTRAINT 约束名称 PRIMARY KEY(约束字段);
```

禁用约束：在使用 CREATE TABLE 或 ALTER TABLE 语句定义约束时（默认情况下约束是激活的），如果在定义约束时使用关键字 DISABLE，则约束是被禁用的。

```
ALTER TABLE 表名称 DISABLE CONSTRAINT 约束名称 [CASCADE];
```

启用约束：

```
ALTER TABLE 表名称 ENABLE CONSTRAINT 约束名称;
```

删除约束：

如果不再需要某个约束时，则可以将其删除。可以使用带 DROP CONSTRAINT 子句的 ALTER TABLE 语句删除约束。删除约束与禁用约束不同，禁用的约束时可以激活的，但是删除的约束在表中就完全消失了。

```
ALTER TABLE 表名称 DROP CONSTRAINT 约束名称 [CASCADE];
```

【**范例 6-11**】 案例数据库的原表已经创建好如表 6.1 所示，请写出如下约束条件的 SQL 语句。

表 6.1 数据库的表间关联

序号	外键所在表	外键列	主键所在表	主键列	关联含义
1	SALESREPS	OFFICE	OFFICES	OFFICE_ID	分公司的负责经理
2	OFFICES	MANAGER	SALESREPS	EMPL_ID	员工所在的分公司
3	OFFICES	REGION	REGIONS	REGION_ID	分公司所在的区域
4	SALESREPS	MANAGER	SALESREPS	EMPL_ID	员工的负责人
5	REGIONS	MANAGER	SALESREPS	EMPL_ID	区域的负责人
6	ORDERS	SELLER	SALESREPS	EMPL_ID	订单的销售员
7	CUSTOMERS	EMPL_ID	SALESREPS	EMPL_ID	负责该客户的销售员
8	ORDERS	BUYER	CUSTOMERS	CUST_ID	订单的购买者
9	ORDER_ITEMS	ORDER_ID	ORDERS	ORDER_ID	总表和详细表的关联
10	ORDER_ITEMS	MFR_ID	PRODUCTS	MFR_ID	产品关联（组合键）
		PRODUCT_ID		PRODUCT_ID	

创建代码如下：

```
01   alter table CUSTOMERS
02   add constraint FK_CUSTOMER_REFERENCE_SALESREP foreign key (EMPL_ID)
03   references SALESREPS (EMPL_ID);
04   alter table OFFICES
05   add constraint FK_OFFICES_REFERENCE_REGIONS foreign key (REGION)
06   references REGIONS (REGION_ID);
07   alter table OFFICES
08   add constraint FK_OFFICES_REFERENCE_SALESREP foreign key (MANAGER)
09   references SALESREPS (EMPL_ID);
10   alter table ORDERS
11   add constraint FK_ORDERS_REFERENCE_CUSTOMER foreign key (BUYER)
12   references CUSTOMERS (CUST_ID);
13   alter table ORDERS
14   add constraint FK_ORDERS_REFERENCE_SALESREP foreign key (SELLER)
15   references SALESREPS (EMPL_ID);
16   alter table ORDER_ITEMS
17   add constraint FK_ORDER_IT_REFERENCE_ORDERS foreign key (ORDER_ID)
18   references ORDERS (ORDER_ID);
19   alter table ORDER_ITEMS
20   add constraint FK_ORDER_IT_REFERENCE_PRODUCTS foreign key (MFR_ID,
PRODUCT_ID)
21   references PRODUCTS (MFR_ID, PRODUCT_ID);
22   alter table REGIONS
23   add constraint FK_REGIONS_REFERENCE_SALESREP foreign key (MANAGER)
24   references SALESREPS (EMPL_ID);
25   alter table SALESREPS
26   add constraint FK_SALESREP_REFERENCE_OFFICES foreign key (OFFICE)
27   references OFFICES (OFFICE_ID);
28   alter table SALESREPS
29   add constraint FK_SALESREP_REFERENCE_SALESREP foreign key (MANAGER)
30   references SALESREPS (EMPL_ID);
```

6.3 索 引

　　如果一个数据表中存有海量的数据记录，当对表执行指定条件的查询时。常规的查询方法会将所有的记录都读取出来，然后再把读取的每一条记录与查询条件进行比对，最后返回满足条件的记录。这样进行操作的时间开销和 I/O 开销都十分巨大的。对于这种情况，就可以考虑通过建立索引来减小系统开销。

如果要在表中查询指定的记录,在没有索引的情况下,必须遍历整个表,而有了索引之后,只需要在索引中找到符合查询条件的索引字段值,就可以通过保存在索引中的 ROWID 快速找到表中对应的记录。举个例子来说,如果将表看作一个本书,则索引的作用则类似于书中的目录。在没有目录的情况下,要在书中查找指定的内容必须阅读全书,而有了目录之后,只需要通过目录就可以快速找到包含所需内容的页码(相当于 ROWID)。

Oracle 系统对索引与表的管理由很多相同的地方,不仅需要在数据字典中保存索引的定义,还需要在表空间中为它分配实际的存储空间。创建索引时,Oracle 会自动在用户的默认表空间或指定的表空间中创建一个索引段,为索引数据提供空间。

在创建 PRIMARY KEY 和 UNIQUE 约束条件时,系统将自动为相应的列创建唯一(UNIQUE)索引。索引的名字同约束的名字一致。

6.3.1 索引的创建

创建索引不需要特定的系统权限。建立索引的语法如下:

```
CREATE [{UNIQUE|BITMAP}] INDEX 索引名
ON 表名
(列名1[,列名2,...]);
```

UNIQUE 代表创建唯一索引,不指明为创建非唯一索引。

BITMAP 代表创建位图索引,如果不指明该参数,则创建 B*树索引。

列名是创建索引的关键字列,可以是一列或多列。

6.3.2 索引分类

在 Oracle 之中为了维护这种查询性能,需要对某一类数据进行指定结构的排列。但是在 Oracle 之中,针对于不同的情况会有不同的索引使用。

1. B 树索引

B 树索引(又写为:B*Tree)是最为基本的索引结构,在 Oracle 之中默认建立的索引就是此类型索引。一般 B 树索引在检索高基数数列(该列上的重复内容较少或没有)的时候可以提供高性能的检索操作。

B*树索引可分为:唯一索引、非唯一索引、一列简单索引和多列复合索引。

创建索引一般要掌握以下原则:只有较大的表才有必要建立索引,表的记录应该大于 50 条,查询数据小于总行数的 2%~4%。虽然可以为表创建多个索引,但是无助于查询的索引不但不会提高效率,还会增加系统开销。因为当执行 DML 操作时,索引也要跟着更新,这时索引可能会降低系统的性能。一般在主键列或经常出现在 WHERE 子句或连接条件中的列建立索引,该列称为索引关键字。

B*树索引由分支块(branch block)和叶块(leaf block)组成,如图 6.15 所示。在树结构中,位于最底层底块被称为叶块,包含每个被索引列的值和行所对应的 rowid。在叶节点的上面是分支块,用来导航结构,包含了索引列(关键字)范围和另一索引块。B*树是一种平衡 2 叉树,左右的查找路径一样。这种方法保证了对表的任何值的查找时间都相同。

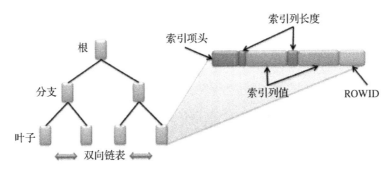

图 6.15　B＊树

主要包含的组件如下所示：

● 叶子节点（Leaf Node）：包含直接指向表中的数据行（即：索引项）；

● 分支节点（Branch Node）：包含指向索引里其他的分支节点或者是叶子节点；

● 根节点（Root Node）：一个 B 树索引只有一个根节点，是位于最顶端的分支节点。

每一个索引项都由下面三个部分组成：

● 索引项头（Entry Header）：存储了行数和锁的信息；

● 索引列长度和值：两者需要同时出现，定义了列的长度而在长度之后保存的就是列的内容；

● ROWID：指向表中数据行的 ROWID，通过此 ROWID 找到完整记录。

例如，现在假设 SALESREPS 表中的销售值数据为："1 300、2 850、1 100、1 600、2 450、2 975、5 000、3 000、1 250、950、800"，则现在可以按照以下的原则进行树结构的绘制（如图 6.16）：

● 取第一个数据作为根节点；

● 比根节点小的数据放在左子树，比根节点大的数据放在右子树。

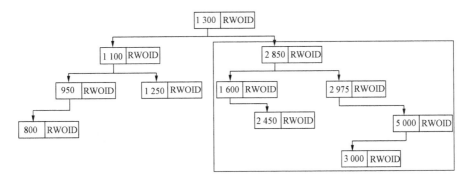

图 6.16　B＊树

2. 位图索引

创建位图索引：

CREATE BITMAP INDEX［用户名.］索引名称

ON［用户名.］表名称

（列名称［ASC ｜ DESC］，…）；

如果说现在某一列上的数据都属于低基数（Low-Cardinality）列的时候就可以利用

位图索引来提升查询的性能。例如：表示雇员的数据表上会存在部门编号（OFFICE）的数据列，而在部门编号列上现在只有几种取值，在这种情况下使用位图索引是最合适的。

6.3.3　索引管理

通过查询数据字典 USER_INDEXES 可以检查创建的索引。通过查询数据字典 USER_IND_COLUMNS 可以检查索引的列。

删除索引的语法是：

```
DROP INDEX 索引名
```

删除索引的人应该是索引的创建者或拥有 DROP ANY　INDEX 系统权限的用户。索引的删除对表没有影响。

6.4　序　列

在数据库中，ID 往往作为数据表的主键。ID 的创建规则又往往使用自增的整数。在 SQL SERVER 和 MySQL 中提供了自增的字段类型，但是 Oracle 中并未提供该用法。Oracle 提供了一种策略——序列。

序列（Sequence）可以自动按照既定的规则实现数据的编号操作。像其他数据库对象（表、约束、视图、触发器等）一样，是实实在在的数据库对象。一旦创建，即可存在于数据库中，并可在适用场合进行调用。序列总是从指定整数开始，并按照特定步长进行累加，以获得新的整数。

6.4.1　创建序列

序列（SEQUENCE）是序列号生成器，可以为表中的行自动生成序列号，产生一组等间隔的数值（类型为数字）。其主要的用途是生成表的主键值，可以在插入语句中引用，也可以通过查询检查当前值，或使序列增至下一个值。序列创建/修改语法：

```
CREATE/ALTER　SEQUENCE 序列名称
[ INCREMENT BY 步长 ]
[ START WITH 开始值 ]
[ MAXVALUE 最大值 | NOMAXVALUE ]
[ MINVALUE 最小值 | NOMINVALUE ]
[ CYCLE | NOCYCLE ]
[ CACHE 缓存大小 | NOCACHE ];
```

INCREMENT BY 步长：序列每次增长的步长（默认是 1）；如果出现负值，则代表是按照此步长递减的。

START WITH：定义序列的初始值（即产生的第一个值），默认为 1。ALTER 中不能修改。

MAXVALUE 最大值:定义序列生成器能产生的最大值,选项 NOMAXVALUE 是默认选项,代表没有最大值定义,最大值是 10 的 27 次方;对于递减序列,最大值是-1。

MINVALUE 最小值:序列生成器能产生的最小值。选项 NOMAXVALUE 是默认选项,代表没有最小值定义,这时对于递减序列,系统产生的最小值是 10 的 26 次方;对于递增序列,最小值是 1。

CYCLE | NOCYCLE:表示当序列生成器的值达到限制值后是否循环。CYCLE 代表循环,NOCYCLE 代表不循环。如果循环,则当递增序列达到最大值时,循环到最小值;对于递减序列达到最小值时,循环到最大值。如果不循环,达到限制值后,继续产生新值就会发生错误。

CACHE 缓存大小 | NOCACHE :CACHE(缓冲)定义存放序列的内存块的大小,默认为20。NOCACHE 表示不对序列进行内存缓冲。对序列进行内存缓冲,可以改善序列的性能。

6.4.2 NEXTVAL 和 CURRVAL 伪列

使用两个伪列对一个已经创建完成的序列进行操作。

序列名称 CURRVAL:取得当前序列已经增长的结果,重复调用多次后序列内容不会有任何变化,同时当前序列的大小(LAST_NUMBER)不会改变。

序列名称 NEXTVAL:取得一个序列的下一次增长值,每调用一次,序列都会自动增长。

需要注意的是,在序列创建之后,应该首先使用 SEQ. NEXTVAL,然后才能够使用SEQ. CURRVAL,运行流程如图 6.17 所示。

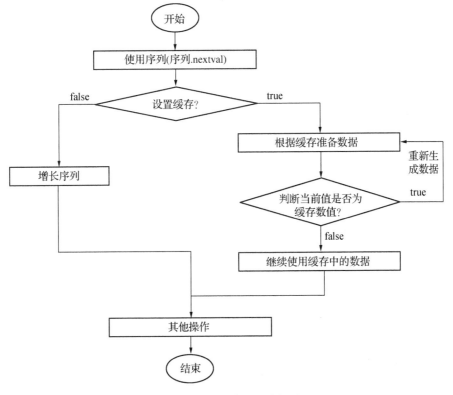

图 6.17 序列的运行流程图

6.4.3 序列管理

数据字典 USER_OBJECTS,可以查看用户拥有的序列。

数据字典 USER_SEQUENCES,查看序列的设置。

向其他数据库对象一样,可以通过 ALTER 命令修改序列属性。可修改的属性包括 MINVALUE、MAXVALUE、INCREMENT_BY、CACHE 和 CYCLE。

MINVALUE 和 MAXVALUE 用于指定序列的最小值和最大值。序列最小值的意义在于限定 START WITH 和循环取值时的起始值;而最大值则用于限制序列所能达到的最大值。序列最小值不能大于序列的当前值。

INCREMENT BY 相当于编程语言 FOR 循环中的步长。即每次使用 NEXTVAL 时,在当前值累加该步长来获得新值。序列的默认步长为 1,可以通过 ALTER 命令和 INCREMENT BY 选项来修改序列步长。

CYCLE 选项用于指定序列在获得最大值的下一个值时,从头开始获取。这里的"头"即为 MINVALUE 指定的值。为了说明 CYCLE 的功能及 START WITH 与 MINVALUE 的区别,首先创建该序列,并为各选项指定特定值。

CACHE 是序列缓存,其实际意义为,每次利用 NEXTVAL,并非直接操作序列,而是一次性获取多个值的列表到缓存。使用 NEXTVAL 获得的值,实际是从缓存抓取。抓取的值,依赖于序列的 CURRVAL 和步长 INCREMENT BY。默认缓存的大小为 20,可以通过 ALTER 命令修改缓存大小。

需要注意,除了序列的起始值 START WITH 不能被修改外,其他可以设置序列的任何子句和参数都可以被修改。如果要修改序列的起始值,则必须先删除序列,然后重键该序列。

删除序列 :

```
DROP 序列名称
```

【范例 6 - 12】 生成 ORDER_ITEMS 表的副本 SQE_ORDER_ITEMS,表中 ITEM_ID 用序列生成流水编号,起始值为 10 000 000,步长 10。

步骤 1:创建序列 ORDER_ITEMS_SEQ,代码如下:

```
01   CREATE   SEQUENCE ORDER_ITEMS_SEQ
02   INCREMENT BY 10
03   START WITH 10000000
04   NOMAXVALUE
05   NOCYCLE
06   ORDER;
```

步骤 2:创建表 SQE_ORDER_ITEMS 复制表 ORDER_ITEMS 的结构:

```
CREATE TABLE SQE_ORDER_ITEMS   AS SELECT   *  FROM ORDER_ITEMS   WHERE 1 = 2;
```

步骤 3:插入 ORDER_ITEMS 的数据,其中 ITEM_ID 字段的值由序列 ORDER_ITEMS_SEQ 生成,SQL 代码如下:

```
INSERT INTO SQE_ORDER_ITEMS (ITEM_ID, ORDER_ID, MFR_ID, PRODUCT_ID, QTY,
    AMOUNT) SELECT ORDER_ITEMS_SEQ.NEXTVAL, ORDER_ID, MFR_ID, PRODUCT_ID,
    QTY,AMOUNT  FROM ORDER_ITEMS;
```

运行结果：如图 6.18 所示，总共 243 条记录，截取前 8 条记录。

	ITEM_ID	MFR_ID	PRODUCT_ID	ORDER_ID	QTY	AMOUNT
1	10000010	BIC	79CPU	112129	144	32400
2	10000020	FEA	DE114	112129	130	31590
3	10000030	YMM	88129	112129	315	125685
4	10000040	XYY	9773C	112129	25	3975
5	10000050	REI	XK48A	112129	9	40500
6	10000060	PYH	DE114	112961	150	39750
7	10000070	YMM	9773C	112963	25	3675
8	10000080	YMM	R775C	112963	21	33600

图 6.18　用序列生成表的主键

步骤 4：查询数据字典 USER_SEQUENCES，显示序列情况，如图 6.19 所示。

```
SELECT * FROM USER_SEQUENCES;
```

	SEQUENCE_NAME	MIN_VALUE	MAX_VALUE	INCREMENT_BY	CYCLE_FLAG	ORDER_FLAG	CACHE_SIZE	LAST_NUMBER
1	CUST_ID_INCR_SEQ	1	9999999999999999999999999999	5	N	N	20	2400
2	ORDER_ITEMS_LOGS_PK	1	9999999999999999999999999999	1	N	Y	20	21
3	ORDER_ITEMS_SEQ	1	9999999999999999999999999999	10	N	Y	20	10002600

图 6.19　数据字典中序列的情况

步骤 5：调用 NEXTVAL 属性操作序列，如图 6.20 所示，截取前 8 条记录。

```
SELECT ORDER_ITEMS_SEQ.NEXTVAL  FROM SQE_ORDER_ITEMS;
```

步骤 6：CURRVAL 属性操作序列查看序列的属性，如图 6.21 所示，截取前 8 条记录。

```
SELECT ORDER_ITEMS_SEQ.CURRVAL  FROM SQE_ORDER_ITEMS;
```

	NEXTVAL
1	10002440
2	10002450
3	10002460
4	10002470
5	10002480
6	10002490
7	10002500
8	10002510

图 6.20　NEXTVAL 属性操作序列

	CURRVAL
1	10004860
2	10004860
3	10004860
4	10004860
5	10004860
6	10004860
7	10004860
8	10004860

图 6.21　CURRVAL 属性操作序列

6.5　同义词

同义词是表、索引、视图等模式对象的一个别名。通过模式对象创建同义词，可以隐藏对象的实际名称和所有者信息，或者隐藏分布式数据库中远程对象的设置信息，由此为对象提供一定的安全性保证。与视图、序列一样，同义词只在 Oracle 数据库的数据字典中保存其定义描述，因此同义词也不占用任何实际的存储空间。

在开发数据库应用程序时，应该尽量避免直接引用表、视图或其他数据库对象的名称，而改用这些对象的同义词。这样可以避免当管理员对数据库对象做出修改和变动之后，必须重新编译应用程序。使用同义词后，即使引用的对象发生变化，也只需要在数据库中对同义词进行修改，而不必对应用程序做任何改动。

同义词有两种：公有同义词和私有同义词。

公有同义词被一个特殊的用户组 PUBLIC 所拥有，是对所有用户都可用的。也就是说数据库中的所有用户都可以使用公有同义词。创建公有同义词必须拥有系统权限。

私有同义词只被创建它的用户所拥有，但私有同义词也可以通过授权，只能由该用户以及被授权的其他用户使用。创建私有同义词需要 CREATE SYNONYM 系统权限。

同义词通过给本地或远程对象分配一个通用或简单的名称，隐藏了对象的拥有者和对象的真实名称，也简化了 SQL 语句。

同义词 = 表的别名。

现在假如说有一张数据表的名称是"DEMOUSER. REGIONS"，而现在又为这张数据表起了一个"MYREGIOND"的名字，以后就可以直接通过"MYREGIOND"这个名称访问"DEMOUSER. REGIONS"了。

创建同义词的语法：

```
CREATE [PUBLIC] SYNONYM 同义词名称
```

FOR 数据库对象，例如：

```
CREATE SYNONYM DEMOEMPL FOR DEMOUSER. SALESREPS;
CREATE PUBLIC SYNONYM DEMOEMPL
FOR DEMOUSER. SALESREPS;
```

如果同义词同对象名称重名，私有同义词又同公有同义词重名，那么，识别的顺序是怎样的呢？

如果存在对象名，则优先识别，其次识别私有同义词，最后识别公有同义词。

比如，执行以下的 SELECT 语句：

```
SELECT * FROM ABC;
```

如果存在表 ABC，就对表 ABC 执行查询语句；

如果不存在表 ABC，就去查看是否有私有同义词 ABC；

如果有就对 ABC 执行查询（此时 ABC 是另外一个表的同义词）；

如果没有私有同义词 ABC,则去查找公有同义词;如果找不到,则查询失败。

6.6　Oracle 伪列

在 Oracle 数据库之中为了实现完整的关系数据库的功能,专门为用户提供了许多的伪列,像之前在讲解序列时所使用的"NEXTVAL"和"CURRVAL"就是两个默认提供的操作伪列,此外,还提供了两个重要的伪列:ROWNUM、ROWID。

在数据表中每一行所保存的记录,实际上 Oracle 都会默认为每条记录分配一个唯一的地址编号,而这个地址编号就是通过 ROWID 进行表示的。ROWID 本身是一个数据的伪列,所有的数据都利用 ROWID 进行数据定位。

6.6.1　ROWID 伪列

ROWID 组成:

数据对象号(data object number)为 AAAWec;

相对文件号(relative file number)为 AAG;

数据块号(block number)为 AAAAC2;

数据行号(row number)为 AAA;

【范例 6-13】　带 ROWID 的查询。

```
SELECT ROWID,OFFICE_ID,CITY,TARGET,SALES FROM OFFICES;
```

运行结果:如图 6.22 所示。

	ROWID	OFFICE_ID	CITY	TARGET	SALES
1	AAASNLAAGAAAACTAAA	11	北京	1850000	1921724
2	AAASNLAAGAAAACTAAB	12	大连	900000	753607
3	AAASNLAAGAAAACTAAC	13	天津	300000	352763
4	AAASNLAAGAAAACTAAD	21	上海	1250000	1194968
5	AAASNLAAGAAAACTAAE	22	苏州	750000	714668
6	AAASNLAAGAAAACTAAF	23	南京	530000	593134
7	AAASNLAAGAAAACTAAG	31	广州	600000	597892
8	AAASNLAAGAAAACTAAH	32	深圳	1130000	846367
9	AAASNLAAGAAAACTAAI	33	长沙	100000	49344
10	AAASNLAAGAAAACTAAJ	34	昆明	150000	189484

图 6.22　带 ROWID 的查询

ROWID 的操作函数如表 6.2 所示。

表 6.2 ROWID 操作函数

No.	函数名称	描 述
1	DBMS_ROWID.rowid_object(ROWID)	从一个 ROWID 之中,取得数据对象号
2	DBMS_ROWID.rowid_relative_fno(ROWID)	从一个 ROWID 之中,取得相对文件号
3	DBMS_ROWID.rowid_block_number(ROWID)	从一个 ROWID 之中,取得数据块号
4	DBMS_ROWID.rowid_row_number(ROWID)	从一个 ROWID 之中,取得数据行号

【范例 6-14】 带 ROWID 操作函数的查询。

```
SELECT ROWID, DBMS_ROWID.rowid_object(ROWID) 数据对象号,
    DBMS_ROWID.rowid_relative_fno(ROWID) 相对文件号,
    DBMS_ROWID.rowid_block_number(ROWID) 数据块号,
    DBMS_ROWID.rowid_row_number(ROWID) 数据行号,
OFFICE_ID,CITY,TARGET,SALES FROM OFFICES;
```

运行结果:如图 6.23 所示。

	ROWID	数据对象号	相对文件号	数据块号	数据行号	OFFICE_ID	CITY	TARGET	SALES
1	AAASNLAAGAAAACTAAA	74571	6	147	0	11	北京	1850000	1921724
2	AAASNLAAGAAAACTAAB	74571	6	147	1	12	大连	900000	753607
3	AAASNLAAGAAAACTAAC	74571	6	147	2	13	天津	300000	352763
4	AAASNLAAGAAAACTAAD	74571	6	147	3	21	上海	1250000	1194968
5	AAASNLAAGAAAACTAAE	74571	6	147	4	22	苏州	750000	714668
6	AAASNLAAGAAAACTAAF	74571	6	147	5	23	南京	530000	593134
7	AAASNLAAGAAAACTAAG	74571	6	147	6	31	广州	600000	597892
8	AAASNLAAGAAAACTAAH	74571	6	147	7	32	深圳	1130000	846367
9	AAASNLAAGAAAACTAAI	74571	6	147	8	33	长沙	100000	49344
10	AAASNLAAGAAAACTAAJ	74571	6	147	9	34	昆明	150000	189484

图 6.23 带 ROWID 操作函数的查询

6.6.2 ROWNUM 伪列

ROWNUM 表示的是一个数据行编号的伪列,它的内容是在用户查询数据的时候,为用户动态分配的一个数字(行号)。

【范例 6-15】 查询销售员编号、姓名、头衔、年龄、销售定额、销售值等信息并且显示每条记录的行号。

```
SELECT ROWNUM,EMPL_ID,EMPL_NAME,EMPL_TITLE,EMPL_AGE,QUOTA,SALES
    FROM SALESREPS;
```

运行结果：如图 6.24 所示。

ROWNUM	EMPL_ID	EMPL_NAME	EMPL_TITLE	EMPL_AGE	QUOTA	SALES
1	101	廖汉明	销售代表	45	400000	516162
2	103	王天耀	销售代表	29	300000	274530
3	104	郭姬诚	销售经理	33	600000	479077
4	105	蔡勇村	销售代表	37	300000	352763
5	106	顾祖弘	总经理	52	1200000	1237416
6	109	金声权	销售代表	31	250000	168146
7	110	成翰林	销售代表	41	(null)	(null)
8	201	李玮亚	区域经理	42	1000000	1090328
9	202	陈宗林	销售代表	28	250000	104640
10	203	杨鹏飞	销售经理	49	750000	714668
11	204	张春伟	销售代表	29	180000	207719
12	205	邓蓬	销售经理	35	350000	385415
13	301	徐友渔	销售经理	28	400000	520618
14	302	邱永汉	销售代表	33	200000	77274
15	303	陈学军	区域经理	41	800000	578309
16	304	秦雨群	销售代表	37	250000	263130
17	305	郁慕明	销售代表	30	80000	4928
18	306	马玉瑛	销售代表	26	100000	49344
19	307	徐锡麟	销售代表	31	150000	189484

图 6.24　带 ROWID 的查询

利用 ROWNUM 伪列分页，分页显示操作由两个部分组成：

● 数据显示部分：主要是从数据表之中选出指定的部分数据，需要 ROWNUM 伪列才可以完成；

● 分页控制部分：留给用户的控制端，用户只需要选择指定的页数，那么应用程序就会根据用户的选择，列出指定的部分数据，相当于控制了格式中的 currentPage。

分页操作语法：

```
SELECT * FROM ( SELECT 列 1 [,列 2,...],ROWNUM rownum 别名 FROM 表名称 [ 别名]
WHERE ROWNUM ＜ = ( 当前所在页 * 每页显示记录行数)) temp
WHERE temp.rownum 别名＞( ( 当前所在页) － 1) * ( 每页显示记录行数);
```

【范例 6 - 16】　显示 ORDER_ITEMS 表中第 15 到 21 条记录。

范例分析：每页显示为 7 条记录，第 15—21 条记录属于第 3 页，SQL 语句如下：

```
SELECT * FROM ( SELECT   ROWNUM RN, ITEM_ID,ORDER_ID,MFR_ID,PRODUCT_ID
                FROM ORDER_ITEMS    WHERE ROWNUM ＜ = 21) temp
                WHERE temp.RN＞14;
```

运行结果: 如图 6.25 所示。

RN	ITEM_ID	ORDER_ID	MFR_ID	PRODUCT_ID
15	11297501	112975	QYQ	DE114
16	11297901	112979	ACI	4100Z
17	11297902	112979	ACI	DE114
18	11297903	112979	ACI	XK48A
19	11297904	112979	ACI	41004
20	11297905	112979	QYQ	B887H
21	11297906	112979	QYQ	R775C

图 6.25　利用 ROWNUM 伪列分页的查询

6.7　本章小结

视图是一个虚拟表,其内容由查询定义。同真实的表一样,视图包含一系列带有名称的列和行数据。但是,视图并不在数据库中以存储的数据值集形式存在。行和列数据来自由定义视图的查询所引用的表,并且在引用视图时动态生成。

物化视图与普通视图的本质区别在于物化视图保存了查询的结果,而普通视图仅保存进行查询的 SQL 语句。由于物化视图存储查询的结果,因此可以大幅的提升查询的性能,减少远程查询的时间。

主键被创建在一个或多个列上,通过这些列的值或者值的组合,唯一地标识一条记录。如果一个字段即要求唯一,又不能设置为 null,则可以使用主键约束(主键约束＝非空约束＋唯一约束),主键约束使用 PRIMARY KEY(简称 PK)进行指定。

唯一约束(UNIQUE,简称 UK)表示的是在表中的数据不允许出现重复的情况,保证除主键列外,其他列值的唯一性。唯一约束可以设置 NULL;唯一约束的列不允许重复。

外键约束是建立在子表之上的,并要求子表的每条记录必须在父表中有且仅有一条记录与之对应。

检查约束可以通过很灵活的约束条件来完成约束任务。但是不能过多使用检查约束,尤其是复杂的约束条件。因为每次更新数据库针对每条记录,都需要进行检查约束的校验,会耗费大量资源。

在数据库之中,索引是一种专门用于数据库查询操作性能的一种手段。是为了加快数据的查找而创建的数据库对象,特别是对大表,索引可以有效地提高查找速度,也可以保证数据的唯一性。索引是由 Oracle 自动使用和维护的,一旦创建成功,用户不必对索引进行直接的操作。索引是独立于表的数据库结构,即表和索引是分开存放的,当删除索引时,对拥有索引的表的数据没有影响。

同义词(SYNONYM)是为模式对象起的别名,可以为表、视图、序列、过程、函数和包等数据库模式对象创建同义词。公有同义词是能被所有的数据库用户访问的同义词。私有同义词是只能由创建的用户所有的同义词。

6.8　本章练习

👉扫一扫可见
本章参考答案

【**练习 6 - 1**】　为雇员编号为 101 定义一个视图,它只包含分配给她的客户所下的订单。

【**练习 6 - 2**】　创建一个视图,它包括客户姓名和它们所属的销售人员。

【**练习 6 - 3**】　创建视图 V_MANAINFO,显示每个分公司的编号、名称,负责管理的经理、分公司所属地区及其地区的负责人。

(1) 视图 V_MANAINFO 每列的可操作性。

(2) 通过视图 V_MANAINFO 插入新数据,能否成功。

(3) 通过视图 V_MANAINFO 修改新数据,什么情况下会成功,什么情况下会失败。

(4) 能否删除视图。

【**练习 6 - 4**】　创建一个产品订单表的视图,SQL 代码如下:

```sql
CREATE OR REPLACE VIEW v_myproductorder
AS
SELECT  ORDERS.ORDER_ID, ORDERS.ORDER_DATE, ORDER_ITEMS.ITEM_ID, ORDER_
    ITEMS.MFR_ID, ORDER_ITEMS.PRODUCT_ID, ORDER_ITEMS.QTY, ORDER_ITEMS.
    AMOUNT  FROM  ORDERS,ORDER_ITEMS  WHERE    ORDERS.ORDER_ID = ORDER_
    ITEMS.ORDER_ID
```

问题 1:下面三条新增的 SQL 语句,哪些能成功,哪些不能成功?

```sql
INSERT INTO v_myproductorder (ORDER_ID) VALUES (888888);
INSERT INTO v_myproductorder(ITEM_ID,MFR_ID,PRODUCT_ID,QTY,AMOUNT)
VALUES('11212909','BIC','79CPU',222,22222.22);
INSERT INTO v_myproductorder (ORDER_ID, ITEM_ID, MFR_ID, PRODUCT_ID, QTY,
AMOUNT)
VALUES('112129','11212908','BIC','79CPU',222,22222.22);
```

问题 2:能否使用下面的 SQL 语句修改视图中的数据?

```sql
UPDATE v_myproductorder
SET MFR_ID = 'YMM',PRODUCT_ID = '88129',QTY = 333,AMOUNT = 33333.33
WHERE ITEM_ID = 11212908;
```

【**练习 6 - 5**】　使用 SQL 语言完成下面操作。

(1) 在数据库中,创建表 tfirst(f_id, f_name)、tsecond(s_id, f_id,s_name),并建立 tsecond.s_id 到 tfirst.f_id 的外键关联。

(2) 向表 tfirst 中插入 3 条数据(1,'主表数据 1')(2,'主表数据 2')(3,'主表数据 3')。

(3) 向表 tsecond 中插入 4 条数据(1,'从表数据 1',1)(2,'从表数据 2',2)(3,'从表数据 3',3)(4,'从表数据 4',4)看能否插入成功。

第 7 章　SQL 查询

Oracle 中的数据查询可以非常复杂,但复杂的查询是由基本查询构成的,因此,理解基本查询是必需的,本节将着重讲述 Oracle 中的 SQL 查询技术。下面是 SELECT 语句的格式:

```
SELECT [ALL|DISTINCT] <目标列表达式> [,<目标列表达式>] …
FROM <表名或视图名>[, <表名或视图名> ] …
[ WHERE <条件表达式> ]
[ GROUP BY <列名 1> [ HAVING <条件表达式> ] ]
[ ORDER BY <列名 2> [ ASC|DESC ] ];
```

- SELECT:列出所需检索的数据项,可以是数据库中的字段或者计算项。
- FROM:包含要被查询的数据表。
- WHERE:包含查询结果中的某些数据记录。
- GROUP BY:指定汇总查询,将相似记录组在一起。
- HAVING:确定仅把 GROUP BY 子句生成的某些组包含在查询结果中。
- ORDER BY:基于一个或者多个字段的数据进行排序。

SQL 的 SELECT 语句有 6 个关键字,如果只包含 SELECT 和 FROM 的子句就是简单查询。当要进行条件筛选或者多表链接时,需要使用 WHERE;当对查询结果进行排序时,需要使用 ORDER BY。

7.1　简单查询

SELECT 子句和 FROM 子句是 SELECT 语句的必选项,也就是说每个 SELECT 语句都必须包含这两个子句。其中,SELECT 子句用于选择想要在查询结果中显示的列,对于这些要显示的列,即可以使用列名来表示,也可以使用星号(＊)来表示。

7.1.1　查询所有/指定字段

在检索数据时,数据将按照 SELECT 子句后面指定的列名的顺序来显示;如果使用星号(＊),则表示检索所有的列,这时数据将按照表结构的自然顺序来显示。

【范例 7-1】　显示在 OFFICES 表中的全部数据。

```
SELECT ＊ FROM OFFICES
```

查询结果:在 SQL Developer 中输出结果如图 7.1 所示。

	OFFICE_ID		MANAGER		REGION		CITY	TARGET	SALES
1	13		105		1	天津		300000	352763
2	11		106		1	北京		1850000	1921724
3	12		104		1	大连		900000	753607
4	21		201		2	上海		1250000	1194968
5	22		203		2	苏州		750000	714668
6	23		205		2	南京		530000	593134
7	31		301		3	广州		600000	597892
8	32		303		3	深圳		1130000	846367
9	33		303		3	长沙		100000	49344
10	34		303		3	昆明		150000	189484

图 7.1　用 * 显示全部字段查询

【范例 7－2】 列出所有的销售人员的名字,他们所在的分公司和雇佣的日期。

SELECT EMPL_NAME, OFFICE, HIRE_DATE　FROM SALESREPS

查询结果:在 SQL Developer 中输出结果如图 7.2 所示。

	EMPL_NAME		OFFICE		HIRE_DATE
1	廖汉明		11		20-10月-08
2	王天耀		12		01-3月 -09
3	郭姬诚		12		19-5月 -09
4	蔡勇村		13		12-2月 -10
5	顾祖弘		11		14-6月 -07
6	金声权		11		12-10月-11
7	成翰林		(null)		13-1月 -12
8	李玮亚		21		12-10月-11
9	陈宗林		21		10-12月-08
10	杨鹏飞		22		14-11月-10
11	张春伟		23		20-9月 -09
12	邓蓬		23		20-9月 -09
13	徐友渔		31		01-1月 -08
14	邱永汉		31		11-10月-09
15	陈学军		32		07-3月 -07
16	秦雨群		32		11-2月 -09
17	郁慕明		32		09-12月-08
18	马玉瑛		33		18-6月 -10
19	徐锡麟		34		17-7月 -11

图 7.2　限定字段名的查询

7.1.2　包含计算字段的 SELECT 语句

除了能够引用来自数据表中的那些字段之外,SQL 还能包含计算所得的字段。

要使用一个计算字段,在选择列表中需要指定一个 SQL 表达式,可以包含加、减、乘和除运算。也可以使用括号来构建更复杂的表达式。但算术表达式中引用的字段必须是数字类型。如果使用了包含文本的字段,SQL 将报错。

【范例 7 - 3】　列出每个分公司所在的城市、地区和超过/低于销售目标的数量。

```
SELECT CITY,REGION,(SALES - TARGET)
FROM OFFICES
```

代码分析:超过/低于销售目标这一列,并不能从数据表的列中直接获得,通过计算字段(销售值-销售目标),即 SALES-TARGET 获得。

查询结果:在 SQL Developer 中输出结果如图 7.3 所示。

	CITY	REGION	(SALES-TARGET)
1	天津	1	52763
2	北京	1	71724
3	大连	1	-146393
4	上海	2	-55032
5	苏州	2	-35332
6	南京	2	63134
7	广州	3	-2108
8	深圳	3	-283633
9	长沙	3	-50656
10	昆明	3	39484

图 7.3　计算字段的查询

【范例 7 - 4】　显示每个产品货物库存的总价值。

```
SELECT MFR_ID,PRODUCT_ID,DESCRIPTION,(QTY_ON_HAND * PRICE)
FROM PRODUCTS
```

代码分析:产品表中只有单价和库存数量字段,并没有库存产品的总价值字段,可以通过单价×库存数量,即 QTY_ON_HAND * PRICE 这样的计算字段获得。

查询结果:在 SQL Developer 中输出结果如图 7.4 所示。

	MFR_ID		PRODUCT_ID		DESCRIPTION		(QTY_ON_HAND*PRICE)
1	ACI		41003		ACI_41003		8321
2	ACI		41004		ACI_41004		405000
3	ACI		4100Z		ACI_4100Z		60000
4	ACI		9773C		ACI_9773C		42935
5	ACI		DE114		ACI_DE114		188700
6	ACI		R775C		ACI_R775C		294975
7	ACI		XK48A		ACI_XK48A		306475
8	BIC		41003		BIC_41003		2280
9	BIC		88129		BIC_88129		4180
10	BIC		79CPU		BIC_79CPU		3150
11	CXJ		IR112		CXJ_IR112		5852
12	FEA		DE114		FEA_DE114		2916
13	FEA		IR112		FEA_IR112		3234
14	IMM		41003		IMM_41003		5250
15	IMM		88129		IMM_88129		10125
16	IMM		79CPU		IMM_79CPU		7700

图 7.4　计算库存产品的总价值

7.1.3　查询指定数据

前面的 SELECT 都是检索表的全部记录。如果要从很多记录中查询出指定的记录，那么就需要一个查询的条件。在 SELECT 语句中通过 WHERE 子句，对数据进行过滤。设定查询条件应用的是 WHERE 子句。通过它可以实现很多复杂的条件查询。

【范例 7-5】 列出东部地区分公司(地区编号为 2)的销售目标和销售额。

```
SELECT CITY,TARGET,SALES   FROM OFFICES   WHERE REGION = 2
```

代码分析:东部地区的区域编号为 2,用 WHERE 语句进行条件过滤。

查询结果:在 SQL Developer 中输出结果如图 7.5 所示。

	CITY		TARGET		SALES
1	上海		1250000		1194968
2	苏州		750000		714668
3	南京		530000		593134

图 7.5　查询东部地区分公司

【范例 7-6】 列出雇员编号为 106 的销售人员的名字、定额和销售量。

```
SELECT EMPL_NAME,QUOTA,SALES   FROM SALESREPS
WHERE EMPL_ID = 106
```

查询结果：在 SQL Developer 中输出结果如图 7.6 所示。

	EMPL_NAME	QUOTA	SALES
1	顾祖弘	1200000	1237416

图 7.6　销售员信息查询

7.1.4　带 IN 关键字的查询

查询满足指定范围内的条件的记录,使用 IN 操作符,将所有检索条件用括号括起来,检索条件用逗号分隔开,如果字段的值在集合中,则满足查询条件,该记录将被查询出来;如果不在集合中,则不满足查询条件。只要满足条件范围内的一个值即为匹配项。

IN 关键字可以判断某个字段的值是否在于指定的集合中。其语法格式如下：

```
SELECT * FROM 表名 WHERE 条件 [NOT] IN(元素 1,元素 2,…,元素 n);
```

NOT：是可选参数,加上 NOT 表示不在集合内满足条件;

元素：表示集合中的元素,各元素之间用逗号隔开,字符型元素需要加上单引号。

【范例 7-7】　列出在北京、天津或苏州工作的销售人员。

```
SELECT  EMPL_NAME, QUOTA, SALES
FROM    SALESREPS
WHERE   OFFICE  IN (11,13,22)
```

代码分析：北京、天津、苏州分公司的编号为 11,13,22。用 IN 关键字在 SALESREPS 表中查询在其集合内的销售员信息。

查询结果：在 SQL Developer 中输出结果如图 7.7 所示。

	EMPL_NAME	QUOTA	SALES
1	廖汉明	400000	516162
2	蔡勇村	300000	352763
3	顾祖弘	1200000	1237416
4	金声权	250000	168146
5	杨鹏飞	750000	714668

图 7.7　使用 IN 的集合查询

【范例 7-8】　列出由 3 个销售人员(103,109,203)所取得的所有订单。

```
SELECT ORDER_ID,SELLER, AMOUNT
FROM   ORDERS
WHERE  SELLER IN (103,109,203)
```

查询结果：在 SQL Developer 中输出结果如图 7.8 所示。

	ORDER_ID		SELLER		AMOUNT
1	112987		109		6766
2	112129		203		234150
3	113012		103		196019
4	113013		203		39072
5	113034		203		71882
6	113051		203		187126
7	113124		103		78511
8	113142		109		140800
9	114133		109		20580
10	114148		203		45825
11	114166		203		136613

图 7.8　使用 IN 的集合查询

7.1.5　带 BETWEEN AND 的范围查询

BETWEEN AND 关键字可以判断某个字段的值是否在指定的范围内。查询某个范围内的值,该操作符需要两个参数,即范围的开始值和结束值,如果字段的值在指定范围内,则满足查询条件,该记录将被查询出来。如果不在指定范围内,则不满足查询条件。其语法如下:

```
SELECT * FROM 表名 WHERE 条件 [NOT] BETWEEN 取值 1 AND 取值 2;
```

NOT:可选参数,加上 NOT 表示不在指定范围内满足条件;

取值 1:表示范围的起始值;取值 2:表示范围的终止值。

【范例 7 - 9】　列出 2012 年第 1 月取得的订单。

```
SELECT ORDER_ID,ORDER_DATE,SELLER,BUYER,AMOUNT
FROM ORDERS
WHERE TO_CHAR(ORDER_DATE,'YYYY/MM/DD') BETWEEN  '2012/01/01' AND '2012/01/
31'
```

代码分析:使用 BETWEEN 2012/01/01 AND 2012/01/31 语句来表示 2012 年 1 月,TO_CHAR 进行数据类型转换。

查询结果:在 SQL Developer 中输出结果如图 7.9 所示。

	ORDER_ID	ORDER_DATE	SELLER	BUYER	AMOUNT
1	112992	03-1月 -12	106	2109	133645
2	112993	04-1月 -12	105	2124	147680
3	112997	08-1月 -12	101	2107	118141
4	113003	08-1月 -12	305	2117	4928
5	113007	11-1月 -12	106	2229	140335
6	113012	14-1月 -12	103	2264	196019
7	113013	20-1月 -12	203	2115	39072
8	113024	22-1月 -12	307	2101	20110
9	113027	25-1月 -12	106	2122	104985
10	113034	29-1月 -12	203	2121	71882
11	113036	30-1月 -12	201	2108	138900

图 7.9　BETWEEN AND 查询

【范例 7-10】　列出其销售量不再定额的 80％和 120％之间的销售人员。

```
SELECT EMPL_NAME,SALES,QUOTA
FROM SALESREPS
WHERE SALES NOT BETWEEN (0.8 * QUOTA) AND (1.2 * QUOTA)
```

代码分析：NOT BETWEEN AND 表示不在范围之内。

查询结果：在 SQL Developer 中输出结果如图 7.10 所示。

	EMPL_NAME	SALES	QUOTA
1	廖汉明	516162	400000
2	郭姬诚	479077	600000
3	金声权	168146	250000
4	陈宗林	104640	250000
5	徐友渔	520618	400000
6	邱永汉	77274	200000
7	陈学军	578309	800000
8	郁慕明	4928	80000
9	马玉瑛	49344	100000
10	徐锡麟	189484	150000

图 7.10　NOT BETWEEN AND 查询

7.1.6　比较测试的 SELECT 语句

在 SELECT 语句中通过 WHERE 子句对数据进行过滤，在使用 WHERE 子句时，需要使用一些比较运算符来确定查询的条件。SQL 可以计算并比较两个 SQL 表达式的值，提供了 6 种比较两个表达式的方法。语法格式为：

运算符	名 称	示 例	运算符	名 称	示 例
=	等于	Id＝5	Is not null	n/a	Id is not null
＞	大于	Id＞5	Between	n/a	Id between1 and 15
＜	小于	Id＜5	In	n/a	Id in (3,4,5)
=＞	大于等于	Id=＞5	Not in	n/a	Name not in (shi,li)
＜=	小于等于	Id＜=5	Like	模式匹配	Name like ('shi％')
!＝或＜＞	不等于	Id!＝5	Not like	模式匹配	Name not like ('shi％')

【范例7－11】 显示销售量超过销售目标的分公司。

```
SELECT CITY,SALES,TARGET  FROM OFFICES
WHERE SALES ＞ TARGET
```

查询结果：在 SQL Developer 中输出结果如图7.11所示。

	CITY	SALES	TARGET
1	天津	352763	300000
2	北京	1921724	1850000
3	南京	593134	530000
4	昆明	189484	150000

图7.11 销售量超过销售目标的分公司

【范例7－12】 列出其销售量低于或等于定额的销售人员。

```
SELECT EMPL_NAME  FROM SALESREPS
WHERE SALES ＜ = QUOTA
```

查询结果：在 SQL Developer 中输出结果如图7.12所示。

	EMPL_NAME
1	王天耀
2	郭姬诚
3	金声权
4	陈宗林
5	杨鹏飞
6	邱永汉
7	陈学军
8	郁慕明
9	马玉瑛

图7.12 销售低于或等于定额的销售人员

【范例7－13】 列出不被雇员为303经理管理的分公司。

```
SELECT CITY,MANAGER
FROM OFFICES
WHERE MANAGER <> 303
```

代码分析：<>表示不等、没有。

查询结果：在 SQL Developer 中输出结果如图 7.13 所示。

	CITY	MANAGER
1	北京	106
2	大连	104
3	天津	105
4	上海	201
5	苏州	203
6	南京	205
7	广州	301

图 7.13　不被 303 经理管理的分公司

【范例 7 - 14】　求出在 2009 年 4 月以前被雇佣的销售人员。

```
SELECT EMPL_NAME,HIRE_DATE
FROM SALESREPS
WHERE HIRE_DATE < TO_DATE( '2009/4/1','YYYY/MM/DD')
```

代码分析：HIRE_DATE 为日期型，在比较之前用 TO_DATE 进行类型转换。

查询结果：在 SQL Developer 中输出结果如图 7.14 所示。

	EMPL_NAME	HIRE_DATE
1	廖汉明	20-10月-08
2	王天耀	01-3月 -09
3	顾祖弘	14-6月 -07
4	陈宗林	10-12月-08
5	徐友渔	01-1月 -08
6	陈学军	07-3月 -07
7	秦雨群	11-2月 -09
8	郁慕明	09-12月-08

图 7.14　2009 年 4 月以前被雇佣的销售人员

【范例 7 - 15】　列出还没有分配到一个分公司的销售人员。

```
SELECT EMPL_NAME FROM SALESREPS
WHERE   OFFICE  IS NULL
```

代码分析：IS NULL 表示某条记录上的对应字段为空。

查询结果：在 SQL Developer 中输出结果如图 7.15 所示。

```
A2  EMPL_NAME
1  成翰林
```

图 7.15　IS NULL 查询

7.1.7　带 LIKE 的字符匹配查询

使用 LIKE 关键字进行搜索与指定模式匹配的字符串、日期或者时间值。Like 关键字使用常规表达式包含所要匹配的模式。模式包含要搜索的字符串,字符串包含 4 种通配符的任意组合,SQL 通配符如下:

- "_"通配符只匹配一个字符。例如,m_n 表示以 m 开头,以 n 结尾的 3 个字符。中间的"_"可以代表任意一个字符。
- "%" 可以匹配一个或多个字符,可以代表任意长度的字符串,长度可以为 0。
- "[ ]"在指定区域或集合内中的任何单一字符。
- "[^]"不在指定区域或集合内中的任何单一字符。

【范例 7 - 16】　找出产品的 ID 中首字母为数字 9 的产品。

```
SELECT MFR_ID,PRODUCT_ID  FROM  PRODUCTS
WHERE PRODUCT_ID  LIKE  '9____'  ;
```

代码分析:用 9 _____ 来代表由 9 开头的字符串。

查询结果:在 SQL Developer 中输出结果如图 7.16 所示。

```
     MFR_ID   PRODUCT_ID
1  ACI        9773C
2  IMM        9773C
3  QSA        9773C
4  QYQ        9773C
5  REI        9773C
6  XYY        9773C
7  YMM        9773C
```

图 7.16　Like 匹配查询

【范例 7 - 17】　找出产品的 ID 中首字母不包含 4 或者 D 的产品。

```
SELECT * FROM PRODUCTS
WHERE   REGEXP_LIKE(PRODUCT_ID,'^[^4D]');
```

代码分析:使用正则表达式的查询,[^]这里的^表示不包含,意思为不包含 4 或者 D,而^[ ]中外面的^表示为字符串的开头,^[^4D]意思为首字母不包含 4 或者 D。

查询结果:在 SQL Developer 中输出结果如图 7.17 所示。一共 27 条记录,这里只显示前 15 条记录。

1	ACI	9773C	ACI_9773C	155	277
2	ACI	R775C	ACI_R775C	1425	207
3	ACI	XK48A	ACI_XK48A	4715	65
4	BIC	88129	BIC_88129	380	11
5	BIC	79CPU	BIC_79CPU	225	14
6	CXJ	IR112	CXJ_IR112	154	38
7	FEA	IR112	FEA_IR112	154	21
8	IMM	88129	IMM_88129	405	25
9	IMM	79CPU	IMM_79CPU	275	28
10	IMM	9773C	IMM_9773C	125	210
11	IMM	B887H	IMM_B887H	54	986
12	QSA	88129	QSA_88129	355	203
13	QSA	79CPU	QSA_79CPU	275	28
14	QSA	9773C	QSA_9773C	138	451
15	QYQ	9773C	QYQ_9773C	143	489

图 7.17　使用正则表达式的查询

7.1.8　带 AND/OR 的多条件查询

如果在检索的时候需要多个检索条件,就需要用一些连接词将这些条件连接起来,常用的有 AND,OR 和 NOT。

AND 关键字可以用来联合多个条件进行查询。使用 AND 关键字时,只有同时满足所有查询条件的记录会被查询出来。如果不满足这些查询条件的其中一个,这样的记录将被排除掉。AND 关键字的语法格式如下:

```
SELECT * FROM 数据表名 WHERE 条件 1 AND 条件 2 […AND 条件表达式 N];
```

OR 关键字也可以用来联合多个条件进行查询,但是与 AND 关键字不同,OR 关键字只要满足查询条件中的一个,那么此记录就会被查询出来;如果不满足这些查询条件中的任何一个,这样的记录将被排除掉。OR 关键字的语法格式如下:

```
SELECT * FROM 数据表名 WHERE 条件 1 OR 条件 2 […OR 条件表达式 N];
```

NOT　将所属条件设置为假。

【范例 7 - 18】 列出销售量超过了销售目标的北部地区分公司、以城市名为顺序。

```
SELECT CITY,TARGET,SALES  FROM OFFICES
WHERE REGION = 1  AND SALES > TARGET  ORDER BY CITY
```

代码分析: 过滤条件有两个:① 在北部地区,② 销售量超过了销售目标。两个条件需要同时满足,使用 AND 做为连词。

查询结果: 在 SQL Developer 中输出结果如图 7.18 所示。

	CITY	TARGET	SALES
1	北京	1850000	1921724
2	天津	300000	352763

图 7.18　AND 多条件查询

【范例 7－19】　找出其销售量在定额以下或者其销售量在 300 000 以下的销售人员。

```
SELECT EMPL_NAME,QUOTA,SALES   FROM SALESREPS
WHERE SALES ＜ QUOTA   OR SALES ＜ 300000
```

代码分析：过滤条件两个，一销售量在定额以下，二销售量在 300 000 以下，两个条件满足一个即可，使用 OR 作为连接词。

查询结果：在 SQL Developer 中输出结果如图 7.19 所示。

	EMPL_NAME	QUOTA	SALES
1	王天耀	300000	274530
2	郭姬诚	600000	479077
3	金声权	250000	168146
4	陈宗林	250000	104640
5	杨鹏飞	750000	714668
6	张春伟	180000	207719
7	邱永汉	200000	77274
8	陈学军	800000	578309
9	秦雨群	250000	263130
10	郁慕明	80000	4928
11	马玉瑛	100000	49344
12	徐锡麟	150000	189484

图 7.19　OR 多条件查询

7.1.9　用 ORDER BY 关键字对查询结果排序

SQL 中用 ORDER BY 子句来将查询结果排序。默认情况下 SQL 按升序排序数据，升序的关键字是 ASC，降序的关键字是 DESC。当排序列的数据类型是字符串时，将按照字符串在字母表中的顺序进行排列。如果对含有 NULL 值的列进行排序时，如果是按升序排列，NULL 值将出现在最前面，如果是按降序排列，NULL 值将出现在最后。

【范例 7－20】　显示各个分公司销售量，地区按字母顺序排序，在地区内按城市排序。

```
SELECT CITY,REGION,SALES   FROM OFFICES
ORDER BY REGION,CITY
```

代码分析：ORDER BY 默认按照升序排序。

查询结果：在 SQL Developer 中输出结果如图 7.20 所示。

	CITY	REGION	SALES
1	北京	1	1921724
2	大连	1	753607
3	天津	1	352763
4	南京	2	593134
5	上海	2	1194968
6	苏州	2	714668
7	长沙	3	49344
8	广州	3	597892
9	昆明	3	189484
10	深圳	3	846367

图 7.20　ORDER BY 排序

【范例 7 - 21】　列出分公司,地区按字母顺序,在地区内按超额业绩降序排序。

```
SELECT CITY, REGION, (SALES - TARGET)  FROM OFFICES
ORDER BY REGION ASC, 3 DESC
```

代码分析:(SALES−TARGET)是一个表达式,在 ORDER BY 中使用它在 SELECT 中的位置 3 来代替,降序排序必须指明为 DESC。

查询结果:在 SQL Developer 中输出结果如图 7.21 所示。

	CITY	REGION	(SALES-TARGET)
1	北京	1	71724
2	天津	1	52763
3	大连	1	-146393
4	南京	2	63134
5	苏州	2	-35332
6	上海	2	-55032
7	昆明	3	39484
8	广州	3	-2108
9	长沙	3	-50656
10	深圳	3	-283633

图 7.21　ORDER BY 排序查询

7.1.10　复合查询

【范例 7 - 22】　列出满足下列条件的所有销售人员:在上海,苏州或天津工作,或者有对其负责的经理并且是在 2010 年 1 月后被雇佣的,或者销售量超过了定额,但是销售量等于或者低于 500 000。

```
SELECT EMPL_NAME,OFFICE,MANAGER,HIRE_DATE,SALES,QUOTA
FROM SALESREPS
WHERE ( OFFICE  IN  (21,22,13)
OR (MANAGER  IS NOT NULL AND HIRE_DATE ＞ = TO_DATE('2010/1/1','YYYY/MM/DD'))
OR (SALES ＞ QUOTA AND NOT SALES ＞ 500000) )
```

代码分析：查询的过滤条件由 3 个部分构成。3 个查询结果用 OR 进行连接。

步骤 1：检索出在上海、苏州或者天津工作的销售员，过滤条件为 OFFICE　IN　（21，22，13），查询结果如图 7.22 所示。

步骤 2：检索出有对其负责的经理并且是在 2010 年 1 月后被雇佣的，过滤条件为 MANAGER　IS NOT NULL AND HIRE_DATE ＞=TO_DATE('2010/1/1','YYYY/MM/DD')，这里用 TO_DATE 进行类型转换，检索结果如图 7.23 所示。

步骤 3：检索出销售量超过了定额，但是销售量等于或者低于 500000，过滤条件为 SALES ＞ QUOTA AND NOT SALES ＞ 500000，结果如图 7.24 所示。

	EMPL_NAME	OFFICE	MANAGER	HIRE_DATE	SALES	QUOTA
1	蔡勇村	13	106	12-2月 -10	352763	300000
2	李玮亚	21	106	12-10月-11	1090328	1000000
3	陈宗林	21	201	10-12月-08	104640	250000
4	杨鹏飞	22	205	14-11月-10	714668	750000

图 7.22　在上海、苏州或者南京工作的销售员检索结果

	EMPL_NAME	OFFICE	MANAGER	HIRE_DATE	SALES	QUOTA
1	蔡勇村	13	106	12-2月 -10	352763	300000
2	金声权	11	106	12-10月-11	168146	250000
3	成翰林	(null)	101	13-1月 -12	(null)	(null)
4	李玮亚	21	106	12-10月-11	1090328	1000000
5	杨鹏飞	22	205	14-11月-10	714668	750000
6	马玉瑛	33	303	18-6月 -10	49344	100000
7	徐锡麟	34	303	17-7月 -11	189484	150000

图 7.23　有对其负责的经理并且是在 2010 年 1 月后被雇佣的销售员检索结果

	EMPL_NAME	OFFICE	MANAGER	HIRE_DATE	SALES	QUOTA
1	蔡勇村	13	106	12-2月 -10	352763	300000
2	张春伟	23	205	20-9月 -09	207719	180000
3	邓蓬	23	201	20-9月 -09	385415	350000
4	秦雨群	32	303	11-2月 -09	263130	250000
5	徐锡麟	34	303	17-7月 -11	189484	150000

图 7.24　销售量超过了定额，但是销售量等于或者低于 500 000 销售员

查询结果：在最终结果在 SQL Developer 中输出结果如图 7.25 所示。

	EMPL_NAME	OFFICE	MANAGER	HIRE_DATE	SALES	QUOTA
1	蔡勇村	13	106	12-2月 -10	352763	300000
2	金声权	11	106	12-10月-11	168146	250000
3	成翰林	(null)	101	13-1月 -12	(null)	(null)
4	李玮亚	21	106	12-10月-11	1090328	1000000
5	陈宗林	21	201	10-12月-08	104640	250000
6	杨鹏飞	22	205	14-11月-10	714668	750000
7	张春伟	23	205	20-9月 -09	207719	180000
8	邓蓬	23	201	20-9月 -09	385415	350000
9	秦雨群	32	303	11-2月 -09	263130	250000
10	马玉瑛	33	303	18-6月 -10	49344	100000
11	徐锡麟	34	303	17-7月 -11	189484	150000

图 7.25   用 OR 连接的复合查询

7.2   汇总查询

7.2.1   AVG 求平均函数

AVG 字段函数选定一个字段的数据并计算它的平均值。

【范例 7-23】 求出销售人员的平均定额和平均销售量。

```
SELECT AVG(QUOTA),ROUND(AVG(SALES),2)   FROM SALESREPS;
```

代码分析：AVG 求平均，ROUND 取结果值的小数点前两位。

查询结果：在 SQL Developer 中输出结果如图 7.26 所示。

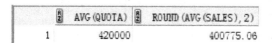

	AVG(QUOTA)	ROUND(AVG(SALES),2)
1	420000	400775.06

图 7.26   AVG 函数

7.2.2   SUM 求和函数

SUM()字段函数计算一个字段数据值的总和，字段的数据必须是数字类型，SUM()函数的结果与字段的数据具有相同的基本数据类型。

【范例 7-24】 求产品总的库存数。

```
SELECT SUM(QTY_ON_HAND) FROM PRODUCTS;
```

查询结果：在 SQL Developer 中输出结果如图 7.27 所示。

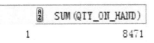

	SUM(QTY_ON_HAND)
1	8471

图 7.27　SUM 函数查询

7.2.3　MIN/MAX /MEDIAN 最大最小中间值函数

MIN()、MAX()、MEDIAN()字段函数分别查找字段中的最小值和最大值中间值。MAX()返回指定列中的最大值。MIN()返回查询列中的最小值。字段中的数据可以是数字、字符串或者日期/时间信息。

【范例 7－25】 求最早和最新的订单。

```
SELECT  MIN(ORDER_DATE),MAX(ORDER_DATE)  FROM  ORDERS;
```

代码分析：MAX 和 MIN 可以用来获得最早和最晚的日期。

查询结果：在 SQL Developer 中输出结果如图 7.28 所示。

	MIN(ORDER_DATE)		MAX(ORDER_DATE)
1	12-10月-11		30-6月 -12

图 7.28　MAX 和 MIN 查询

【范例 7－26】 统计最早和最晚雇佣的销售员。

```
SELECT MIN(HIRE_DATE) 最早雇用日期,MAX(HIRE_DATE)  最晚雇佣日期
FROM SALESREPS;
```

查询结果：在 SQL Developer 中输出结果如图 7.29 所示。

	最早雇用日期		最晚雇佣日期
1	07-3月 -07		13-1月 -12

图 7.29　MAX 和 MIN 查询

【范例 7－27】 统计公司销售额的均值。

```
SELECT MEDIAN(SALES)  FROM SALESREPS;
```

代码分析：MEDIAN 计算平均值。

查询结果：在 SQL Developer 中输出结果如图 7.30 所示。

	MEDIAN(SALES)
1	313646.5

图 7.30　MEDIAN 查询

7.2.4　COUNT 计数函数

COUNT()函数统计数据表中包含的记录行的总数,或者根据查询结果返回的列中包

含的数据行数。对于除"∗"以外的任何参数,返回所选择集合中非 NULL 值的行的数目。

对于参数"∗",返回选择集合中所有行的数目,包含 NULL 值的行。没有 WHERE 子句的 COUNT(∗)是经过内部优化的,能够快速的返回表中所有的记录总数。

【范例 7 - 28】 求客户数。

```
SELECT COUNT(COMPANY)  FROM  CUSTOMERS;
```

代码分析:COUNT 计算出有多少客户。

查询结果:在 SQL Developer 中输出结果如图 7.31 所示。

图 7.31 COUNT 函数查询

【范例 7 - 29】 计算有多少销售员。

```
SELECT COUNT( ∗ ),COUNT(EMPL_ID),COUNT(OFFICE) FROM SALESREPS;
```

代码分析:在 SALESREPS 表中分别取 ∗ 、EMPL_ID,OFFICE3 个字段进行 COUNT 运算,但表中的 OFFICE 字段中有 NULL 值,COUNT 函数遇到 NULL 值时会有区别,查询的结果为 19,19,18。

查询结果:在 SQL Developer 中输出结果如图 7.32 所示。

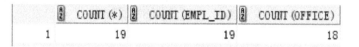

图 7.32 COUNT 函数查询遇到 NULL 值的差别

7.2.5 DISTINCT

DISTINCT()字段函数用于消除查询结果中的重复记录。DISTINCT 关键字可用于获得唯一性记录,被 DISTINCT 限制的既可以是单个列,也可以是多个列的组合。

【范例 7 - 30】 计算销售人员的头衔数。

```
SELECT   COUNT(DISTINCT EMPL_TITLE)   FROM SALESREPS;
```

代码分析:EMPL_TITLE 有重复值,在 COUNT 之前用 DISTINCT 消除重复值。

查询结果:在 SQL Developer 中输出结果如图 7.33 所示。

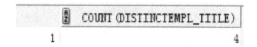

图 7.33 COUNT 之前用 DISTINCT 消除重复值

7.2.6 GROUP BY

通过 GROUP BY 子句可以将数据划分到不同的组中,实现对记录进行分组查询。包含 GROUP BY 子句的查询称为分组查询,它把来自源表的的数据进行分组并为每个记录生成一个汇总记录。查询时,所查询的列必须包含在分组的列中,使用了分组之后,select 语句的真实操作目标即为各个分组数据,每次循环处理的也是各个分组,而不再是单条记录。HAVING:确定仅把 GROUP BY 子句生成的某些组包含在查询结果中。语法格式如下:

```
[GROUP BY  字段] [HAVING <条件表达式>]
```

【范例 7 - 31】 每个分公司销售员分配的定额的最大值和最小值?

```
SELECT OFFICE,MIN(QUOTA),MAX(QUOTA)  FROM SALESREPS  GROUP BY OFFICE;
```

代码分析:MIN 和 MAX 将数据分为一组而后求出最大和最小值,OFFICE 字段需要用 GROUP BY 包含在分组中。

查询结果:在 SQL Developer 中输出结果如图 7.34 所示。

	OFFICE	MIN(QUOTA)	MAX(QUOTA)
1	(null)	(null)	(null)
2	22	750000	750000
3	34	150000	150000
4	11	250000	1200000
5	13	300000	300000
6	21	250000	1000000
7	31	200000	400000
8	32	80000	800000
9	23	180000	350000
10	33	100000	100000
11	12	300000	600000

图 7.34 GROUP BY 分组

【范例 7 - 32】 每个销售人员的签约客户所签订单的数量。

```
SELECT  SELLER, COUNT(DISTINCT BUYER)  FROM ORDERS GROUP BY SELLER
```

代码分析:销售员和同一个客户可能签订多份订单,在统计之前用 DISTINCT 去除重复记录后再 COUNT 运算,SELLER 字段包含在分组中。

查询结果:在 SQL Developer 中输出结果如图 7.35 所示。

	SELLER	COUNT (DISTINCTBUYER)
1	101	5
2	103	2
3	104	3
4	105	3
5	106	8
6	109	2
7	201	7
8	202	2
9	203	5
10	204	3
11	205	3
12	301	3
13	302	1
14	303	2
15	304	4
16	305	1
17	306	1
18	307	2

图 7.35　去重后进行分组汇总

【范例 7-33】　求出各分公司销售员平均销售额的最高值。

```
SELECT MAX(AVG(SALES))  FROM SALESREPS  GROUP BY OFFICE;
```

代码分析：对需要做两步，使用了嵌套的分组汇总函数。

第 1 步：先求出各个分公司销售员的平均销售额，结果如图 7.36 所示，SQL 语句如下：

```
SELECT OFFICE,ROUND(AVG(SALES),2) FROM SALESREPS GROUP BY OFFICE,
```

	OFFICE	ROUND (AVG(SALES), 2)
1	(null)	(null)
2	22	714668
3	34	189484
4	11	640574.67
5	13	352763
6	21	597484
7	31	298946
8	32	282122.33
9	23	296567
10	33	49344
11	12	376803.5

图 7.36　各个分公司销售员的平均销售额

第 2 步：对上述结果求最大值 MAX，OFFICE 字段虽然没有出现在 SELECT 中，但也必须包含在 GROUP BY 中。

查询结果：在 SQL Developer 中输出结果如图 7.37 所示。

	MAX (AVG(SALES))
1	714668

图 7.37　嵌套的分组汇总函数

【范例 7-34】　计算每个销售人员所签约的客户，每个客户的订单总和。

```
SELECT SELLER,BUYER,SUM(AMOUNT) FROM ORDERS
GROUP BY SELLER,BUYER;
```

代码分析：除了使用了汇总函数的字段，其他字段都必须包含在 GROUP BY 中。

查询结果：在 SQL Developer 中输出结果如图 7.38 所示。查询共 59 条，截图显示部分。

	SELLER	BUYER	SUM(AMOUNT)
1	106	2124	56161
2	105	2249	115210
3	204	2204	40100
4	101	2120	39750
5	101	2107	118141
6	103	2264	196019
7	203	2115	39072
8	306	2208	49344
9	104	2213	280837
10	105	2257	89873
11	101	2108	134863
12	104	2111	22850
13	201	2117	154043
14	303	2103	361716
15	106	2109	133645

图 7.38　多字段的汇总函数

【范例 7-35】　查询每个公司的名称、公司人数、公司平均销售额、平均服务年限。

```
SELECT  CITY  公司名称, COUNT(EMPL_ID) 公司人数,
ROUND(AVG((SALESREPS.SALES)/10000),2)  平均销售额万,
ROUND(AVG((SYSDATE－SALESREPS.HIRE_DATE)/365),2)  平均服务年限
FROM   SALESREPS,OFFICES
WHERE  SALESREPS.OFFICE = OFFICES.OFFICE_ID
GROUP BY CITY;
```

代码分析：SYSDATE 取的系统的当前日期时间，减去雇佣日期，除以 365 获得年份，ROUND 将获得结果保留 2 位小数点。

查询结果：在 SQL Developer 中输出结果如图 7.39 所示。

	公司名称	公司人数	平均销售额万	平均服务年限
1	苏州	1	71.47	5.74
2	北京	3	64.06	7.27
3	深圳	3	28.21	8.2
4	长沙	1	4.93	6.15
5	大连	2	37.68	7.34
6	天津	1	35.28	6.5
7	广州	2	29.89	7.72
8	上海	2	59.75	6.25
9	昆明	1	18.95	5.07
10	南京	2	29.66	6.89

图 7.39　查询结果

　　WHERE 子句会对 FROM 子句所定义的数据源进行条件过滤，但是针对 GROUP BY 子句形成的分组之后的结果集，WHERE 子句将无能为力。为了过滤 GROUP BY 子句所生成的结果集，可以使用 HAVING 子句。

　　【范例 7-36】　显示有两个以上的销售员的分公司，显示在此分公司内全部员工的销售总值和定额总值。

```
SELECT CITY,SUM(QUOTA),SUM(SALESREPS.SALES),COUNT(EMPL_ID)
FROM OFFICES,SALESREPS
WHERE OFFICES.OFFICE_ID = SALESREPS.OFFICE
GROUP BY CITY
HAVING COUNT(SALESREPS.EMPL_ID)>=2;
```

　　代码分析：此查询需要由两步完成。

　　步骤 1：查询出每个分公司的销售人员数，使用 COUNT 函数；然后对 CITY 字段进行分组汇总；又因为需要 2 个表分公司表和销售员表，用 OFFICES.OFFICE_ID = SALESREPS.OFFICE 连接两表，SQL 语句如下，结果如图 7.40 所示。

```
SELECT CITY, COUNT(SALESREPS.EMPL_ID) FROM OFFICES, SALESREPS
WHERE OFFICES.OFFICE_ID = SALESREPS.OFFICE GROUP BY CITY;
```

	CITY	COUNT(SALESREPS.EMPL_ID)
1	苏州	1
2	北京	3
3	深圳	3
4	长沙	1
5	大连	2
6	天津	1
7	广州	2
8	上海	2
9	昆明	1
10	南京	2

图 7.40　各个分公司销售人员的数量

步骤 2:需要过滤超过 2 个销售人员的公司,COUNT(SALESREPS. EMPL_ID)是使用了汇总函数,要对它进行条件过滤,不能放在 WHERE 语句中,只能放在 HAVING 语句中,形式为:

HAVING COUNT(SALESREPS.EMPL_ID)>=2.

查询结果:在 SQL Developer 中输出结果如图 7.41 所示。

	CITY	SUM(QUOTA)	SUM(SALESREPS.SALES)	COUNT(EMPL_ID)
1	北京	1850000	1921724	3
2	深圳	1130000	846367	3
3	大连	900000	753607	2
4	广州	600000	597892	2
5	上海	1250000	1194968	2
6	南京	530000	593134	2

图 7.41　使用了 HAVING 的汇总条件查询

【**范例 7 - 37**】　求出销售数量不超过库存数量的产品信息。

```
SELECT DESCRIPTION,PRICE, QTY_ON_HAND,SUM(QTY)
FROM PRODUCTS, ORDER_ITEMS
WHERE PRODUCTS.MFR_ID = ORDER_ITEMS.MFR_ID
AND PRODUCTS.PRODUCT_ID = ORDER_ITEMS.PRODUCT_ID
GROUP BY DESCRIPTION,PRICE,QTY_ON_HAND
HAVING QTY_ON_HAND>SUM(QTY);
```

代码分析:产品的销售数量在 ORDER_ITEMS 表中,需要使用 SUM 进行汇总。过滤条件 QTY_ON_HAND > SUM(QTY) 使用了 SUM 函数,必须放在 HAVING 中。

查询结果:在 SQL Developer 中输出结果如图 7.42 所示。

	DESCRIPTION	PRICE	QTY_ON_HAND	SUM(QTY)
1	IMM_B887H	54	986	553
2	QYQ_R775C	1540	223	142
3	ACI_41004	4500	90	81
4	REI_9773C	117	1100	352
5	XYY_4100Z	2450	90	81
6	QYQ_B887H	58	1005	955
7	REI_XK48A	4500	950	111
8	QYQ_9773C	143	489	335

图 7.42　产品销售数量超过库存数量的产品

7.3　多表查询

连接用于指定多数据源(表、视图)之间如何组合,以形成最终的数据源。连接对于查询语句有着不可或缺的作用,如果未显式指定连接,那么将获得多个数据源的笛卡尔积。对于查询的真实目的来说,笛卡尔积往往是没有任何实际意义的。

Oracle 中主要包括以下几种连接关系。

自然连接:将两个数据源中具有相同名称的列进行连接。用户不必明确指定执行连接的列。应该使用 NATRUAL JOIN 关键字。

内连接:内连接像自然连接一样,需要在 FROM 子句中使用连接条件。但是,用户可以自行制定所要连接的各数据源的列。这克服了自然连接要求连接列必须同名的限制。

外连接:内连接不同的是,内连接中的两个数据源是并列关系,二者具有平等的地位。而外连接将其中一个数据源指定为基表(或者说主表),另一个数据源可以看作附表。在最终的数据源中,一定含有基表中的数据,附表中的数据是否出现,则依具体的连接条件而定。

7.3.1 对等连接

内连接是最普遍的连接类型,而且是最匀称的,因为它们要求构成连接的每一部分的每个表的匹配,不匹配的行将被排除。

内连接的最常见的例子是对等连接,也就是连接后的表中的某个字段与每个表中的都相同。这种情况下,最后的结果集只包含参加连接的表中与指定字段相符的行。

内连接(INNER JOIN)使用比较运算符进行表间某(些)列数据的比较操作,并列出这些表中与连接条件相匹配的数据行,组合成新的记录。也就是说,在内连接查询中,只有满足条件的记录才能出现在结果关系中。

【范例 7 - 38】 列出分公司名称及其经理的名字和头衔。

```
SELECT CITY,EMPL_NAME,EMPL_TITLE
FROM   OFFICES,SALESREPS
WHERE OFFICES.MANAGER = SALESREPS.EMPL_ID
```

代码分析:分公司的名称在 OFFICES 表中,经理的名字和头衔需要查询 SALESREPS 表,此查询需要进行两表连接,连接语句为 OFFICES. MANAGER ＝SALESREPS. EMPL_ID。

查询结果:在 SQL Developer 中输出结果如图 7.43 所示。

	CITY	EMPL_NAME	EMPL_TITLE
1	大连	郭姬诚	销售经理
2	天津	蔡勇村	销售代表
3	北京	顾祖弘	总经理
4	上海	李玮亚	区域经理
5	苏州	杨鹏飞	销售经理
6	南京	邓蓬	销售经理
7	广州	徐友渔	销售经理
8	深圳	陈学军	区域经理
9	长沙	陈学军	区域经理
10	昆明	陈学军	区域经理

图 7.43 查询分公司的名称和经理的信息

【范例 7 - 39】 列出所有每个订单中的订单号,产品名称,销售数量。

```
SELECT ORDER_ID,DESCRIPTION,QTY
FROM  ORDER_ITEMS,PRODUCTS
WHERE ORDER_ITEMS.PRODUCT_ID = PRODUCTS.PRODUCT_ID
AND ORDER_ITEMS.MFR_ID = PRODUCTS.MFR_ID
```

代码分析:此查询需要查询 ORDER_ITEMS 和 PRODUCTS 两个表,PRODUCTS 表的主键是组合键(MFR_ID,PRODUCT_ID),因此连接条件需要写两个,而且每个字段都必须明确来源于哪个表。

查询结果:在 SQL Developer 中输出结果如图 7.44 所示。

	ORDER_ID	DESCRIPTION	QTY
1	112129	BIC_79CPU	144
2	112129	FEA_DE114	130
3	112129	YMM_88129	315
4	112129	XYY_9773C	25
5	112129	REI_XK48A	9
6	112961	PYH_DE114	150
7	112963	YMM_9773C	25
8	112963	YMM_R775C	21
9	112963	YMM_4100Y	22
10	112968	IMM_79CPU	47
11	112968	IMM_B887H	40
12	112968	IMM_DE114	9
13	112968	XYY_4100Z	19
14	112968	XYY_9773C	85

图 7.44 订单信息的查询

7.3.2 多表连接

前面多表查询涉及两个表,有的查询中需要超过 3 个以上的表,这样查询需要注意多表之间的连接关系。

【范例 7 - 40】 列出订单金额超过 100 000 的订单,显示下订单的客户名字,取得订单的销售人员名字。

```
SELECT ORDER_ID,AMOUNT,COMPANY,EMPL_NAME
FROM  ORDERS,CUSTOMERS,SALESREPS
WHERE ORDERS.BUYER  = CUSTOMERS.CUST_ID
AND   ORDERS.SELLER = SALESREPS.EMPL_ID
AND   AMOUNT>100000
```

代码分析:此查询需要 ORDERS 表中信息,还需要 CUSTOMERS 表获得客户的名字,最后还需要 SALESREPS 表的信息获得销售员的名字,属于三表连接的查询。

连接关系 ORDERS. BUYER = CUSTOMERS. CUST_ID 由 ORDERS 表连接

CUSTOMERS 表。

连接关系 ORDERS. SELLER = SALESREPS. EMPL_ID 由 ORDERS 表连接 SALESREPS 表。

查询结果: 在 SQL Developer 中输出结果如图 7.45 所示,结果共 31 条,显示一部分。

	ORDER_ID	AMOUNT	COMPANY	EMPL_NAME
1	113045	109590	锋宏海力有限公司	李玮亚
2	114144	214439	锋宏海力有限公司	顾祖弘
3	112989	175390	锋宏海力有限公司	郭姬诚
4	113051	187126	普罗设备公司	杨鹏飞
5	112129	234150	清扬泉贸易公司	杨鹏飞
6	113007	140335	清扬泉贸易公司	顾祖弘
7	113012	196019	如安机械公司	王天耀
8	114169	256810	艾莎有限公司	顾祖弘
9	113049	146213	诺美科技企业	陈学军
10	113057	153630	诺美科技企业	廖汉明
11	113062	230935	中欧国际有限公司	邓蓬
12	113036	138900	华高电子公司	李玮亚
13	114174	134863	华高电子公司	廖汉明
14	114164	115706	索菲艾尔企业	秦雨群
15	113048	179531	索菲艾尔企业	顾祖弘

图 7.45 查询订单的客户和销售员的信息

【范例 7-41】 列出总金额超出 $125 000 的订单,显示下订单客户名和负责那位客户的销售人员的名字和销售人员工作的销售点。

```
SELECT ORDER_ID,AMOUNT,COMPANY,EMPL_NAME,CITY
FROM ORDERS,CUSTOMERS,SALESREPS,OFFICES
WHERE ORDERS.BUYER = CUSTOMERS.CUST_ID
AND CUSTOMERS.EMPL_ID = SALESREPS.EMPL_ID
AND SALESREPS.OFFICE = OFFICES.OFFICE_ID
AND AMOUNT > 125000
```

代码分析: 此查询和范例 7-40 的差别在于,这里是需要查询负责那个客户的销售人员,而不是取得订单的销售人员。同样需要连接三个表,但是表和表之间的连接关系和范例 7-40 有区别,下面是连接关系:

连接关系: ORDERS. BUYER = CUSTOMERS. CUST_ID 由 ORDERS 表连接 CUSTOMERS 表,关联出下订单的客户。

连接关系: CUSTOMERS. EMPL_ID = SALESREPS. EMPL_ID 由 CUSTOMERS 表连接 SALESREPS 表,关联出负责客户的销售人员。

连接关系: SALESREPS. OFFICE = OFFICES. OFFICE_ID 由 SALESREPS 表连接 OFFFICES 表,关联出销售人员所在的分公司。

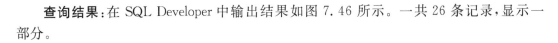

查询结果：在 SQL Developer 中输出结果如图 7.46 所示。一共 26 条记录，显示一部分。

	ORDER_ID	AMOUNT	COMPANY	EMPL_NAME	CITY
1	112129	234150	清扬泉贸易公司	郭姬诚	大连
2	112979	361716	士林有限公司	邓蓬	南京
3	112989	175390	锋宏海力有限公司	李玮亚	上海
4	112992	133645	凯华有限公司	王天耀	大连
5	112993	147680	宏利信息技术公司	徐友渔	广州
6	113007	140335	清扬泉贸易公司	郭姬诚	大连
7	113012	196019	如安机械公司	徐锡麟	昆明
8	113036	138900	华高电子公司	金声权	北京
9	113048	179531	索菲艾尔企业	杨鹏飞	苏州
10	113049	146213	诺美科技企业	廖汉明	北京
11	113051	187126	普罗设备公司	顾祖弘	北京
12	113057	153630	诺美科技企业	廖汉明	北京
13	113058	169374	环宇电脑公司	秦雨群	深圳
14	113062	230935	中欧国际有限公司	蔡勇村	天津
15	113131	329916	永兴科技有限公司	张春伟	南京

图 7.46 查询订单的客户、负责客户的销售员以及其所在分公司

【范例 7－42】 列出订单中货物条目数超过 5 个的订单，显示订单号、下订单的客户、负责订单的销售员、订单的总金额。

```
  SELECT ORDERS. ORDER _ ID, ORDERS. SELLER, ORDERS. BUYER, COUNT ( QTY ),
ORDERS.AMOUNT
  FROM ORDERS,ORDER_ITEMS
  WHERE ORDERS. ORDER_ID = ORDER_ITEMS. ORDER_ID
  HAVING COUNT(QTY) >5
  GROUP BY ORDERS. ORDER_ID,ORDERS. SELLER, ORDERS. BUYER, ORDERS. AMOUNT
  ORDER BY COUNT(QTY);
```

代码分析：在订单表 ORDERS 中，没有订单货物的数量信息，所定货物的数量在 ORDER_ITEMS 中，查询需要的条目数，不是数量，用 COUNT 进行汇总计算（数量才用 SUM）。连接关系 ORDERS. ORDER_ID＝ORDER_ITEMS. ORDER_ID 关联 ORDERS 表和 ORDER_ITEMS 表，获得每个订单的详细订货信息。

查询结果：在 SQL Developer 中输出结果如图 7.47 所示。

	ORDER_ID	SELLER	BUYER	COUNT (QTY)	AMOUNT
1	114157	201	2213	6	197869
2	113134	106	2124	6	56161
3	113057	101	2102	6	153630
4	114116	301	2247	6	191771
5	114174	101	2108	6	134863
6	112979	303	2103	6	361716
7	113007	106	2229	6	140335
8	112989	104	2120	6	175390
9	113034	203	2121	6	71882
10	114170	106	2221	7	151510
11	113131	201	2247	7	329916
12	113048	106	2107	7	179531
13	114155	105	2257	7	89873
14	113012	103	2264	7	196019
15	113027	106	2122	7	104985

图 7.47 订货条目超过 5 个的订单信息

7.3.3 不对等连接

【范例 7 - 43】 列出新的销售人员在被雇用的当天，全部分公司所签下的订单。

```
SELECT EMPL_ID,EMPL_NAME,HIRE_DATE,ORDER_ID,ORDER_DATE,SELLER
FROM   SALESREPS,ORDERS
WHERE HIRE_DATE = ORDER_DATE
```

代码分析：SALESREPS 表和 ORDERS 表的连接关系是 ORDERS. SELLER = SALESREPS. EMPL_ID,指的某个订单的销售员是谁。但在这个查询中并没有使用这样的连接关系，而是把两个看似没有关联性的 HIRE_DATE（雇佣日期）和 ORDER_DATE （订单日期）进行连接。因为两者都是日期型数据，可以作为不对等的一种连接方式。

查询结果：在 SQL Developer 中输出结果如图 7. 48 所示。

	EMPL_ID	EMPL_NAME	HIRE_DATE	ORDER_ID	ORDER_DATE	SELLER
1	201	李玮亚	12-10月-11	112961	12-10月-11	101
2	109	金声权	12-10月-11	112961	12-10月-11	101
3	201	李玮亚	12-10月-11	112963	12-10月-11	201
4	109	金声权	12-10月-11	112963	12-10月-11	201
5	201	李玮亚	12-10月-11	112968	12-10月-11	302
6	109	金声权	12-10月-11	112968	12-10月-11	302

图 7.48

【范例 7 - 44】 找出同时为区域和分公司负责人的员工。

```
SELECT DISTINCT(OFFICES.MANAGER)  FROM REGIONS, OFFICES
WHERE REGIONS.MANAGER = OFFICES.MANAGER
```

代码分析：将地区表（REGION）和分公司表（OFFICES）的 MANAGER 进行不对等连接，获得既是地区负责人又为分公司负责人的员工。用 DISTINCT 去除重复信息。

查询结果：在 SQL Developer 中输出结果如图 7.49 所示。

	MANAGER
1	303
2	201
3	106

图 7.49　兼任地区和分公司负责人的员工

7.3.4　限定字段名

【范例 7-45】　显示其销售量超过销售目标的分公司和分公司负责人。

```
SELECT  CITY,OFFICES.SALES,TARGET,EMPL_NAME
FROM OFFICES,SALESREPS
WHERE OFFICES.MANAGER = SALESREPS.EMPL_ID
AND OFFICES.SALES >TARGET
```

代码分析：MANAGER 字段在 OFFICES 和 SALESREPS 表中都有，在 OFFICES 表中代表为分公司的负责人，在 SALESREPS 表中代表为每个销售员的上司。在连接关系中，必须指明是 OFFICES 表中的 MANAGER。

查询结果：在 SQL Developer 中输出结果如图 7.50 所示。

	CITY	SALES	TARGET	EMPL_NAME
1	天津	352763	300000	蔡勇村
2	北京	1921724	1850000	顾祖弘
3	南京	593134	530000	邓蓬
4	昆明	189484	150000	陈学军

图 7.50　字段名限定的查询

7.3.5　自引用

表指定别名，用这个别名替代表原来的名称。当表的名称特别长时，在查询中直接使用表名很不方便。这时可以为表取一个贴切的别名。有时候在自连接操作时，为了能够引用自身的表，也需要设置表的别名。格式如下：

```
表名   表别名
```

158

【**范例 7 - 46**】 列出销售人员及其经理的名字

```
SELECT SALESREPS.EMPL_NAME, MGRS.EMPL_NAME
FROM SALESREPS, SALESREPS MGRS
WHERE SALESREPS.MANAGER = MGRS.EMPL_ID
```

代码分析：销售员本人的信息 EMPL_ID 和其经理的信息 MANAGER 同在一个 SALESREPS 表内。MANAGER 需要引用本表的 EMPL_ID 主键来获得 MANAGER 的信息，这样的连接方式称为自引用。在查询中等同于复制出一个 SALESREPS 表的副本，这个副本不能用原来的表名，否则系统无法识别。而将复制出来的表用一个表的别名来代替，这样就等同于两个不同表的连接。在这里，使用 MGRS 这个名称来代替复制出来的 SALESREPS，它们的连接关系如下：SALESREPS. MANAGER =MGRS. EMPL_ID。

查询结果：在 SQL Developer 中输出结果如图 7.51 所示。

	EMPL_NAME	EMPL_NAME_1
1	成翰林	廖汉明
2	王天耀	郭姬诚
3	廖汉明	顾祖弘
4	蔡勇村	顾祖弘
5	郭姬诚	顾祖弘
6	金声权	顾祖弘
7	陈学军	顾祖弘
8	李玮亚	顾祖弘
9	陈宗林	李玮亚
10	邓蓬	李玮亚
11	张春伟	邓蓬
12	杨鹏飞	邓蓬
13	邱永汉	徐友渔
14	徐锡麟	陈学军
15	秦雨群	陈学军
16	郁慕明	陈学军
17	马玉瑛	陈学军
18	徐友渔	陈学军

图 7.51　自引用的查询范例

【**范例 7 - 47**】 列出与其经理不在一个分公司的销售员，显示员工名字和分公司的名字，经理的名字和其所在的分公司名字。

```
SELECT SALESREPS.EMPL_NAME,OFFICES.CITY, MGRS.EMPL_NAME, MGRS_OFFICES.CITY
FROM SALESREPS, OFFICES, SALESREPS MGRS, OFFICES MGRS_OFFICES
WHERE SALESREPS.OFFICE = OFFICES.OFFICE_ID
AND SALESREPS.MANAGER = MGRS.EMPL_ID
AND MGRS.OFFICE = MGRS_OFFICES.OFFICE_ID
AND SALESREPS.OFFICE <> MGRS.OFFICE
```

代码分析：这个自引用连接查询一个比较复杂的范例。同上一个范例，找出销售员的经理,需要等同于 SALESREPS 复制出一份来,用 MGRS 来代表这个 SALESREPS 的副本,这样 SALESREPS 表示销售员表,MGRS 表示经理表。

连接关系:SALESREPS. OFFICE＝OFFICES. OFFICE_ID 由 SALESREPS 表关联 OFFICES 表,获得销售员所在分公司的信息。

连接关系:SALESREPS. MANAGER＝MGRS. EMPL_ID 由 SALESREPS 表关联自身的副本 MGRS 表,获得销售员的经理信息。

不能直接用 MGRS. OFFICE＝OFFICES. OFFICE_ID 来获得经理所在分公司的信息,这样的连接将形成一个"闭环",没有查询结果。正确的做法是将分公司 OFFICES 也做一个副本用 MGRS_OFFICES,经理表 MGRS 与 MGRS_OFFICES 连接来查询经理所在分公司的信息,连接关系为 MGRS. OFFICE＝MGRS_OFFICES. OFFICE_ID。

销售员和经理不在同一个分公司的过滤条件为 SALESREPS. OFFICE ＜＞ MGRS. OFFICE。

查询结果:在 SQL Developer 中输出结果如图 7.52 所示。

	EMPL_NAME	CITY	EMPL_NAME_1	CITY_1
1	陈学军	深圳	顾祖弘	北京
2	李玮亚	上海	顾祖弘	北京
3	郭姬诚	大连	顾祖弘	北京
4	蔡勇村	天津	顾祖弘	北京
5	邓蓬	南京	李玮亚	上海
6	杨鹏飞	苏州	邓蓬	南京
7	徐锡麟	昆明	陈学军	深圳
8	马玉瑛	长沙	陈学军	深圳
9	徐友渔	广州	陈学军	深圳

图 7.52　不在同一分公司的销售员及其经理的信息

7.3.6　外连接

与内连接不同,外连接是指使用 OUTER JOIN 关键字将两个表连接起来。外连接分为左外连接(LEFT JOIN)、右外连接(RIGHT JOIN)和全外连接 3 种类型。

外连接生成的结果集不仅包含符合连接条件的行数据,而且还包括左表(左外连接时的表)、右表(右外连接时的表)或两边连接表(全外连接时的表)中所有的数据行。

语法格式如下:

```
SELECT 字段名称
FROM 表名 1  LEFT|RIGHT JOIN 表名 2
ON 表名 1.字段名 1＝表名 2.属性名 2;
```

1. 左外连接

左外连接(LEFT JOIN)是指将左表中的所有数据分别与右表中的每条数据进行连接组合,返回的结果除内连接的数据外,还包括左表中不符合条件的数据,并在右表的相应列中添加 NULL 值。

2. 右外连接

右外连接（RIGHT JOIN）是指将右表中的所有数据分别与左表中的每条数据进行连接组合，返回的结果除内连接的数据外，还包括右表中不符合条件的数据，并在左表的相应列中添加 NULL。

【范例 7 - 48】 列出销售人员和他们所在的分公司。

```
SELECT EMPL_ID,EMPL_NAME,CITY FROM   SALESREPS,OFFICES
WHERE SALESREPS.OFFICE = OFFICES.OFFICE_ID
```

代码分析：SALESREPS. OFFICE = OFFICES. OFFICE_ID 这样的连接叫作全等连接，也就是连接后的 SALESREPS 表中的 OFFICE 字段与 OFFICES 表中的 OFFICE_ID 字段都相同，最后的结果集只包含参加连接的表中与指定字段相符的行，查询的结果是 18 条记录。结果如图 7.53 所示。

但是 SALESREPS 表总记录数是 19 条，如果我们使用下面的 SQL 语句，得到如图 7.54所示的结果。

	EMPL_ID	EMPL_NAME	CITY
1	101	廖汉明	北京
2	103	王天耀	大连
3	104	郭姬诚	大连
4	105	蔡勇村	天津
5	106	顾祖弘	北京
6	109	金声权	北京
7	201	李玮亚	上海
8	202	陈宗林	上海
9	203	杨鹏飞	苏州
10	204	张春伟	南京
11	205	邓蓬	南京
12	301	徐友渔	广州
13	302	邱永汉	广州
14	303	陈学军	深圳
15	304	秦雨群	深圳
16	305	郁慕明	深圳
17	306	马玉瑛	长沙
18	307	徐锡麟	昆明

图 7.53　全等连接查询

	EMPL_ID	EMPL_NAME	CITY
1	105	蔡勇村	天津
2	109	金声权	北京
3	106	顾祖弘	北京
4	101	廖汉明	北京
5	104	郭姬诚	大连
6	103	王天耀	大连
7	202	陈宗林	上海
8	201	李玮亚	上海
9	203	杨鹏飞	苏州
10	205	邓蓬	南京
11	204	张春伟	南京
12	302	邱永汉	广州
13	301	徐友渔	广州
14	305	郁慕明	深圳
15	304	秦雨群	深圳
16	303	陈学军	深圳
17	306	马玉瑛	长沙
18	307	徐锡麟	昆明
19	110	成翰林	(null)

图 7.54　SALESREPS 表查询

```
SELECT   EMPL_ID,EMPL_NAME,OFFICE   FROM SALESREPS
```

两个查询结果有数据差了 1 条，少的那条记录是销售员成翰林的，少的原因是其OFFICE 字段值为 NULL，在全等连接查询中会因为缺少全等条件而不被检索出来。

使用左外连接，可以解决这个问题，SQL 代码如下：

```
SELECT EMPL_ID,EMPL_NAME,CITY
FROM   SALESREPS LEFT OUTER JOIN OFFICES
ON SALESREPS.OFFICE = OFFICES.OFFICE_ID
```

代码分析：使用 LEFT OUTER JOIN 做左外接连，SALESREPS 表中的所有数据分别与右表 OFFICES 中的每条数据进行连接组合，返回的结果除内连接的数据外，还包括 OFFICE 为 NULL 的记录。写成下面的形式也是一样的。

```
SELECT EMPL_ID,EMPL_NAME,CITY
FROM   SALESREPS,OFFICES
WHERE SALESREPS.OFFICE = OFFICES.OFFICE_ID( + )
```

查询结果：在 SQL Developer 中输出结果如图 7.55 所示。

	EMPL_ID	EMPL_NAME	CITY
1	105	蔡勇村	天津
2	109	金声权	北京
3	106	顾祖弘	北京
4	101	廖汉明	北京
5	104	郭姬诚	大连
6	103	王天耀	大连
7	202	陈宗林	上海
8	201	李玮亚	上海
9	203	杨鹏飞	苏州
10	205	邓蓬	南京
11	204	张春伟	南京
12	302	邱永汉	广州
13	301	徐友渔	广州
14	305	郁慕明	深圳
15	304	秦雨群	深圳
16	303	陈学军	深圳
17	306	马玉瑛	长沙
18	307	徐锡麟	昆明
19	110	成翰林	(null)

图 7.55　左连接的查询

尽管有时候简化方式，如使用(＋)，会简化代码，但在查询较为复杂时，往往会造成代码的可读性较差，因此，应当根据自己的习惯进行取舍。

7.4　子查询

子查询是指嵌套在查询语句中的查询语句。子查询出现的位置一般为条件语句，如 where 条件。Oracle 会首先执行子查询，然后执行父查询。

子查询是在 SQL 语句内的另外一条 SELECT 语句，也被称为内查询或是内 SELECT 语句。在 SELECT、INSERT、UPDATE 或 DELETE 命令中允许是一个表达式的地方都可以包含子查询，子查询甚至可以包含在另外一个子查询中。

子查询是完整的查询语句。子查询首先生成结果集，并将结果集应用于条件语句。子查询与内嵌视图不同。内嵌视图也可以看作临时查询结果，但是内嵌视图出现在 from 子句中,并与其他数据源(数据表、视图等)形成笛卡尔积运算。而子查询单独运算,不会与其他数据源进行笛卡尔积运算。

子查询可以出现在插入、查询、更新和删除语句中。建立子查询的目的在于更加有效的限制 where 子句中的条件,并可以将复杂的查询逻辑梳理的更加清晰。

子查询可以访问父查询中的数据源(数据表、视图等),但是父查询不能够访问子查询 from 子句所定义的数据源。当子查询访问父查询中的数据源时,子查询的查询结果集合可能随着记录的推移而发生变化,因为此时的子查询是针对父查询中的每条记录执行。

7.4.1　单行子查询

是指返回一行数据的子查询语句。当在 WHERE 子句中引用单行子查询时,可以使用单行比较运算符(=、>、<、>=、<=和<>)。

【范例 7 - 49】 列出销售员蔡勇村所负责的所有客户。

```
SELECT COMPANY  FROM CUSTOMERS
WHERE EMPL_ID = (SELECT EMPL_ID FROM SALESREPS  WHERE EMPL_NAME = '蔡勇村')
```

代码分析:查询需要连接两个表,在销售员 SALESREPS 中用 EMPL_NAME='蔡勇村'查出他的 EMPL_ID。在用此 EMPL_ID 在客户 CUSTOMERS 表中查找对应的客户信息。

查询结果:在 SQL Developer 中输出结果如图 7.56 所示。

	COMPANY
1	中欧国际有限公司
2	康特公司

图 7.56　蔡勇村所负责的所有客户

【范例 7 - 50】 列出 ACI 的所有产品中库存数量高于产品 ACI－41004 的库存的产品。

```
SELECT DESCRIPTION, QTY_ON_HAND  FROM PRODUCTS
WHERE MFR_ID = 'ACI'
AND  QTY_ON_HAND > ( SELECT QTY_ON_HAND    FROM PRODUCTS
                WHERE MFR_ID = 'ACI'  AND PRODUCT_ID = '41004')
```

代码分析:此如果只是查询 ACI 的产品库存数,可得如图 7.57 所示的结果。

	DESCRIPTION	QTY_ON_HAND
1	ACI_41003	53
2	ACI_41004	90
3	ACI_4100Z	24
4	ACI_9773C	277
5	ACI_DE114	850
6	ACI_R775C	207
7	ACI_XK48A	65

图 7.57　ACI 产品的库存数

题目要求库存数量高于 ACI－41004 的库存的产品。查询使用子查询,分为两个步骤。

步骤 1:查出产品 ACI－41004 的库存数,SQL 语句如下,查询结果如图 7.58 所示。

```
SELECT    QTY_ON_HAND    FROM PRODUCTS
WHERE    MFR_ID = 'ACI'    AND    PRODUCT_ID = '41004'
```

步骤 2:在 PRODUCTS 表中查出库存数量高于子查询结果 90 的产品。SQL 语句为:

```
SELECT DESCRIPTION,QTY_ON_HAND    FROM PRODUCTS
WHERE MFR_ID = 'ACI'    AND    QTY_ON_HAND ＞90
```

查询结果:在 SQL Developer 中输出结果如图 7.59 所示。

	DESCRIPTION		QIY_ON_HAND
1	ACI_9773C		277
2	ACI_DE114		850
3	ACI_R775C		207

	QIY_ON_HAND
1	90

图 7.58　ACI－41001 产品的库存　　图 7.59　范例 7－50 查询最终结果

【范例 7－51】　列出其定额大于所在分公司销售目标的 50％销售人员。

```
SELECT EMPL_ID,EMPL_NAME,QUOTA    FROM SALESREPS
WHERE QUOTA＜( 0.5 * ( SELECT SUM(TARGET)    FROM OFFICES
    WHERE OFFICES.OFFICE_ID = SALESREPS.OFFICE))
```

代码分析:首先计算各个分公司销售目标值的 50％,结果如图 7.60 所示的 SQL 语句如下:

```
SELECT OFFICE_ID, 0.5 * SUM(TARGET)    FROM OFFICES    GROUP BY OFFICE_ID
```

接着就是把这个子查询结果作为过滤条件接入 SQL 查询中。同时为了将销售人员分组到各个分公司中,必须在子查询中带入连接条件 OFFICES. OFFICE_ID＝SALESREPS. OFFICE。

子查询结果是作为一个整体带入 SQL 查询中的,第一个步骤中的 GROUP　BY OFFICE_ID 语句可以去除,不会影响结果。

查询结果:在 SQL Developer 中输出结果如图 7.61 所示。

	OFFICE_ID	0.5*SUM (TARGET)
1	11	925000
2	12	450000
3	13	150000
4	21	625000
5	22	375000
6	23	265000
7	31	300000
8	32	565000
9	33	50000
10	34	75000

	EMPL_ID	EMPL_NAME	OFFICE	QUOTA
1	106	顾祖弘	11	1200000
2	104	郭姬诚	12	600000
3	105	蔡勇村	13	300000
4	201	李玮亚	21	1000000
5	203	杨鹏飞	22	750000
6	205	邓蓬	23	350000
7	301	徐友渔	31	400000
8	303	陈学军	32	800000
9	306	马玉瑛	33	100000
10	307	徐锡麟	34	150000

图 7.60　各个分公司销售目标的 50％　　图 7.61　定额超过所在分公司销售目标的 50％的销售员

【范例 7 - 52】 列出库存数超过销售数量的产品。

```
SELECT DESCRIPTION,QTY_ON_HAND   FROM PRODUCTS
WHERE QTY_ON_HAND > (SELECT SUM(QTY) FROM ORDER_ITEMS
   WHERE   ORDER_ITEMS.PRODUCT_ID = PRODUCTS.PRODUCT_ID
   AND ORDER_ITEMS.MFR_ID = PRODUCTS.MFR_ID)
```

代码分析：子查询中用 WHERE 匹配子查询和主查询的连接关系。

查询结果：在 SQL Developer 中输出结果如图 7.62 所示。

	DESCRIPTION	QTY_ON_HAND
1	ACI_41004	90
2	QYQ_R775C	223
3	REI_9773C	1100
4	IMM_B887H	986
5	QYQ_9773C	489
6	QYQ_B887H	1005
7	REI_XK48A	950
8	XYY_4100Z	90

图 7.62　查询库存数超过销售数量的产品

7.4.2　多行子查询

是指返回多行数据的子查询语句。当在 WHERE 子句中使用多行子查询时，必须使用多行比较符（IN、ANY、ALL）。

1. IN

IN 运算符可以检测结果集中是否存在某个特定的值，如果检测成功就执行外部的查询。IN 关键字进行子查询时，内层查询语句仅仅返回一个数据列，这个数据列里的值将提供给外层查询语句进行比较操作。只有子查询返回的结果列包含一个值时，比较运算符才适用。假如一个子查询返回的结果集是值的列表，这时比较运算符就必须用 IN 运算符代替。

NOT IN 关键字的作用与 IN 关键字刚好相反。在本例中，如果将 IN 换为 NOT IN，则查询结果将会只显示一条 user 字段值为 mrkj 的记录。

【范例 7 - 53】 列出满足下面条件的经理：(1) 其年龄在 40 岁并以上；(2) 管理的销售人员中销售量超过定额；(3) 而且这销售人员不和此经理在同一分公司。

```
SELECT   EMPL_NAME   FROM SALESREPS   WHERE   EMPL_AGE > 40
AND EMPL_ID IN (SELEC T MANAGER FROM SALESREPS EMPS
WHERE EMPS.MANAGER = SALESREPS.EMPL_ID
AND EMPS.QUOTA < EMPS.SALES
AND SALESREPS.OFFICE <> EMPS.OFFICE)
```

代码分析：本范例的查询包括了子查询和自连接查询。查询中需要查询的是满足条件的经理，故在主查询中用 SALESREPS 来代表经理表，在子查询中用 EMPS 别名来代表销售员表。

条件 1 直接在主查询中列出，条件 2 和 3 涉及销售员表，因此在子查询中列出。

连接关系：EMPS. MANAGER＝SALESREPS. EMPL_ID，表示将销售员和其所属经理对应。

过滤条件：EMPS. QUOTA ＜ EMPS. SALES，筛选出销售量超过定额的销售员。

过滤条件：SALESREPS. OFFICE ＜＞ EMPS. OFFICE 筛选出销售员和经理不在同一分公司。

查询结果：在 SQL Developer 中输出结果如图 7.63 所示。

图 7.63　符合 3 个条件经理的查询

2. EXISTS

使用 EXISTS 关键字时，EXISTS 关键字后面的参数是一个任意的子查询，系统对子查询进行运算以判断它是否返回行，如果至少返回一行，那么 EXISTS 的结果为 true，此时外层查询语句将进行查询；如果子查询没有返回任何行，那么 EXISTS 返回的结果是 false，此时外层语句将不进行查询。

使用 EXISTS 关键字时，内层查询语句不返回查询的记录，而是返回一个真假值。如果内层查询语句查询到满足条件的记录，就返回一个真值（true），否则，将返回一个假值（false）。当返回的值为 true 时，外层查询语句将进行查询；当返回的为 false 时，外层查询语句不进行查询或者查询不出任何记录。

NOT EXISTS 与 EXISTS 刚好相反，使用 NOT EXISTS 关键字时，当返回的值是 true 时，外层查询语句不执行查询；当返回值是 false 时，外层查询语句将执行查询。

【范例 7-54】　列出陈宗林所负责的一些客户，他们的订单金额没有超过 $3 000。

```
SELECT COMPANY  FROM CUSTOMERS
WHERE EMPL_ID = (SELECT EMPL_ID  FROM SALESREPS
WHERE  EMPL_NAME ='陈宗林')  AND  NOT EXISTS
(SELECT *  FROM ORDERS WHERE CUSTOMERS.CUST_ID = ORDERS.BUYER AND AMOUNT
> 3000.00)
```

代码分析：根据范例要求，需要知道如下几个条件：（1）陈宗林的编号。（2）陈宗林的客户。（3）陈宗林客户所下订单的金额数。

子查询：SELECT EMPL_ID FROM SALESREPS WHERE EMPL_NAME ＝

' 陈宗林 ' 获得陈宗林的 EMPL_ID。

子查询 SELECT ＊ FROM ORDERS WHERE CUSTOMERS. CUST_ID ＝ ORDERS. BUYER   AND AMOUNT ＞ 3000. 00 查询陈宗林的客户下的订单金额有没有超过 3000,括号外面用使用 NOT EXISTS,当没有超过 3000 时返回 TRUE,主查询执行。

陈宗林的 EMPL_ID 为 202,他负责的客户有三个,编号分别为 2112,2221,2201,其中 2112,2221 都有超过 3000 的订单,而 2201 华利公司没有。

查询结果:SQL Developer 中输出结果如图 7. 64 所示。

	COMPANY
1	华利公司

图 7.64　陈宗林客户信息查询

【**范例 7 - 55**】 列出总金额大于等于 25 000 的订单中的产品。

```
SELECT DISTINCT DESCRIPTION  FROM PRODUCTS
WHERE EXISTS (SE LECT ORDER_ID  FROM ORDER_ITEMS
WHERE ORDER_ITEMS. PRODUCT_ID ＝ PRODUCTS. PRODUCT_ID
AND ORDER_ITEMS. MFR_ID ＝ PRODUCTS. MFR_ID
AND AMOUNT ＞＝ 25000. 00)
```

代码分析:此查询需要接连 PRODUCTS 和 ORDER_ITEMS 表获得产品信息和订单信息。

子查询查出金额大于 25 000 的订单,EXISTS 关键字确保当子查询返回 TRUE 结果后,执行主查询,即显示符合条件的订单信息。

查询结果:在 SQL Developer 中输出结果如图 7. 65 所示。一共 26 条记录,显示一部分。

	DESCRIPTION
1	REI_88129
2	IMM_9773C
3	FEA_DE114
4	YMM_4100Y
5	ACI_DE114
6	ACI_XK48A
7	QSA_88129
8	PYH_DE114
9	ACI_41004
10	QSA_79CPU
11	ACI_4100Z
12	XXL_79CPU
13	XYY_4100Z
14	REI_R775C
15	YMM_DE114

图 7.65　订单金额大于等于 25 000 的产品

3. ANY

ANY 关键字表示满足其中任意一个条件。使用 ANY 关键字时，只要满足内层查询语句返回的结果中的任意一个，就可以通过该条件来执行外层查询语句。

【范例 7 - 56】　列出取得一个超过其销售目标 40% 的订单的销售人员。

```
SELECT  EMPL_NAME  FROM SALESREPS
WHERE (0.4 * QUOTA) < ANY (SE LECT AMOUNT FROM ORDERS
WHERE SALESREPS.EMPL_ID = ORDERS.SELLER)
```

代码分析：此查询需要知道每个销售人员的销售目标（SALESREPS 表中获得），每个销售员所获得的订单的金额（ORDERS 表中获得），所获订单中只要有一个订单的金额超过销售目标的 40% 即显示销售员的信息。查询可以分为两步。

步骤 1：查询销售员销售目标和其所获得订单的金额，SQL 语句如下：

```
SELECT EMPL_NAME, 0.4 * QUOTA, AMOUNT FROM SALESREPS, ORDERS
WHERE SALESREPS.EMPL_ID = ORDERS.SELLER
```

查询结果如图 7.66 所示，一共 61 条记录，显示其中的一部分。

步骤 2：在子查询的结果中筛选，只要有一个订单的金额查过 0.4 * QUOTA，子查询通过，执行主查询，显示销售人员的信息。比如廖汉明有 5 个订单，但是没有 1 个订单金额查过 160 000，未通过；王天耀有 2 个订单，有一个订单金额查过 120 000，通过；以此类推，有郭姬诚、蔡勇村等。

注意，如果写成如下的 SQL 语句，显示的是订单金额超过销售员销售额 40% 的全部订单信息，记录会多 2 条，因为有的销售员会有多条订单金额符合筛选条件。

```
SELECT EMPL_NAME, 0.4 * QUOTA, AMOUNT FROM ORDERS,SALESREPS
WHERE SALESREPS.EMPL_ID = ORDERS.SELLER AND AMOUNT > (0.4 * QUOTA)
```

查询结果：在 SQL Developer 中输出结果如图 7.67 所示。

	EMPL_NAME	0.4*QUOTA	AMOUNT
1	廖汉明	160000	39750
2	廖汉明	160000	69778
3	廖汉明	160000	153630
4	廖汉明	160000	134863
5	廖汉明	160000	118141
6	王天耀	120000	196019
7	王天耀	120000	78511
8	郭姬诚	240000	280837
9	郭姬诚	240000	22850
10	郭姬诚	240000	175390
11	蔡勇村	120000	147680
12	蔡勇村	120000	115210
13	蔡勇村	120000	89873

	EMPL_NAME
1	王天耀
2	郭姬诚
3	蔡勇村
4	金声权
5	张春伟
6	邓蓬
7	徐友渔
8	陈学军
9	秦雨群
10	马玉瑛
11	徐锡麟

图 7.66　销售员和订单的查询　　　图 7.67　ANY 查询的结果

【范例 7 - 57】　列出销售人员中不管理分公司的所有人员的名字和年龄。

```
SELECT EMPL_NAME,EMPL_AGE FROM SALESREPS
WHERE NOT EMPL_ID = ANY (SELECT DISTINCT MANAGER FROM OFFICES)
```

代码分析：子查询 SELECT DISTINCT MANAGER FROM OFFICES 检索出管理分公司的人员（同一人可能管理多家分公司，故用 DISTINCT 去重）。

筛选条件：NOT EMPL_ID = ANY（SELECT DISTINCT MANAGER FROM OFFICES）找出没有管理分公司的销售人员。

查询结果：在 SQL Developer 中输出结果如图 7.68 所示。

	EMPL_NAME	EMPL_AGE
1	廖汉明	45
2	王天耀	29
3	金声权	31
4	成翰林	41
5	陈宗林	28
6	张春伟	29
7	邱永汉	33
8	秦雨群	37
9	郁慕明	30
10	马玉瑛	26
11	徐锡麟	31

图 7.68 不管理分公司的销售人员

4. ALL

使用 ALL 时需要同时满足所有内层查询的条件。使用 ALL 关键字时，只有满足内层查询语句返回的所有结果，才可以执行外层查询语句。

【范例 7 - 58】 列出其所有销售人员的销售量超过其销售目标的 50％的分公司和它们的销售目标。

```
SELECT CITY,TARGET  FROM OFFICES
WHERE (0.5 * TARGET) < ALL (SELECT SALES FROM SALESREPS
WHERE OFFICES.OFFICE_ID = SALESREPS.OFFICE)
```

代码分析：查询条件要求分公司中所有的销售人员的销售量都超过分公司销售目标的50％，用 ALL 作为连接词。

查询结果：在 SQL Developer 中输出结果如图 7.69 所示。

	CITY	TARGET
1	天津	300000
2	苏州	750000
3	昆明	150000

图 7.69 分公司内全部销售人员的销售额均超分公司销售目标 50％的分公司

7.4.3　子查询的连接和嵌套

【**范例 7－59**】　列出在东部地区分公司工作的销售人员的名字和年龄。

```
SELECT EMPL_NAME, EMPL_AGE   FROM SALESREPS
WHERE OFFICE IN (SELECT OFFICE_ID   FROM OFFICES
                WHERE REGION IN (SELECT REGION_ID FROM REGIONS
                        WHERE REGION_NAME = '东部'))
```

代码分析：此查询需要 3 个步骤完成，

步骤 1：查出东部地区的地区编号 REGION_ID。

步骤 2：用 REGION_ID 查出东部地区的分公司 OFFICE_ID。

步骤 3：用 OFFICE_ID 查出在这些分公司工作的销售人员的信息。每一步的查询结果可能是集合，所以用关键字 IN。

查询结果：在 SQL Developer 中输出结果如图 7.70 所示。

	EMPL_NAME	EMPL_AGE
1	陈宗林	28
2	李玮亚	42
3	杨鹏飞	49
4	邓蓬	35
5	张春伟	29

图 7.70　东部地区分公司工作的销售人员的名字和年龄

7.4.4　关联子查询

在当行子查询和多行子查询中，内查询和外查询是分开执行的，也就是说内查询的执行与外查询的执行是没有关系的，外查询仅仅是使用内查询的最终结果。在一些特殊需求的子查询中，内查询的执行需要借助于外查询，而外查询的执行又离不开内查询的执行，这时，内查询和外查询是相互关联的，这种子查询就被称为关联子查询。

【**范例 7－60**】　列出符合下面条件的销售人员：所签订单中包含厂商 YMM 生产的产品，且他的这些订单的金额均值超过全部订单的均值。

```
SELECT EMPL_NAME
FROM SALESREPS, ORDERS, ORDER_ITEMS
WHERE SALESREPS.EMPL_ID = ORDERS.SELLER
AND ORDERS.ORDER_ID = ORDER_ITEMS.ORDER_ID
AND ORDER_ITEMS.MFR_ID = 'YMM'
GROUP BY EMPL_NAME
HAVING AVG(ORDERS.AMOUNT) > (SELECT AVG(ORDERS.AMOUNT)   FROM ORDERS);
```

代码分析：此查询分为 4 个步骤：

步骤 1：查询订单金额的平均值，得到的结果是 118261。SQL 语句如下：

```
SELECT AVG(AMOUNT)    FROM ORDERS
```

步骤 2：查询 YMM 生产的产品获得订单的平均值，SQL 语句如下，查询结果如图 7.71.

```
SELECT ORDERS.ORDER_ID, AVG(ORDERS.AMOUNT)
FROM ORDERS, ORDER_ITEMS
WHERE ORDERS.ORDER_ID = ORDER_ITEMS.ORDER_ID
AND MFR_ID = 'YMM'
GROUP BY ORDERS.ORDER_ID
```

	ORDER_ID	AVG(ORDERS.AMOUNT)
1	112129	234150
2	112963	97775
3	112983	92806
4	112997	118141
5	113007	140335
6	113045	109590
7	113049	146213
8	113051	187126
9	113055	69778
10	113057	153630
11	113062	230935
12	113131	329916
13	113142	140800
14	113149	127600
15	114124	280837
16	114144	214439
17	114150	115210
18	114155	89873
19	114157	197869
20	114163	74813
21	114170	151510
22	114174	134863
23	114181	72330
24	114184	40100

图7.71　YMM 生产的产品获得订单的平均值

步骤 3：将步骤 2 得到的结果和步骤 1 得到的结果进行比较，删除低于步骤 1 所得平均值的订单。修改 SQL 语句，查询结果如图 7.72 所示。

```
SELECT ORDERS.ORDER_ID, AVG(ORDERS.AMOUNT)
FROM ORDERS, ORDER_ITEMS
WHERE ORDERS.ORDER_ID = ORDER_ITEMS.ORDER_ID   AND MFR_ID = 'YMM'
GROUP BY ORDERS.ORDER_ID
HAVING AVG(ORDERS.AMOUNT) > (SELECT AVG(ORDERS.AMOUNT)   FROM ORDERS);
```

注意：连接步骤 1 作为筛选条件，不能放在 WHERE 中，必须在 HAVING 中。

步骤 4：将步骤 3 获得 ORDER_ID，查询 BUYER，再连接 SALESREPS 表中查询获得销售员的信息。

查询结果：在 SQL Developer 中输出结果如图 7.73 所示。

	ORDER_ID	AVG(ORDERS.AMOUNT)
1	112129	234150
2	113007	140335
3	113049	146213
4	113051	187126
5	113057	153630
6	113062	230935
7	113131	329916
8	113142	140800
9	113149	127600
10	114124	280837
11	114144	214439
12	114157	197869
13	114170	151510
14	114174	134863

	EMPL_NAME
1	廖汉明
2	金声权
3	杨鹏飞
4	郭姬诚
5	顾祖弘
6	邓蓬
7	李玮亚
8	陈学军

图 7.72　超过均值的订单　　　　　图 7.73　范例 7-60 查询结果

【范例 7-61】　列出在 2012 年 1 月和 6 月间定购 ACI 小饰品（制造商 ACI，产品号从 4100 开始）的所有客户。

```
SELECT COMPANY   FROM CUSTOMERS
WHERE CUST_ID IN
 (SELECT DISTINCT BUYER   FROM ORDERS WHERE ORDERS.ORDER_ID IN
   (SELECT ORDER_ID FROM ORDER_ITEMS
WHERE ORDER_ITEMS.ORDER_ID = ORDERS.ORDER_ID                      AND
MFR_ID = 'ACI'   AND PRODUCT_ID   LIKE '4100%'
       AND ORDER_DATE   BETWEEN TO_DATE('2012/1/1','YYYY/MM/DD') AND       TO_DATE
('2012/6/30','YYYY/MM/DD')))
```

代码分析：此查询分为 3 个步骤：

步骤 1：查询 ORDER_ITEMS 表包含 ACI-4100_产品的订单号。

步骤 2：在 ORDERS 表中查询步骤 1 所获订单号对应的客户号 BUYER。

步骤 3：在客户 CUSTOMERS 表中查询客户的信息。

查询结果：在 SQL Developer 中输出结果如图 7.74 所示。

	COMPANY
1	诺美科技企业
2	华高电子公司
3	艾莎有限公司
4	天辅计算机有限公司
5	普罗设备公司
6	中欧国际有限公司
7	康特公司
8	东圃设备有限公司
9	永兴科技有限公司
10	如安机械公司
11	金马坊科技公司

图 7.74　范例 7-61 的查询结果

7.5　本章小结

本章讲述了常用的查询语句,并按照复杂程度,
采用从最简单的查询语句开始,依次增加各功能子句的方式,剖析了各子句的作用。

SELECT 查询中常出现的一些关键字作用如下:

■ IN:用于检索数据值是否在一组目标值中的一个。

■ BETWEEN　AND:用于检索数据值是否在两个给定值之间,如果字段值满足指定
的范围查询条件,则这些记录被返回。

■ AND 连接两个条件表达式,可以同时使用多个 AND 关键字来连接多个条件表
达式。

■ OR 连接两个条件表达式,可以同时使用多个 OR 关键字连接多个条件表达式。

■ GROUP BY 子句用于对记录集合进行分组。分组查询是对数据按照某个或多个字
段进行分组。

在多表连接查询中,需要注意连接方式,外连接分为三类:左连接、右连接和完全连接。

右连接:右连接与左连接的执行过程非常相似,二者的区别在于基表的选择。右连接应
该使用 right(outer)join 关键字,而基表即处于该关键字右侧的数据表。

外连接:完全连接。完全连接实际是一个左联接和右联接的组合,即首先执行一个左联
接,然后执行一个右联接,最后将两个结果集执行 union 操作(union 操作会消除重复记录),
从而获得最终的数据源。由于完全联接将首先实现左关联,然后实现右关联,最后再进行
union 操作,因此完全连接的开销很大。除非必要,否则尽量避免使用完全关联。

子查询是在一个查询内的查询。子查询的结果一般在另外一个 SQL 语句中的
WHERE 或者 HAVING 语句内,子查询的结果本身用于其他查询的结果来表达。

在子查询中提供了下面所列的搜索条件,在使用中需要根据具体情况选择使用。

IN 将单个数据值和由子查询产生的一个字段的数值进行比较。如果匹配字段中的一
个值,则返回 TRUE,当需要把被测试记录中的一个值和由子查询产生的一组值进行比较
时,可以使用 IN

ANY 用于把一个测试值和由查询产生的一个字段的数据值进行比较。如果有一个比
较产生 TRUE 结果,那么就返回 TRUE 结果。

ALL 用于把一个测试值和由查询产生的一个字段的数据值进行比较。如果全部比较
都产生 TRUE 结果,那么就返回 TRUE 结果。

EXISTS 检查子查询是否生成任何查询结果记录。存在测试的原则是"子查询必须返
回一列数据"。如果查询的结果存在,则返回 TRUE,否则返回 FALSE。NOT EXISTS 可
以颠倒 EXISTS 的逻辑。

扫一扫可见
本章参考答案

7.6 本章练习

【练习 7 - 1】 列出分公司,他们的销售目标和实际销售量。

【练习 7 - 2】 列出销售人员,他们的定额和他们的经理。

【练习 7 - 3】 提高销售人员的定额,增加数额为他们销售量的 3%。

【练习 7 - 4】 列出每个销售人员的名字和工作的时长。

【练习 7 - 5】 显示雇员号为 105 管理的分公司销售量和定额。

【练习 7 - 6】 显示被雇员号为 303 管理的雇员和销售量。

【练习 7 - 7】 列出由工号为(101,201,301)3 个销售人员负责的客户。

【练习 7 - 8】 列出由厂商 YMM,QYQ 生产的产品编号为 88129,9773C 的产品。

【练习 7 - 9】 列出总金额在 10 万和 20 万之间的订单。

【练习 7 - 10】 列出销售目标在 50～100 万,销售值在 50～75 万之间的分公司。

【练习 7 - 11】 列出其销售量超过 700 000 的销售人员的名字和雇佣日期。

【练习 7 - 12】 列出其销售量超过了定额的销售人员。

【练习 7 - 13】 列出其销售量低于销售目标 80% 的分公司。

【练习 7 - 14】 列出没有管理者的销售员。

【练习 7 - 15】 找出产品的 ID 中包含为数字 9 的产品。

【练习 7 - 16】 找出产品的 ID 中首字母包含 4 或者 D 的产品。

【练习 7 - 17】 列出其销售量在定额以下,但是销售额不低于 15 万的销售人员。

【练习 7 - 18】 列出超额销售值降序排序的分公司信息。

【练习 7 - 19】 求出所有的销售人员的总销售量占总销售定额的百分比

【练习 7 - 20】 计算制造商 ACI 生产的产品的平均价格

【练习 7 - 21】 计算客户编号为 2103 所下订单的平均金额。

【练习 7 - 22】 求出所有销售人员总的定额和总的销售量。

【练习 7 - 23】 求出厂商 QYQ,产品编号为 DE114 的产品总的销售量。

【练习 7 - 24】 求销售员所分配的最小和最大定额。

【练习 7 - 25】 求销售量与销售定额占比最大的销售员。

【练习 7 - 26】 统计公司订单金额的均值。

【练习 7 - 27】 求出有多少销售员的销售量超过了定额。

【练习 7 - 28】 求出价值超过 100 000 的订单数。

【练习 7 - 29】 列出所有分公司经理的员工编号。

【练习 7 - 30】 计算有多少个其销售员的销售量超过了定额。

【练习 7 - 31】 每个分公司分别有多少销售人员。

【练习 7 - 32】 求出每名销售人员的平均订单大小。

【练习 7 - 33】 每个客户下了多少订单?

【练习 7 - 34】 求出其订单总和超过 $500 000 的销售人员的平均订单大小。

【练习 7-35】 列出每个销售员的名字,年龄,头衔和所在分公司的名称。

【练习 7-36】 列出显示订单号、金额、客户名和客户的信用卡额度的所有订单。

【练习 7-37】 列出价值超过 100 000 的订单,显示下订单的客户名和负责那位客户的销售人员的名字。

【练习 7-38】 列出每个销售人员,他们工作的分公司名称和所在的地区名称。

【练习 7-39】 计算每名销售人员的订单总和。

【练习 7-40】 列出所有销售人员和分公司的组合,其中销售人员的销售额大于分公司销售目标值的 3 倍。

【练习 7-41】 显示销售量超过 350 000 的所有销售人员和所在分公司的名称。

【练习 7-42】 列出其销售定额比起经理的定额高的销售人员。

【练习 7-43】 列出销售量在平均销售目标之下的分公司。

【练习 7-44】 列出其销售定额高于天津分公司的销售目标的销售人员。

【练习 7-45】 列出其销售目标超过每个销售人员销售总和的分公司。

【练习 7-46】 列出不在(雇员号为 303)管理的分公司工作的销售人员。

【练习 7-47】 列出工作在其销售额超出销售目标的分公司的销售人员。

【练习 7-48】 列出其定额超过整个分公司销售目标的 80% 销售人员所在的分公司。

【练习 7-49】 列出销售人员中不管理分公司的所有人员的名字和年龄。

【练习 7-50】 列出年龄超过 40 岁并且其管理的销售人员中有一位的销售量超过定额量的销售经理。

第 8 章 Oracle 的内置函数

Oracle 提供了众多功能强大、方便易用的函数,使用这些函数,可以极大地提高用户对数据库的管理效率。Oracle 的内置函数包括字符型函数、数值函数、日期函数、转换函数和其它函数。本章将详细介绍这些函数的功能和用法。

8.1 字符函数

字符函数主要用来处理数据库中的字符串数据,如表 8.1 所示。本节将介绍字符函数的功能和用法。

表 8.1 Oracle 的字符函数表

ASCII	返回对应字符的十进制值
CHR	给出十进制返回字符
CONCAT	拼接两个字符串
INITCAP	将字符串的第一个字母变为大写
INSTR	找出某个字符串的位置
INSTRB	找出某个字符串的位置和字节数
LENGTH	以字符给出字符串的长度
LENGTHB	以字节给出字符串的长度
LOWER	将字符串转换为小写
LPAD	使用指定的字符在字符串的左边填充
LTRIM	在左边裁减掉指定的字符
RPAD	使用指定的字符在字符串的右边填充
RTRIM	在右边裁减掉指定的字符
REPLACE	执行字符串搜索和替换
SUBSTR	取字符串的子串
SUBSTRB	取字符串的子串(以字节)
SOUNDEX	返回一个同音字符串

176

TRANSLATE	执行字符串搜索和替换
TRIM	删除首尾空格,相当于 ltrim() 和 rtrim() 的组合。
UPPER	将字符串变为大写
NVL	以一个值来替换空值

1. ASCII/CHR

返回指定字符的 ASCII 码,将 ASC II 码变回字符。

【范例 8-1】 写出下面 SQL 运行结果。

SELECT ASCII('L'), CHR(100) FROM dual;

```
   ASCII('L')   CHR(100)
1  76           d
```

图 8.1 范例 8-1 结果

2. CONCAT

CONCAT(s1,s2) 返回结果为连接参数产生的字符串。

【范例 8-2】 SELECT CONCAT('前面部分','后面部分') FROM dual;

```
   CONCAT('前面部分','后面部分')
1  前面部分后面部分
```

图 8.2 范例 8-2 结果

【范例 8-3】 SELECT CONCAT(EMPL_NAME||'是', EMPL_TITLE) FROM SALESREPS;

```
   CONCAT(EMPL_NAME||'是', EMPL_TITLE)
1  廖汉明是销售代表
2  王天耀是销售代表
3  郭姬诚是销售经理
4  蔡勇村是销售代表
5  顾祖弘是总经理
6  金声权是销售代表
7  成翰林是销售代表
8  李玮亚是区域经理
```

图 8.3 范例 8-3 结果

3. INITCAP

INITCAP(str) 将输入的字符串单词的首字母转换成大写。如果不是两个字母连在一起,则认为是新的单词。需要注意的是,INITCAP() 函数不能自动识别单词,INITCAP() 函数会将参数中的非单词字符作为单词分隔符。

【范例 8 - 4】 SELECT INITCAP('BIG_BIG_TIGER') FROM DUAL；

INITCAP('BIG_BIG_TIGER')
1 Big_Big_Tiger

图 8.4　范例 8 - 4 结果

【范例 8 - 5】 SELECT INITCAP ('hello jiangsu') FROM dual；

INITCAP('HELLOJIANGSU')
1 Hello Jiangsu

图 8.5　范例 8 - 5 结果

4. 字符串搜索函数 INSTR（s，x）

INSTR(s，x)返回 x 字符在字符串 s 的位置。可以指定额外的参数，以命令该函数从指定位置开始搜索。还可以指定出现次数参数，以指定是第几次搜索到子字符串。

【范例 8 - 6】 SELECT INSTR('hello Oracle'， 'c') FROM dual；

INSTR('HELLOORACLE','C')
1   10

图 8.6　范例 8 - 6 结果

【范例 8 - 7】 SELECT INSTR('BIG BIG TIGER'，'BIG'，2) FROM DUAL；

INSTR('BIGBIGTIGER','BIG',2)
1   5

图 8.7　范例 8 - 7 结果

5. LENGTH（str）

LENGTH()函数用于返回字符串的长度返回值为字符串的字节长度。

空字符串的长度不是 0，而是 NULL。因为空字符串被视作 NULL，所以，LENGTH(NULL)返回的仍然是 NULL。对其其他数据类型，照样可以通过 LENGTH()函数来获得其长度。LENGTH()函数会首先将参数转换为字符串，然后计算其长度。

【范例 8 - 8】 使用 LENGTH 函数计算客户名称的长度：

SELECT COMPANY，LENGTH(COMPANY) FROM CUSTOMERS；

COMPANY	LENGTH(COMPANY)
1 鸿运系统有限公司	8
2 锋宏海力有限公司	8
3 普罗设备公司	6
4 清扬泉贸易公司	7
5 香榭丽集团	5
6 勋龙设备公司	6
7 如安机械公司	6
8 艾莎有限公司	6

图 8.8　范例 8 - 8 结果

【范例 8-9】 查询出姓名长度是 2 的所有雇员信息：
SELECT * FROM SALESREPS WHERE LENGTH(EMPL_NAME)=2;

	EMPL_ID	EMPL_NAME	EMPL_AGE	EMPL_IITLE	HIRE_DATE	QUOTA	SALES
1	205	邓蓬	35	销售经理	20-9月 -09	350000	385415

图 8.9 范例 8-9 结果

6. 返回小写字符串 LOWER/返回大写字符串 UPPER

LOWER (str)可以将字符串 str 中的字母字符全部转换成小写字母。

UPPER(str)可以将字符串 str 中的字母字符全部转换成大写字母。注意与说明：
UPPER()函数和 LOWER()函数只针对英文字符起作用,因为只有英文字符才有大小写
之分。

【范例 8-10】 使用 LOWER 函数将字符串中所有字母字符转换为小写,输入语句
如下：

```
SELECT LOWER('BEAUTIFUL') FROM dual;
```

LOWER('BEAUTIFUL')
1 beautiful

图 8.10 范例 8-10 结果

【范例 8-11】 使用 UPPER 函数将字符串中所有字母字符转换为大写,输入语句
如下：

```
SELECT UPPER(MFR_ID),LOWER(DESCRIPTION) FROM PRODUCTS;
```

UPPER(MFR_ID)	LOWER(DESCRIPTION)
1 ACI	aci_41003
2 ACI	aci_41004
3 ACI	aci_4100z
4 ACI	aci_9773c
5 ACI	aci_de114
6 ACI	aci_r775c
7 ACI	aci_xk48a
8 BIC	bic_41003

图 8.11 范例 8-11 结果

7. 左补全字符串 LPAD()/右补全字符串 RPAD()

LPAD()函数用于左补全字符串。在某些情况下,预期的字符串为固定长度,而且格式
统一,此时可以考虑使用 LPAD()函数。与 LPAD()函数相反,RPAD()函数从右端补齐字
符串。

需要注意的是,当原字符串的长度大于预期长度时,实际进行的是截取字符串。
LPAD()和 RPAD()都用于填充字符串,LPAD()从左端进行填充,而 RPAD()从右端进行

填充,但是,二者在最终截取字符串时,都是从左端开始截取。

【范例 8-12】　SELECT LPAD('1234',6,'0')　FROM DUAL；

> LPAD('1234',6,'0')
> 1 001234

图 8.12　范例 8-12 结果

【范例 8-13】　SELECT RPAD('ABC',10,'*') FROM DUAL；

> RPAD('ABC',10,'*')
> 1 ABC*******

图 8.13　范例 8-13 结果

【范例 8-14】　SELECT　LPAD('CSLG',10,'*') LPAD 函数使用,RPAD('CSLG',10,'*') RPAD 函数使用,LPAD(RPAD('CSLG',10,'*'),16,'*') 组合使用 FROM dual；

> LPAD函数使用　RPAD函数使用　组合使用
> 1 ******CSLG　CSLG******　******CSLG******

图 8.14　范例 8-14 结果

8. REPLACE(s1,s2,s3)

REPLACE (s1,s2,s3)是一个替换字符串的函数。其中参数 s1 表示搜索的目标字符串;S2 表示在目标字符串中要搜索的字符串;s3 是可选参数,用它替换被搜索到的字符串,如果该参数不用,表示从 s1 字符串中删除搜索到的字符串。

【范例 8-15】　查询所有产品名称,但是要求将其中所有的字母"A"替换成字母"_"。

```
SELECT DISTINCT(MFR_ID), REPLACE(MFR_ID,'A','_') FROM PRODUCTS;
```

	MFR_ID	REPLACE(MFR_ID,'A','_')
1	FEA	FE_
2	YMM	YMM
3	YZZ	YZZ
4	XXL	XXL
5	ACI	_CI
6	BIC	BIC
7	REI	REI
8	CXJ	CXJ
9	XYY	XYY
10	QYQ	QYQ
11	IMM	IMM
12	PYH	PYH
13	QSA	QS_

图 8.15　范例 8-15 结果

9. 获取指定长度的字符串的函数 substr(s,m,n)

SUBSTR(s,m,n)函数获取指定的字符串。其中参数 s 代表字符串,m 代表截取的位置,n 代表截取长度。当 m 值为正数时,从左边开始数指定的位置;当 m 值为负值时,从右边开始取指定位置的字符。需要注意的是,Oracle 中字符位置从 1 开始,而不是像某些编程语言(如 JAVA)那样从 0 开始。如果不指定长度,那么 SUBSTR()函数将获取起始位置参数至字符串结尾处的所有字符。

例如,对于字符串"1234567890",现欲截取自第 5 位开始的 4 个字符。

```
SELECT SUBSTR('1234567890', 5, 4) FROM DUAL;
```

【范例 8 - 16】 现在要求查询出雇员姓名第一个字母是"顾"的雇员信息。

```
SELECT * FROM SALESREPS WHERE SUBSTR(EMPL_NAME,0,1) = '顾';
```

	EMPL_ID	EMPL_NAME	EMPL_AGE	EMPL_TITLE	HIRE_DATE	QUOIA	SALES	OFFICE	MAN
1	106	顾祖弘	52	总经理	14-6月 -07	1200000	1237416	11	6

图 8.16 范例 8 - 16 结果

【范例 8 - 17】 查询所有客户名称,但是不显示每个客户名称的前二个字母。

```
SELECT COMPANY 原姓名, SUBSTR(COMPANY,3) 截取之后的姓名 FROM CUSTOMERS;
```

	原姓名	截取之后的姓名
1	鸿运系统有限公司	系统有限公司
2	锋宏海力有限公司	海力有限公司
3	普罗设备公司	设备公司
4	清扬泉贸易公司	泉贸易公司
5	香榭丽集团	丽集团
6	勋龙设备公司	设备公司
7	如安机械公司	机械公司
8	艾莎有限公司	有限公司

图 8.17 范例 8 - 17 结果

10. TRIM

TRIM 函数将删除指定的前缀或者后缀的字符,默认删除空格。具体的语法格式如下:

```
TRIM([LEADING/TRAILING/BOTH][trim_character FROM]trim_source)
```

其中 LEADING 指删除 TRIM_SOURCE 的前缀字符;TRAILING 删除 TRIM_SOURCE 的后缀字符;BOTH 删除 TRIM_SOURCE 的前缀和后缀字符;TRIM_CHARACTER 指删除的指定字符,默认删除空格;TRIM_SOURCE 指被操作的源字符串。

【范例 8 - 18】 SELECT TRIM(BOTH 'x' FROM 'xyxbxykyx'), TRIM('xyxyxy') FROM dual;

图 8.18　范例 8－18 结果

11. LTRIM /RTRIM

删除字符串首尾指定字符使用函数 LTRIM(s,n)和 RTRIM(s,n)。

LTRIM(s,n)函数中的 L 代表 LEFT,将删除指定的左侧字符。其中 s 是目标字符串,n 是需要查找的字符。如果 n 不指定,则表示删除左侧的空格。需要注意的是,空白符不仅仅包括了空格符,还包括 TAB 键、回车符和换行符。

RTRIM(s,n) 函数中的 R 代表 RIGHT。将删除指定的右侧字符。其中 s 是目标字符串,n 是需要查找的字符。如果 n 不指定,则表示删除右侧的空格。

【范例 8－19】　SELECT LTRIM(' ABC'), RTRIM(LTRIM(' ABC '))
FROM DUAL;

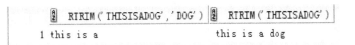

图 8.19　范例 8－19 结果

【范例 8－20】　SELECT RTRIM ('this is a dog', 'dog'), RTRIM (' this is a dog ')
FROM dual;

RTRIM('THISISADOG','DOG')	RTRIM('THISISADOG')
1 this is a	this is a dog

图 8.20　范例 8－20 结果

12. NVL

【范例 8－21】　使用 NVL()函数解决数值有 null 的情况。下例中成翰林的 SALES 和 QUOTA 数值都是 NULL,使用 NVL()函数可以将其转换为 0。

```
SELECT EMPL_ID,EMPL_NAME,HIRE_DATE,(NVL(SALES,0) - NVL(QUOTA,0)) 业绩情况
FROM SALESREPS;
```

	EMPL_ID	EMPL_NAME	HIRE_DATE	业绩情况
1	101	廖汉明	20-10月-08	116162
2	103	王天耀	01-3月 -09	-25470
3	104	郭姬诚	19-5月 -09	-120923
4	105	蔡勇村	12-2月 -10	52763
5	106	顾祖弘	14-6月 -07	37416
6	109	金声权	12-10月-11	-81854
7	110	成翰林	13-1月 -12	0
8	201	李玮亚	12-10月-11	90328

图 8.21　范例 8－21 结果

182

13. 符集名称和 ID 互换函数

NLS_CHARSET_ID(string)函数可以得到字符集名称对应的 ID。string 表示字符集的名称。

NLS_CHARSET_NAME(number)函数得到字符集 ID 对应的名称。number 表示字符集的 ID。

【范例 8 - 22】 SELECT NLS_CHARSET_ID('US7ASCII') FROM dual；

NLS_CHARSET_ID('US7ASCII')
1　　　　　　　　　　　　　　　1

图 8.22　范例 8 - 22 结果

【范例 8 - 23】 SELECT NLS_CHARSET_NAME(2) FROM dual；

NLS_CHARSET_NAME(2)
1 WE8DEC

图 8.23　范例 8 - 23 结果

8.2　数值函数

数值函数主要用来处理数值数据。本节将介绍数值函数的功能和用法，数值函数的说明如表 8.2 所示。

表 8.2　数值函数表

函　数	说　明
ABS(value)	求绝对值
CEIL(value)	求大于或等于 value 的最小整数
COS(value)	求余弦值
COSH(value)	求双曲线余弦值
EXP(value)	求 e 的 value 次方
FLOOR(value)	求小于或等于 value 的最大整数
LN(value)	求 value 的自然对数
LOG(value)	求 value 的以 10 为底的对数
MOD(value, divisor)	求模
NVL(value, substitute)	value 为空时,以 substitute 来代替
POWER(value, exponent)	求 value 的 exponent 次方
ROUND(value, precision)	按 precision 精度 4 舍 5 入
SIGN(value)	value>0 返 1,<0 返−1,=0 返 0
SIN(value)	求正弦值

函　数	说　明
SINH(value)	求双曲线正弦值
SQRT(value)	求 value 的平方根
TAN(value)	求正切值
TANH(value)	求双曲线正切值
TRUNC(value,precision)	按照 precision 截取 value
VSIZE(value)	返回 value 在 Oracle 的存储空间大小

1. 求平方根 SQRT(x)

SQRT(x)返回非负数 x 的二次方根。

【范例 8 - 24】　SELECT ABS(2)，ABS(-3.3)，ABS(-33) FROM dual；

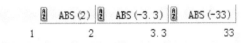

图 8.24　范例 8 - 24 结果

【范例 8 - 25】　SELECT SQRT(9)，SQRT(40)，SQRT(64) FROM dual；

图 8.25　范例 8 - 25 结果

2. 求余函数 MOD(x,y)

MOD(x,y)返回 x 被 y 除后的余数,MOD( ) 对于带有小数部分的数值也起作用,它返回除法运算后的精确余数。

【范例 8 - 26】　SELECT MOD(31,8),MOD(234, 10),MOD(45.5,6) FROM dual；

图 8.26　范例 8 - 26 结果

3. 获取整数的函数 CEIL(x)

CEIL(x)返回不小于 x 的最小整数值。

【范例 8 - 27】　SELECT　CEIL(-3.35)，CEIL (3.35) FROM dual；

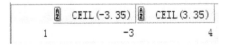

图 8.27　范例 8 - 27 结果

4. 获取随机数的函数 DBMS_RANDOM. RANDOM 和 DBMS_RANDOM. RANDOM (x,y)

DBMS_RANDOM. RANDOM 返回一个随机值。

【范例 8 - 28】　使用 DBMS_RANDOM. RANDOM 产生随机数,输入语句如下：

```
SELECT DBMS_RANDOM.RANDOM, DBMS_RANDOM.RANDOM FROM dual;
```

	RANDOM	RANDOM_1
1	845675250	1913487731

图 8.28　范例 8 - 28 结果

可以看到,不带参数的 DBMS_RANDOM.RANDOM 每次产生的随机数值是不同的。

【范例 8 - 29】　使用 DBMS_RANDOM.VALUE(x,y)函数产生 1～20 之间随机数:

```
SELECT DBMS_RANDOM.VALUE(1,20),DBMS_RANDOM.VALUE(1,20) FROM dual;
```

	DBMS_RANDOM.VALUE(1,20)	DBMS_RANDOM.VALUE(1,20)_1
1	11.9686196423520173387466448872144168681l	18.15878988716880422118403572813743132672

图 8.29　范例 8 - 29 结果

结果可以看到,DBMS_RANDOM.VALUE(1,20)产生了 1～20 之间随机数。

5. 四舍五入函数 ROUND(x)和 ROUND(x,y) TRUNC(x,y)

ROUND(x)返回最接近于参数 x 的整数,对 x 值进行四舍五入。

【范例 8 - 30】　SELECT ROUND(－1.14),ROUND(－1.67),ROUND(1.14),ROUND(1.66) FROM dual;

	ROUND(-1.14)	ROUND(-1.67)	ROUND(1.14)	ROUND(1.66)
1	-1	-2	1	2

图 8.30　范例 8 - 30 结果

ROUND(x,y)返回最接近于参数 x 的数,其值保留到小数点后面 y 位,若 y 为负值,则将保留 x 值到小数点左边 y 位。

【范例 8 - 31】　列出每个雇员的一些基本信息和月均要求销售额和月销售值。

```
SELECT  EMPL_ID,EMPL_NAME, HIRE_DATE, ROUND(QUOTA/12,2)  月均销售目标,
ROUND(SALES/12,2)  月均销售值 FROM SALESREPS;
```

	EMPL_ID	EMPL_NAME	HIRE_DATE	月均销售目标	月均销售值
1	101	廖汉明	20-10月-08	33333.33	43013.5
2	103	王天耀	01-3月 -09	25000	22877.5
3	104	郭姬诚	19-5月 -09	50000	39923.08
4	105	蔡勇村	12-2月 -10	25000	29396.92
5	106	顾祖弘	14-6月 -07	100000	103118
6	109	金声权	12-10月-11	20833.33	14012.17
7	110	成翰林	13-1月 -12	(null)	(null)
8	201	李玮亚	12-10月-11	83333.33	90860.67

图 8.31　范例 8 - 31 结果

【范例 8-32】 SELECT ROUND(789.652) 不保留小数, ROUND(789.652,2) 保留两位小数, ROUND(789.652,-1) 处理整数进位 FROM dual;

不保留小数	保留两位小数	处理整数进位
1	790	789.65	790

图 8.32 范例 8-32 结果

TRUNCATE(x,y) 返回被舍去至小数点后 y 位的数字 x。若 y 的值为 0,则结果不带有小数点或不带有小数部分。若 y 设为负数,则截去(归零) x 小数点左起第 y 位开始后面所有低位的值。

TRUNC() 函数:操作数进行四舍五入操作,结果保留小数点后面指定 y 位。

【范例 8-33】 SELECT TRUNC(789.652) 截取小数, TRUNC(789.652,2) 截取两位小数, TRUNC(789.652,-2) 取整 FROM dual;

截取小数	截取两位小数	取整
1	789	789.65	700

图 8.33 范例 8-33 结果

6. 符号函数 SIGN(x)

SIGN(x) 返回参数的符号, x 的值为负、零或正时返回结果依次为 -1、0 或 1。

【范例 8-34】 SELECT SIGN (3), SIGN (-10), SIGN (0) FROM dual;

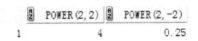

SIGN(3)	SIGN(-10)	SIGN(0)
1	1	-1	0

图 8.34 范例 8-34 结果

7. 幂运算函数 POWER(x,y)

POWER(x,y) 函数返回 x 的 y 次乘方的结果值。

【范例 8-35】 SELECT POWER(2,2), POWER(2,-2) FROM dual;

POWER(2,2)	POWER(2,-2)
1	4	0.25

图 8.35 范例 8-35 结果

8. e 的 x 乘方后的值 EXP(x)

【范例 8-36】 SELECT EXP(3), EXP(-3), EXP(0) FROM dual;

EXP(3)	EXP(-3)	EXP(0)
1	20.0855369231876677409285296545817178970	0.0497870683678639429793424156500617766315	1

图 8.36 范例 8-36 结果

9. 以 x 为底 y 的对数 LOG(x,y)

【范例 8 - 37】 SELECT LOG(10,100)，LOG(7,49) FROM dual；

LOG(10, 100)	LOG(7, 49)
1	2 1.99999999999999999999999999999999999999

图 8.37 范例 8 - 37 结果

10. x 的自然对数 LN(x)

LN(x)返回，x 相对于基数 e 的对数，参数 n 要求大于 0。

【范例 8 - 38】 SELECT LN(2)，LN(100) FROM dual；

LN(2)	LN(100)
1 0.6931471805599453094172321214581765680782	4.6051701859880913680359829093687284152

图 8.38 范例 8 - 38 结果

11. 正弦 SIN(x)/ 反正弦 ASIN(x)

SIN(x)返回 x 正弦，其中 x 为弧度值。ASIN(x)返回 x 的反正弦，即正弦为 x 的值。x 的取值在－1 到 1 的范围之内。

【范例 8 - 39】 SELECT SIN(1)，SIN(3) FROM dual；

SIN(1)	SIN(3)
1 0.8414709848078965066525023216302989996233	0.1411200080598672221007448028081102798 7

图 8.39 范例 8 - 39 结果

【范例 8 - 40】 SELECT ASIN(0.8414709848)，ASIN(0.1411200081) FROM dual；

ASIN(0.8414709848)	ASIN(0.1411200081)
1 0.9999999999853850213729430413522672179 23	0.1415926536303317052057589947270837518 9

图 8.40 范例 8 - 40 结果

12. 余弦 COS(x)/ 反余弦 ACOS(x)

COS(x)返回 x 的余弦，其中 x 为弧度值。ACOS(x)返回 x 的反余弦，即余弦是 x 的值。X 取值在－1～1 的范围之内。

【范例 8 - 41】 SELECT COS(0),COS(1) FROM dual；

COS(0)	COS(1)
1	1 0.5403023058681397174009366074429766037354

图 8.41 范例 8 - 41 结果

【范例 8 - 42】 SELECT ACOS(1),ACOS(0.5403023059) FROM dual；

ACOS(1)	ACOS(0.5403023059)
1	0 0.9999999999621373960901049803233603490324

图 8.42 范例 8 - 42 结果

13. 正切 TAN(x)/ 反正切 ATAN(x)

TAN(x)返回 x 的正切,其中 x 为给定的弧度值。ATAN(x)返回 x 的反正切值。

【范例 8 - 43】　SELECT TAN(0.3),TAN(0.7853981634) FROM dual;

TAN(0.3)	TAN(0.7853981634)
1　0.3093362496096232330353036796982946672554	1.0000000000051033807686913306078366002

图 8.43　范例 8 - 43 结果

【范例 8 - 44】　SELECT ATAN(0.3093362496),ATAN(1) FROM dual;

ATAN(0.3093362496)	ATAN(1)
1　0.2999999999912171850050185524200810316776	0.7853981633974483096156608458198757210546

图 8.44　范例 8 - 44 结果

8.3　日期时间函数

日期时间函数如表 8.3 所示。

表 8.3　日期时间函数表

函　　数	说　　明
ADD_MONTH(date, count)	在日期 date 上增加 count 个月
GREATEST(date1,date2,…)	从日期列表中选出最晚的日期
LAST_DAY(date)	返回日期 date 所在月的最后一天
LEAST(date1, date2, …)	从日期列表中选出最早的日期
MONTHS_BETWEEN(date1,date2)	给出 date1－date2 的月数
NEXT_DAY(date, 'day')	给出 date 下一天的日期,day 为星期
NEW_TIME(date,'this','other')	给出在 this 时区＝other 时区的日期和时间
TRUNC(date,'format')	按 format 格式将日期截断

1. 获取当前系统日期 SYSDATE()函数

【范例 8 - 45】　SELECT TRUNC (SYSDATE, 'MONTH'), ROUND (SYSDATE, 'YEAR'), ROUND (SYSDATE, 'DAY'), TRUNC (SYSDATE, 'YEAR'), TRUNC (SYSDATE, 'DAY'), TRUNC (SYSDATE, 'HH24'), TRUNC (SYSDATE, 'MI') FROM DUAL;

TRUNC(SYSDATE,'MONTH')	ROUND(SYSDATE,'YEAR')	TRUNC(SYSDATE,'DAY')	TRUNC(SYSDATE,'YEAR')	TRUNC(SYSDATE,'DAY')_1	TRUNC(SYSDATE,'HH24')	TRUNC(SYSDATE,'MI')
1 2016-08-01 00:00:00	2017-01-01 00:00:00	2016-08-28 00:00:00	2016-01-01 00:00:00	2016-08-28 00:00:00	2016-08-30 15:00:00	2016-08-30 15:00:00

图 8.45　范例 8 - 45 结果

【范例 8 - 46】 修改日期显示格式。

```
ALTER SESSION SET NLS_DATE_FORMAT = 'yyyy - mm - dd hh24:mi:ss';
SELECT SYSDATE FROM dual;
```

	SYSDATE
1	2016-08-30 14:57:34

图 8.46　范例 8 - 46 结果

【范例 8 - 47】 查询出每个雇员的雇佣天数，以及十天前每个雇员的雇佣天数。

```
SELECT  EMPL_ID 雇员编号,EMPL_NAME 雇员姓名, TRUNC(SYSDATE - HIRE_DATE) 雇佣天数, TRUNC((SYSDATE - 10) - HIRE_DATE) 十天前雇佣天数  FROM SALESREPS;
```

	雇员编号	雇员姓名	雇佣天数	十天前雇佣天数
1	101	廖汉明	2871	2861
2	103	王天耀	2739	2729
3	104	郭姬诚	2660	2650
4	105	蔡勇村	2391	2381
5	106	顾祖弘	3365	3355
6	109	金声权	1784	1774
7	110	成翰林	1691	1681
8	201	李玮亚	1784	1774

图 8.47　范例 8 - 47 结果

2. 获取当前系统时间函数 SYSTIMESTAMP()

该时间包含时区信息，精确到微秒。返回类型为带时区信息的 TIMESTAMP 类型。

【范例 8 - 48】 从时间戳之中取出年、月、日、时、分、秒。

```
SELECT  EXTRACT ( YEAR FROM SYSTIMESTAMP ) years, EXTRACT ( MONTH FROM SYSTIMESTAMP) months, EXTRACT(DAY FROM SYSTIMESTAMP) days, EXTRACT(HOUR FROM SYSTIMESTAMP) hours, EXTRACT(MINUTE FROM SYSTIMESTAMP) minutes, EXTRACT(SECOND FROM SYSTIMESTAMP) seconds FROM dual;
```

	YEARS	MONTHS	DAYS	HOURS	MINUTES	SECONDS
1	2016	8	30	7	2	2.263

图 8.48　范例 8 - 48 结果

3. 数据库所在的时区函数 DBTIMEZONE

【范例 8 - 49】 SELECT DBTIMEZONE FROM dual；

	DBTIMEZONE
1	+00:00

图 8.49　范例 8 - 49 结果

4. 返回当前会话所在的时区函数 SESSIONTIMEZONE

【范例 8 - 50】　SELECT SESSIONTIMEZONE FROM dual；

SESSIONTIMEZONE
1 Asia/Shanghai

图 8.50　范例 8 - 50 结果

5. 返回参数指定日期对应月份的最后一天函数 LAST_DAY(date)

【范例 8 - 51】　SELECT LAST_DAY(SYSDATE) FROM dual；

LAST_DAY(SYSDATE)
1 2016-08-31 15:02:58

图 8.51　范例 8 - 51 结果

【范例 8 - 52】　查询所有是在其雇佣所在月的倒数第十天被公司雇佣的完整雇员信息。

```
SELECT empno,EMPL_NAME,job,hiredate,LAST_DAY(hiredate)
FROM SALESREPS WHERE LAST_DAY(hiredate) - 10 = hiredate;
```

	EMPL_ID	EMPL_NAME	HIRE_DATE	LAST_DAY(HIRE_DATE)
1	204	张春伟	2009-09-20 00:00:00	2009-09-30 00:00:00
2	205	邓蓬	2009-09-20 00:00:00	2009-09-30 00:00:00

图 8.52　范例 8 - 52 结果

6. 获取当前日期向后的一周对应日期函数 NEXT_DAY(DATE,CHAR)

char 表示是星期几,全称和缩写都允许。但必须是有效值。

【范例 8 - 53】　使用 NEXT_DAY 函数返回指定日期后一周的日期函数。输入语句如下：

```
SELECT NEXT_DAY (SYSDATE, '星期日') FROM dual;
```

NEXT_DAY(SYSDATE,'星期日')
1 2016-09-04 15:07:25

图 8.53　范例 8 - 53 结果

7. 获取下一个指定的日期数函数 NEXT_DAY()

如果说现在的日期是"2016 年 04 月 01 日 星期五",如果现在要想知道下一个"星期一"或是"星期日"日期,则可以使用 NEXT_DAY()函数。

【范例 8 - 54】　SELECT　SYSDATE,NEXT_DAY(SYSDATE,'星期日') 下一个星期日，NEXT_DAY(SYSDATE,'星期一') 下一个星期一 FROM dual；

SYSDATE	下一个星期日	下一个星期一
1 2016-08-30 15:07:43	2016-09-04 15:07:43	2016-09-05 15:07:43

图 8.54 范例 8-54 结果

8. 指定的时间中提取特定部分函数 EXTRACT(datetime)

可以从指定的时间中提取特定部分。例如提取年份、月份或者时等。

【范例 8-55】 从日期时间之中取出年、月、日数据。

> SELECT   EXTRACT(YEAR FROM DATE '2001 - 09 - 19') years, EXTRACT(MONTH FROM DATE '2001 - 09 - 19') months, EXTRACT(DAY FROM DATE '2001 - 09 - 19') days FROM dual;

YEARS	MONTHS	DAYS
1 2001	9	19

图 8.55 范例 8-55 结果

【范例 8-56】 使用 EXTRACT 函数获取时间间隔。

> SELECT   EXTRACT(DAY FROM datetime_two - datetime_one) days,   EXTRACT (HOUR FROM datetime_two - datetime_one) hours, EXTRACT(MINUTE FROM datetime_two - datetime_one) minutes, EXTRACT(SECOND FROM datetime_two - datetime_one) seconds FROM (SELECT   TO_TIMESTAMP('2000 - 01 - 01 00:00:00', 'yyyy - mm - dd hh24: mi:ss') datetime_one, TO_TIMESTAMP('2015 - 12 - 31 23:59:59', 'yyyy - mm - dd hh24: mi:ss') datetime_two   FROM dual);

DAYS	HOURS	MINUTES	SECONDS
1 5843	23	59	59

图 8.56 范例 8-56 结果

9. MONTHS_BETWEEN(date1,date2)函数

返回 date1 和 date2 之间的月份数。

【范例 8-57】 使用 MONTHS_BETWEEN 函数获取两个日期之间的月份数。

> SELECT MONTHS_BETWEEN(TO_DATE('2015 - 6 - 8', 'YYYY - MM - DD'), TO_DATE('2015 - 8 - 8', 'YYYY - MM - DD')) one, MONTHS_BETWEEN(TO_DATE('2015 - 05 - 8', 'YYYY - MM - DD'), TO_DATE('2012 - 07 - 8', 'YYYY - MM - DD')) two   FROM dual;

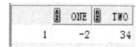

ONE	TWO
1 -2	34

图 8.57 范例 8-57 结果

从结果可以看出，当 date1＞date2 时，返回数值为一个整数，当 date1＜date2 时，返回数值为一个负数。

　　【范例 8－58】　查询出每个雇员的编号、姓名、雇佣日期、雇佣的月数及年份。

```
SELECT EMPL_ID 雇员编号,EMPL_NAME 雇员姓名,HIRE_DATE 雇佣日期,
    TRUNC(MONTHS_BETWEEN(sysdate,HIRE_DATE)) 雇佣总月数,
    TRUNC(MONTHS_BETWEEN(sysdate,HIRE_DATE)/12) 雇佣总年份
FROM SALESREPS;
```

	雇员编号	雇员姓名	雇佣日期	雇佣总月数	雇佣总年份
1	101	廖汉明	2008-10-20 00:00:00	94	7
2	103	王天耀	2009-03-01 00:00:00	89	7
3	104	郭姬诚	2009-05-19 00:00:00	87	7
4	105	蔡勇村	2010-02-12 00:00:00	78	6
5	106	顾祖弘	2007-06-14 00:00:00	110	9
6	109	金声权	2011-10-12 00:00:00	58	4
7	110	成翰林	2012-01-13 00:00:00	55	4
8	201	李玮亚	2011-10-12 00:00:00	58	4

图 8.58　范例 8－58 结果

　　【范例 8－59】　查询每个雇员的编号、姓名、雇佣日期、已雇佣的年数、月数、天数。

```
SELECT   empno 雇员编号,EMPL_NAME 雇员姓名, HIRE_DATE 雇佣日期,     TRUNC
(MONTHS_BETWEEN(sysdate,HIRE_DATE)/12) 已雇佣年数 FROM SALESREPS;
```

	雇员编号	雇员姓名	雇佣日期	已雇佣年数
1	101	廖汉明	2008-10-20 00:00:00	7
2	103	王天耀	2009-03-01 00:00:00	7
3	104	郭姬诚	2009-05-19 00:00:00	7
4	105	蔡勇村	2010-02-12 00:00:00	6
5	106	顾祖弘	2007-06-14 00:00:00	9
6	109	金声权	2011-10-12 00:00:00	4
7	110	成翰林	2012-01-13 00:00:00	4
8	201	李玮亚	2011-10-12 00:00:00	4

图 8.59　范例 8－59 结果

　　10. ADD_MONTHS()函数

　　【范例 8－60】　SELECT SYSDATE，ADD_MONTHS(SYSDATE，3) 三个月之后的日期，ADD_MONTHS(SYSDATE，－3) 三个月之前的日期，ADD_MONTHS(SYSDATE，60) 六十个月之后的日期　FROM dual;

	SYSDATE	三个月之后的日期	三个月之前的日期	六十个月之后的日期
1	2016-08-30 15:13:29	2016-11-30 15:13:29	2016-05-30 15:13:29	2021-08-30 15:13:29

图 8.60　范例 8－60 结果

8.4 转换函数

转换函数主要是完成不同数据类型之间的转换,如表 8.4 所示。本节将介绍各个转换函数的用法。

表 8.4 转换函数表

函 数	说 明
CHARTOROWID	将字符转换为 ROWID 类型
CONVERT	转换一个字符节到另外一个字符节
HEXTORAW	转换十六进制到 raw 类型
RAWTOHEX	转换 raw 类型到十六进制
ROWIDTOCHAR	转换 ROWID 类型到字符串
TO_CHAR	将其他数据类型的数据转换为字符型,主要包括数值型、日期型。
TO_DATE	按照指定格式将字符串转换到日期型
TO_MULTIBYTE	把单字节字符转换到多字节
TO_NUMBER	将数字子串转换到数字
TO_SINGLE_BYTE	转换多字节到单字节

1. TO_CHAR 函数

将一个数值型参数转换成字符型数据。具体语法格式如下:

```
TO_CHAR(N,[FMT[NLSPARAM]])
```

其中参数 n 代表数值型数据;参数 ftm 代表要转换成字符的格式;参数 nlsparam 代表指定 fmt 的特征,包括小数点字符、组分隔符和本地钱币符号。

【范例 8-61】 使用 TO_CHAR 函数把数值类型转化为字符串。输入语句如下:

```
SELECT TO_CHAR (10.13245, '99.999'), TO_CHAR (10.13245) FROM dual;
```

TO_CHAR(10.13245, '99.999')	TO_CHAR(10.13245)
1 10.132	10.13245

图 8.61 范例 8-61 结果

【范例 8-62】 格式化数字显示。

```
SELECT  TO_CHAR(987654321.789,'999,999,999,999.99999')  格式化数字,
 TO_CHAR(987654321.789,'000,000,000,000.00000')  格式化数字 FROM dual;
```

格式化数字	格式化数字_1
1 987,654,321.78900	000,987,654,321.78900

图 8.62 范例 8-62 结果

【范例 8 - 63】　格式化货币显示。

```
SELECT  TO_CHAR(987654321.789,'L999,999,999,999.99999')  显示货币,
TO_CHAR(987654321.789,'$999,999,999,999.99999')  显示美圆 FROM dual;
```

	显示货币	显示美圆
1	￥987,654,321.78900	$987,654,321.78900

图 8.63　范例 8 - 63 结果

【范例 8 - 64】　SELECT TO_CHAR（123456789，'L999G999G999D99', 'NLS_
CURRENCY＝%'）　FROM DUAL；

	TO_CHAR(123456789,'L999G999G999D99','NLS_CURRENCY=%')
1	%123,456,789.00

图 8.64　范例 8 - 64 结果

【范例 8 - 65】　SELECT TO_DATE（'2010/09/13'，'YYYY－MM－DD', 'NLS_
DATE_LANGUAGE＝english'）FROM DUAL；

	TO_DATE('2010/09/13','YYYY-MM-DD','NLS_DATE_LANGUAGE=ENGLISH')
1	2010-09-13 00:00:00

图 8.65　范例 8 - 65 结果

【范例 8 - 66】　直接判断数字 2。

```
SELECT * FROM SALESREPS WHERE TO_CHAR(HIRE_DATE,'MM') = 2;
```

	EMPL_ID	EMPL_NAME	EMPL_AGE	EMPL_IITLE	HIRE_DATE	QUOTA	SALES	OFFICE	MANAGER
1	105	蔡勇村	37	销售代表	2010-02-12 00:00:00	300000	352763	13	106
2	304	秦雨群	37	销售代表	2009-02-11 00:00:00	250000	263130	32	303

图 8.66　范例 8 - 66 结果

TO_CHAR 函数将日期类型转换为字符串类型。

【范例 8 - 67】　格式化当前的日期时间，把日期类型转化为字符串类型。

```
SELECT  SYSDATE 当前系统时间,TO_CHAR(SYSDATE,'YYYY－MM－DD') 格式化日期,TO
_CHAR(SYSDATE,'YYYY－MM－DD HH24:MI:SS') 格式化日期时间,TO_CHAR(SYSDATE,
'FMYYYY－MM－DD HH24:MI:SS') 去掉前导 0 的日期时间
   FROM dual;
```

	当前系统时间	格式化日期	格式化日期时间	去掉前导0的日期时间
1	2016-08-30 15:20:24	2016-08-30	2016-08-30 15:20:24	2016-8-30 15:20:24

图 8.67　范例 8 - 67 结果

【范例 8 - 68】 现在要求将每个雇员的雇佣日期进行格式化显示,要求所有的雇佣日期可以按照"年—月—日"的形式显示,也可以将年、月、日拆开分别显示。

```
SELECT  EMPL_ID,EMPL_NAME,hire_date, TO_CHAR(hire_date,'YYYY - MM - DD') 格
式化雇佣日期, TO_CHAR(hire_date,'YYYY') 年, TO_CHAR(hire_date,'MM') 月,TO_CHAR
(hire_date,'DD') 日  FROM SALESREPS;
```

	EMPL_ID	EMPL_NAME	HIRE_DATE	格式化雇佣日期	年	月	日
1	101	廖汉明	2008-10-20 00:00:00	2008-10-20	2008	10	20
2	103	王天耀	2009-03-01 00:00:00	2009-03-01	2009	03	01
3	104	郭姬诚	2009-05-19 00:00:00	2009-05-19	2009	05	19
4	105	蔡勇村	2010-02-12 00:00:00	2010-02-12	2010	02	12
5	106	顾祖弘	2007-06-14 00:00:00	2007-06-14	2007	06	14
6	109	金声权	2011-10-12 00:00:00	2011-10-12	2011	10	12
7	110	成翰林	2012-01-13 00:00:00	2012-01-13	2012	01	13
8	201	李玮亚	2011-10-12 00:00:00	2011-10-12	2011	10	12

图 8.68 范例 8 - 68 结果

【范例 8 - 69】 查询出所有在每年 6 月份雇佣的雇员信息。

```
SELECT * FROM SALESREPS WHERE TO_CHAR(HIRE_DATE,'MM') = '06';
```

	EMPL_ID	EMPL_NAME	EMPL_AGE	EMPL_TITLE	HIRE_DATE	QUOTA	SALES	OFFICE	MANAGER
1	106	顾祖弘	52	总经理	2007-06-14 00:00:00	1200000	1237416	11	(null)
2	306	马玉瑛	26	销售代表	2010-06-18 00:00:00	100000	49344	33	303

图 8.69 范例 8 - 69 结果

【范例 8 - 70】 使用英文的日期格式表示出每个雇员的雇佣日期。

```
SELECT  EMPL_ID,EMPL_NAME, HIRE_DATE, TO_CHAR(HIRE_DATE,'YEAR - MONTH - DY')
FROM SALESREPS;
```

	EMPL_ID	EMPL_NAME	HIRE_DATE	TO_CHAR(HIRE_DATE,'YEAR-MONTH-DY')
1	101	廖汉明	2008-10-20 00:00:00	TWO THOUSAND EIGHT-10月-星期一
2	103	王天耀	2009-03-01 00:00:00	TWO THOUSAND NINE-3月 -星期日
3	104	郭姬诚	2009-05-19 00:00:00	TWO THOUSAND NINE-5月 -星期二
4	105	蔡勇村	2010-02-12 00:00:00	TWENTY TEN-2月 -星期五
5	106	顾祖弘	2007-06-14 00:00:00	TWO THOUSAND SEVEN-6月 -星期四
6	109	金声权	2011-10-12 00:00:00	TWENTY ELEVEN-10月-星期三
7	110	成翰林	2012-01-13 00:00:00	TWENTY TWELVE-1月 -星期五
8	201	李玮亚	2011-10-12 00:00:00	TWENTY ELEVEN-10月-星期三

图 8.70 范例 8 - 70 结果

【范例 8 - 71】 SELECT TO_CHAR(SYSDATE,'ddspth') FROM DUAL;

TO_CHAR(SYSDATE,'DDSPIH')
1 thirtieth

图 8.71　范例 8-71 结果

【范例 8-72】　SELECT TO_CHAR(SYSDATE,'A. D. YYYY"年"－MONTH－DD"日"－DAY') FROM DUAL;

TO_CHAR(SYSDATE,'A. D. YYYY"年"-MONTH-DD"日"-DAY')
1 公元2016年-8月 -30日-星期二

图 8.72　范例 8-72 结果

将字符型数据转换成日期型数据函数 TO_DATE

TO_DATE(CHAR[,FMT[,NLSPARAM]])

其中参数 char 代表需要转换的字符串。参数 ftm 代表要转换成字符的格式；nlsparam 参数控制格式化时使用的语言类型。

【范例 8-73】　使用 TO_DATE 函数把字符串类型转化为日期类型。输入语句如下：

```
SELECT TO_CHAR(TO_DATE ('1999－10－16', 'YYYY－MM－DD'),'MONTH') FROM dual;
```

TO_CHAR(TO_DATE('1999-10-16','YYYY-MM-DD'),'MONTH')
1 10月

图 8.73　范例 8-73 结果

2. 字符型数据转换成数字数据函数 TO_NUMBER

TO_NUMBER (expr[,fmt[,nlsparam]])

其中参数 expr 代表需要转换的字符串。参数 ftm 代表要转换成数字的格式；nlsparam 参数指定 fmt 的特征。包括小数点字符、组分隔符和本地钱币符号。

【范例 8-74】　使用 TO_NUMBER 函数把字符串类型转化为数字类型。输入语句如下：

```
SELECT TO_NUMBER ('1999.123', '9999.999') FROM dual;
```

TO_NUMBER('1999.123','9999.999')
1   1999.123

图 8.74　范例 8-74 结果

3. 字符串转为 ASCII 类型函数 ASCIISTR(char)

将任意字符串转换为数据库字符集对应的 ASCII 字符串。char 为字符类型。

【范例 8-75】　SELECT ASCIISTR(' 中国江苏苏州 ')　FROM dual;

ASCIISTR('中国江苏苏州')
1 \4E2D\56FD\6C5F\82CF\82CF\5DDE

图 8.75　范例 8-75 结果

4. 二进制转换成对应的十进制函数 BIN_TO_NUM()

【范例 8 - 76】 SELECT BIN_TO_NUM (1,1,0) FROM dual;

BIN_TO_NUM(1,1,0)
1   6

图 8.76 范例 8 - 76 结果

5. 数字转化为字符或者字符转化为日期函数 CAST(expr as type_name)

【范例 8 - 77】 SELECT CAST ('4321' AS NUMBER)，CAST ('126.6' AS NUMBER(3,0)) FROM dual;

CAST ('4321' ASNUMBER)	CAST ('126.6' ASNUMBER (3,0))
1 4321	127

图 8.77 范例 8 - 77 结果

8.5 其他函数

表 8.5 其他函数表

函 数	说 明
SYS	返回当前会话的登录名
USERENV	返回会话以及上下文信息函数
NULLIF	比较两个表达式,如果相等则返回 NULL,如果不相等就返回第一个表达式
DECODE	根据特定的条件,实现 IF−THEN−ELSE 条件判断返回值

1. SYS 函数

【范例 8 - 78】 SELECT USER FROM DUAL;

USER
DEMOUSER

图 8.78 范例 8 - 78 结果

2. USERENV 函数

【范例 8 - 79】 SELECT USERENV('LANGUAGE') FROM DUAL;

USERENV('LANGUAGE')
SIMPLIFIED CHINESE_CHINA.ZHS16GBK

图 8.79 范例 8 - 79 结果

3. NULLIF()函数

【范例 8 - 80】 SELECT NULLIF(1,1)，NULLIF(1,2) FROM dual;

NULLIF (1,1)	NULLIF (1,2)
1 (null)	1

图 8.80 范例 8 - 80 结果

【范例 8 - 81】 SELECT EMPL_ID，EMPL_NAME，EMPL_TITLE，LENGTH (EMPL_NAME)，LENGTH(EMPL_TITLE)，NULLIF(LENGTH(EMPL_NAME)，LENGTH(EMPL_TITLE)) NULLIF FROM SALESREPS；

	EMPL_ID	EMPL_NAME	EMPL_TITLE	LENGTH(EMPL_NAME)	LENGTH(EMPL_TITLE)	NULLIF
1	101	廖汉明	销售代表	3	4	3
2	103	王天耀	销售代表	3	4	3
3	104	郭姬诚	销售经理	3	4	3
4	105	蔡勇村	销售代表	3	4	3
5	106	顾祖弘	总经理	3	3	(null)
6	109	金声权	销售代表	3	4	3
7	110	成翰林	销售代表	3	4	3
8	201	李玮亚	区域经理	3	4	3

图 8.81　范例 8 - 81 结果

4. DECODE()函数

【范例 8 - 82】 SELECT DECODE(2,1,'内容为一',2,'内容为二')　，DECODE(2, 1,'内容为一','没有条件满足') FROM dual；

DECODE(2,1,'内容为一',2,'内容为二')	DECODE(2,1,'内容为一','没有条件满足')
1 内容为二	没有条件满足

图 8.82　范例 8 - 82 结果

【范例 8 - 83】 现在雇员表中的工作有以下几种：

职位信息	销售代表	销售经理	区域经理	总经理
职位等级	普通员工	高级员工	中级管理	高级管理

要求查询销售员的姓名、职位等信息，但是要求将所有的职位信息都替换为职位等级。

SELECT EMPL_ID,EMPL_NAME,DECODE(EMPL_TITLE,'销售代表','普通员工','销售经理','高级员工','区域经理','中级管理','总经理','高级管理') 职位 FROM SALESREPS；

	EMPL_ID	EMPL_NAME	职位
1	101	廖汉明	普通员工
2	103	王天耀	普通员工
3	104	郭姬诚	高级员工
4	105	蔡勇村	普通员工
5	106	顾祖弘	高级管理
6	109	金声权	普通员工
7	110	成翰林	普通员工
8	201	李玮亚	中级管理

图 8.83　范例 8 - 83 结果

8.6　本章小结

Oracle 的内置函数有很多独立的小功能,这样在用户对数据库进行操作的时候可以很容易地完成很多复杂的功能,可以很有效地解决一些基本的 SQL 命令很难解决的问题。

8.7　本章练习

☞扫一扫可见
本章参考答案

写出下面语句的执行结果。

【练习 8 - 1】　SELECT INITCAP ('hello jiangsu') FROM dual;

【练习 8 - 2】　SELECT INITCAP('BIG/BIG/TIGER') FROM DUAL;

【练习 8 - 3】　SELECT INSTR ('CSLG DATABASE' , 'CSLG'), INSTR ('CSLG DATABASE' , 'YJY'), INSTR('CSLG DATABASE' , 'ABA') FROM dual;

【练习 8 - 4】　SELECT LENGTH(12.51) FROM DUAL;

【练习 8 - 5】　SELECT UPPER('black') FROM dual;

【练习 8 - 6】　SELECT RPAD('ABCDEFG', 6, '＊') FROM DUAL;

【练习 8 - 7】　SELECT REPLACE ('this is a dog', 'dog','cat'), REPLACE('this is a dog', 'dog') FROM dual;

【练习 8 - 8】　SELECT EMPL_NAME, SUBSTR (EMPL_NAME, 0, 3) FROM SALESREPS;

【练习 8 - 9】　SELECT EMPL_NAME, SUBSTR (EMPL_NAME, 1, 3) FROM SALESREPS;

【练习 8 - 10】　SELECT EMPL_NAME, SUBSTR(EMPL_NAME, LENGTH(EMPL_NAME)－2) FROM SALESREPS;

【练习 8 - 11】　SELECT ' jiangsuchangshu ', LTRIM(' jiangsuchangshu') FROM dual;

【练习 8 - 12】　SELECT ' jiangsuchangshu ', RTRIM(' jiangsuchangshu') FROM dual;

【练习 8 - 13】　SELECT MOD(10,3) FROM DUAL;

【练习 8 - 14】　SELECT ROUND(1.38, 1), ROUND(1.38, 0), ROUND(232.38, －1), round(232.38,－2) FROM dual;

【练习 8 - 15】　SELECT TRUNC(1.31,1), TRUNC(1.99,1), TRUNC(1.99,0), TRUNC(19.99,－1) FROM dual

【练习 8 - 16】　SELECT SYSDATE FROM dual;

【练习 8 - 17】　SELECT SYSDATE ＋ 3 三天之后的日期, SYSDATE － 3 三天之前的日期　FROM dual;

【练习 8 - 18】　SELECT TO_CHAR(SYSDATE, 'YYYY－MM－DD HH24:MI:

SS') FROM dual；

【练习 8 - 19】　SELECT SYSTIMESTAMP FROM dual；

【练习 8 - 20】　SELECT EXTRACT（YEAR FROM SYSDATE），EXTRACT（MINUTE FROM TIMESTAMP '2015－10－8　12：23：40'）　FROM dual；

【练习 8 - 21】　SELECT　EXTRACT（DAY FROM TO_TIMESTAMP（'1982－08－13 12：17：57'，'yyyy－mm－dd hh24：mi：ss'）　TO_TIMESTAMP（'1981－09－27 09：08：33'，'yyyy－mm－dd hh24：mi：ss'）） days　FROM dual；

【练习 8 - 22】　SELECT EMP_ID，EMPL_NAME，SALES，HIRE_DATE，ADD_MONTHS(HIRE_DATE,3) FROM　SALESREPS；

【练习 8 - 23】　SELECT TO_CHAR（SYSDATE，'YYYY－MM－DD HH 24：MI：SS AM'）　FROM DUAL；

【练习 8 - 24】　SELECT TO_CHAR(123.45678,'L99999.999') FROM DUAL；

【练习 8 - 25】　SELECT TO_CHAR(1234,'C9999') FROM DUAL；

【练习 8 - 26】　SELECT TO_DATE（'1979－09－19'，'YYYY－MM－DD'）FROM dual；

【练习 8 - 27】　SELECT　TO_NUMBER（'09'）＋TO_NUMBER（'19'）加法计算，TO_NUMBER（'09'）＊TO_NUMBER（'19'）乘法计算 FROM dual；

【练习 8 - 28】　SELECT　TO_TIMESTAMP（'1981－09－27 18：07：10'，'YYYY－MM－DD HH24：MI：SS'）　datetime　FROM dual；

【练习 8 - 29】　SELECT　SYSDATE 当前系统时间,TO_CHAR(SYSDATE,'YEAR－MONTH－DY') 格式化日期　FROM dual；

【练习 8 - 30】　SELECT TO_CHAR（SYSDATE，'YYYY－MM－DD'），TO_CHAR（SYSDATE，'HH24－MI－SS'）FROM dual；

【练习 8 - 31】　SELECT TO_CHAR(SYSDATE,'W') FROM DUAL；

【练习 8 - 32】　SELECT TO_CHAR(SYSDATE，'DD "of" MONTH') FROM DUAL；

【练习 8 - 33】　SELECT TO_CHAR(SYSDATE，'HH24：MI：SS AM') FROM DUAL；

【练习 8 - 34】　SELECT NVL(null,0),NVL(3,0) FROM dual；

【练习 8 - 35】　SELECT NULLIF(QUOTA,0) FROM SALESREPS；

【练习 8 - 36】　查询每个雇员的编号、姓名、业务完成情况。
SELECT EMPL_ID,EMPL_NAME,NVL2(QUOTA,QUOTA,0),NVL2(SALES,SALES,0)　FROM SALESREPS；

【练习 8 - 37】　SELECT EMPL_ID, EMPL_NAME, NVL（NULLIF（EMPL_TITLE,'销售员'),'经理'）　FROM SALESREPS

【练习 8 - 38】　显示每个销售员的姓名、工资、职位,同时显示新的销售定额(新工资的标准为：销售代表增长 10％、销售经理增长 20％、区域经理增长 30％、其他职位的人增长 50％)。

【范例 8 - 39】　SELECT SUBSTR（'ABCDF 好 EFGF'，6,2），SUBSTR（'ABCDF 好 EFGF'，－6,2) FROM DUAL；

【范例 8 - 40】　SELECT LTRIM（'this is a dog'，'this'），LTRIM（'　this is a dog'）FROM dual；

第 9 章　PL/SQL 编程基础

SQL 语言只是访问、操作数据库的语言，并不是一种具有流程控制的程序设计语言，而只有程序设计语言才能用于应用软件的开发。PL/SQL 是一种高级数据库程序设计语言，该语言专门用于在各种环境下对 Oracle 数据库进行访问。由于该语言集成于数据库服务器中，所以 PL/SQL 代码可以对数据进行快速高效的处理。除此之外，可以在 Oracle 数据库的某些客户端工具中，使用 PL/SQL 语言也是该语言的一个特点。

PL/SQL 则是 Oracle 的过程化编程语言。PL/SQL 定义了大量语法，用户可以遵循这些语法来定义程序块，以完成复杂的数据库操作。Oracle 客户端可以解释这些程序块，并将这些命令请求发送到数据库，进行相应的数据库操作。而且，这些代码块可以作为数据库对象进行存储，这有利于实现代码复用。

PL/SQL 有如下特点：

（1）将变量、控制结构、过程和函数等结构化程序设计的要素引入到 SQL 语言中，支持 SQL 的所有数据类型，并且在此基础上扩展了新的数据类型，也支持 SQL 的函数和运算符。支持事务控制和 SQL 数据操作命令，编制比较复杂的 SQL 程序。

（2）PL/SQL 块被命名和存储在 Oracle 服务器中，能被其他 PL/SQL 程序、SQL 命令或宿主语言程序调用，具有很好的可重用性，提高程序的运行性能。而且服务器上的 PL/SQL 程序可以使用权限进行控制。

（3）具有模块化结构，能使用过程化语言控制结构，可以对程序中的错误进行自动处理，使程序能够在遇到错误的时候不会被中断。

（4）PL/SQL 代码可以使用任何 ASCII 文本编辑器编写，所以对任何 Oracle 能够运行的操作系统都是非常便利的。具备良好的可移植性，可以移植到另一个 Oracle 数据库中。

9.1　PL/SQL 简介

PL/SQL 是 Oracle 在关系数据库结构化查询语言 SQL 基础上扩展得到的一种过程化查询语言。SQL 与编程语言之间的不同在于，SQL 没有变量，SQL 没有流程控制（分支，循环）。而 PL/SQL 是结构化的和过程化的结合体，而且最为重要的是，在用户执行多条 SQL 语句时，每条 SQL 语句都是逐一的发送给数据库，而 PL/SQL 可以一次性将多条 SQL 语句一起发送给数据库，减少网络流量。

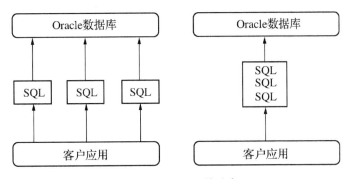

图 9.1　PL/SQL 的特点

PL/SQL 语言的优点如下：

■ PL/SQL 语言是 SQL 语言的扩展，具有为程序开发而设计的特性，如数据封装、异常处理、面向对象等特性。

■ PL/SQL 是嵌入到 Oracle 服务器和开发工具中的，所以具有很高的执行效率和同 Oracle 数据库的完美结合。

■ 在 PL/SQL 模块中可以使用查询语句和数据操纵语句（即进行 DML 操作），这样就可以编写具有数据库事务处理功能的模块。

至于数据定义（DDL）和数据控制（DCL）命令的处理，需要通过 Oracle 提供的特殊的 DMBS_SQL 包来进行。PL/SQL 还可以用来编写过程、函数、包及数据库触发器。

1. PL/SQL 程序块的结构

PL/SQL 程序都是以块（block）为基本单位，整个 PL/SQL 块分 DECLARE、BEING、END 三部分，声明部分（用 declare 开头）、执行部分（以 begin 开头）、异常处理部分（以 exception 开头）格式如下：

PL/SQL 简介————语法结构（内部程序块）

```
DECLARE
——声明部分,例如:定义变量、常量、游标.
BEGIN
——程序编写、SQL 语句
DECLARE
——子程序声明部分,例如:定义变量、常量、游标.
BEGIN
——子程序编写、SQL 语句
EXECTPION
——子程序处理异常
END;
...
EXECTPION
——处理异常
END;
/
```

声明部分(DECLARE):作为开始标志,主要声明在可执行部分中调用的所有变量定义、用户定义的 PL/SQL 类型、游标、引用的函数或过程和用户自定义的异常处理。

执行部分(BEGIN):包括对数据库中进行操作的 SQL 语句,以及对块中进行组织、控制的 PL/SQL 语句,这部分是必需的。

异常部分(EXCEPTION):包括在执行过程中出错或出现非正常现象时所做的相应处理。

结束部分(END):程序执行到 END 表示结束,分号用于结束匿名块,而正斜杠(/)执行块程序。

其中执行部分是必需的,其他两部分是可选的。

2. 书写 PL/SQL 需要注意的事项

每一个 PL/SQL 块由 BEGIN 或 DECLARE 开始,以 END 结束。PL/SQL 块中每一条语句都必须以分号结束,SQL 语句可以分行,分号表示该语句的结束。一行中可以有多条 SQL 语句,他们之间以分号分隔。注释由"——"标示。

【范例 9 - 1】 编写一个简单的 PL/SQL 程序。

代码 9.1　简单的 PL/SQL 程序

```
01   DECLARE
02   v_num NUMBER;      ——定义一个变量 v_num
03   BEGIN
04   v_num : = 30;           ——设置 v_num 的内容
05   DBMS_OUTPUT.put_line('V_NUM 变量的内容是:' || v_num);
06   END;
```

程序结果:V_NUM 变量的内容是:30

9.2　PL/SQL 的数据类型

在定义常量或者变量时,必须要指定一个类型。PL/SQL 是一个静态类型化的程序设计语言,类型会在编译时而不是运行时被检查,这样在编译时候就能发现类型错误,以便增强程序的稳定性。PL/SQL 提供了多种数据类型,下面将做详细的讲解。

9.2.1　数值型

NUMBER 型可以定义数值的总长度和小数位,如 NUMBER(10,3)表示定义一个宽度为 10、小数位为 3 的数值。整个宽度减去小数部分的宽度为整数部分的宽度,所以整数部分的宽度为 7。

BINARY_INTEGER 和 PLS_INTEGER 具有相同的范围长度($-231 \sim 231$,$-2147483648 \sim 2147483647$),与 NUMBER 相比较而言,其所占用的范围更小。在数学计算时,由于 NUMBER 类型保存的数据为十进制类型,所以需要首先将十进制转为二进制数据之后才可以进行计算,而对于 BINARY_INTEGER 与 PLS_INTEGER 类型而言,采用的是二进制的补码形式存储,所以性能上要比 NUMBER 类型更高。

BINARY_INTEGER 与 PLS_INTEGER 是有区别的,当使用 BINARY_INTEGER 操作的数据大于其数据范围定义时,会自动将其变为 NUMBER 型数据保存,而使用 PLS_INTEGER 操作的数据大于其数据范围定义时,会抛出异常信息。

在 Oracle 10g 之后引入了两个新的数据类型:BINARY_FLOAT、BINARY_DOUBLE,使用这两个类型要比使用 NUMBER 节约空间,同时表示的范围也越大。最为重要的是这两个数据类型并不像 NUMBER 采用了十进制方式存储,而直接采用二进制方式存储,这样在进行数学计算时,其性能更高。

9.2.2　字符型

NUMBER 和 VARCHAR2 是最常用的数据类型。

CHAR 数据类型为固定长度的字符串,定义时要指明宽度,如不指明,默认宽度为 1。定长字符串在显示输出时,有对齐的效果。

VARCHAR2 是可变长度的字符串,定义时指明最大长度,存储数据的长度是在最大长度的范围自动调节的,数据前后的空格会自动将其删去。

9.2.3　日期型

DATE 类型用于存储日期数据,内部使用 7 个字节。其中包括年、月、日、小时、分钟和秒数。默认的格式为 DD−MON−YY,如:07−8 月−03 表示 2003 年 8 月 7 日,其有效范围从公元前 4712 年 1 月 1 日到公元 9999 年 12 月 31 日,同时如果要捕获当前的日期时间,可以通过 SYSDATE 或 SYSTIMESTAMP 两个伪列完成,DATE 数据类型的主要字段索引组成如表 9.1 所示。

表 9.1　日期型

No.	字段名称	有效范围	有效内部值
1	YEAR	−4712 ～ 9999(不包含公元 0 年)	任何非零整数
2	MONTH	01 ～ 12	0 ～ 11
3	DAY	01 ～ 31(参考日历)	任何非零整数
4	HOUR	00 ～ 23	0 ～ 23
5	MINUTE	00 ～ 59	0 ～ 59
6	SECOND	00 ～ 59	00 ～ 59.9(其中 0.1 是秒的精度部分)

9.2.4　其他类型

BOOLEAN 为布尔型,用于存储逻辑值,可用于 PL/SQL 的控制结构。

LOB 数据类型可以存储视频、音频或图片,支持随机访问,存储的数据可以位于数据库内或数据库外,具体有四种类型:BFILE、BLOB、CLOB、NCLOB。但是操纵大对象需要使用 Oracle 提供的 DBMS_LOB 包。

表 9.2　其他类型

No.	分类	数据类型	描述
1	数值型	NUMBER（数据总长度［，小数位长度］）	NUMBER 是一种表示数字的数据类型。可以声明它保存数据类型的整数位和小数位的精度，在数据库之中是以十进制格式存储，在计算时，系统会将其变为二进制数据进行运算，占 32 个字节
2		BINARY_INTEGER	不存储在数据库之中，只能够在 PL/SQL 中使用的带符号整数，其范围是"$-2^{31} \sim 2^{31}$"，如果运算发生溢出时，则自动变为 NUMBER 型数据
3		PLS_INTEGER	有符号的整数，其范围是"$-2^{31} \sim 2^{31}$"，可以直接进行数学运算，进行的运算发生溢出的时候，会触发异常，与 NUMBER 相比 PLS_INTEGER 占用空间小，而且性能更好
4		BINARY_FLOAT	单精度 32 位浮点数类型，占 5 个字节
5		BINARY_DOUBLE	双精度 64 位浮点数类型，占 9 个字节
6	字符型	CHAR（长度）	定长字符串，如果所设置的内容不足定义长度，则自动补充空格，可以保存 32767 个字节的数据
7		VARCHAR2（长度）	变长字符串，VARCHAR2 数据类型列按照字节或字符来存储可变长度的字符串，可以保存 1～32767 个字节的数据
8		VARCHAR（长度）	其功能与 VARCHAR2 类似，由于其是 ANSI 定义的标准类型，Oracle 有可能在以后的版本对其进行修改，建议使用 VARCHAR2
9		NCHAR（长度）	定长字符串，存储 UNICODE 编码数据
10		NVARCHAR2（长度）	变长字符串，存放 UNICODE 编码数据
11		LONG	变长字符串数据，存储超过 4000 个字符时使用，最多可以存储 2G 大小的数据，这是一个可能会被取消的类型，替代它的类型为 LOB
12		RAW	保存固定长度的二进制数据，最多可以存放 2000 个字节的数据
13		LONG RAW	存储二进制数据（图片、音乐等），最多可以存储 2G 大小的数据，有可能会被 LOB 替代
14		ROWID	数据表中每行记录的唯一物理地址标记，只支持物理行 ID，不支持逻辑行 ID
15		UROWID	支持物理行 ID 和逻辑行 ID
16	日期型	DATE	DATE 是一个 7 字节的列，可以保存日期和时间，不包含毫秒
17		TIMESTAMP	DATE 子类型，包含日期和时间，时间部分包含毫秒，有 TIMESTAMP WITH TIME ZONE 和 TIMESTAMP WITH LOCAL TIME ZONE 两种子类型
18		INTEVAL	DATE 的子类型，用于管理时间间隔，有 INTERVAL DAY TO SECOND 和 INTERVAL YEAR TO MONTH 两种子类型

No.	分类	数据类型	描述
19	大对象	CLOB	CLOB 数据类型代表 Character Large Object（字符型大对象）。它最多可以存储 4G 的字符串数据
20		NCLOB	存放 UNICODE 编码的大文本数据，最多可以存储 4G 的字符串数据
21		BLOB	BLOB 数据类型列可以包含最大 4GB 的任何诶性的非结构化的二进制数据
22		BFILE	BFILE 数据类型列包含存储在外部文件系统上文件的索引，最大不超过 4GB
23	布尔	BOOLEAN	布尔类型，可以设置的内容：TRUE、FALSE、NULL

9.3　变量的声明与赋值

变量的作用是用来存储数据，可以在过程语句中使用。变量在声明部分可以进行初始化，即赋予初值。变量在定义的同时也可以将其说明成常量并赋予固定的值。变量的命名规则是：以字母开头，后跟其他的字符序列，字符序列中可以包含字母、数值、下划线等符号，最大长度为 30 个字符，不区分大小写。不能使用 Oracle 的保留字作为变量名。变量名不要和在程序中引用的字段名相重，如果相重，变量名会被当作列名来使用。

变量的作用范围是在定义此变量的程序范围内，如果程序中包含子块，则变量在子块中也有效。但在子块中定义的变量，仅在定义变量的子块中有效，在主程序中无效。

【范例 9-2】　定义变量不设置默认值。

代码 9.2　没有赋值的变量

```
01   DECLARE
02     v_result     VARCHAR2(30);      - - 此处没有赋值
03   BEGIN
04     DBMS_OUTPUT.put_line('v_result 的内容〖' || v_result || '〗');
05   END;
```

变量定义的方法是：

```
变量名 [CONSTANT] 类型标识符 [NOT NULL][: = 值|DEFAULT 值];
```

CONSTANT：用来说明定义的变量是常量，如果是常量，必须有赋值部分进行赋值。

NOT NULL：用来说明变量不能为空。

：＝或 DEFAULT：用来为变量赋初值。

【范例 9 - 3】 定义变量。

代码 9.3 变量定义

```
01   DECLARE
02   v_resultA NUMBER : = 100;        ——定义一个变量同时赋值
03   v_resultB NUMBER;               ——定义一个变量没有设置内容
04   BEGIN
05   v_resultb : = 30;               ——没有区分大小写
06   DBMS_OUTPUT.put_line('计算的结果是:' || (v_resultA + v_resultB) );
07   END;
```

变量可以在程序中使用赋值语句重新赋值。通过输出语句可以查看变量的值。在程序中为变量赋值的方法是:

```
变量名: = 值 或 PL/SQL 表达式;
```

9.3.1 声明并使用变量

PL/SQL 是一种强类型的编程语言,所有的变量都必须在它声明之后才可以使用,变量都要求在 DECLARE 部分进行声明,而对于变量的名称也有如下的一些规定:

■ 变量名称的组成可以由字母、数字、_、$、# 等组成;
■ 所有的变量名称要求以字母开头,不能是 Oracle 中的关键字;
■ 变量的长度最多只能为 30 个字符。

所有的变量都要求在 DECLARE 部分之中进行,在定义变量的时候也可以为其赋默认值,变量声明语法如下:

```
变量名称 [CONSTANT] 类型 [NOT NULL] [: = value];
```

CONSTANT:定义常量,必须在声明时为其赋予默认值。

NOT NULL:表示此变量不允许设置为 NULL。

=value:表示在变量声明时,设置好其初始化内容。

【范例 9 - 4】 定义常量。

代码 9.4 常量定义

```
01   DECLARE
02    v_resultA CONSTANT NUMBER NOT NULL : = 100;
03   BEGIN
04    DBMS_OUTPUT.put_line('v_resultA 常量内容:' || (v_resultA) );
05   END;
```

定义一个常量同时赋值。

9.3.2　使用%TYPE 声明变量类型

在编写 PL/SQL 程序的时候,如果希望某一个变量与指定数据表中某一列的类型一样,则可以采用"变量定义 表名称. 字段名称%TYPE"的格式,这样指定的变量就具备了与指定的字段相同的类型。使用%TYPE 的优点在于:所引用的数据库列的数据类型可以不必知道;可以实时改变,容易保持一致,也不用修改 PL/SQL 程序。

【范例 9‐5】　%TYPE 变量类型示例。

代码 9.5　%TYPE 变量类型

```
01  DECLARE
02  v_eno SALESREPS. EMPL_ID%TYPE; ——与 empno 类型相同
03  v_ename SALESREPS. EMPL_NAME%TYPE; ——与 ename 类型相同
04  BEGIN
05  DBMS_OUTPUT. put_line('请输入雇员编号:');
06  v_eno := &empno;  ——由键盘输入雇员编号
07  SELECT EMPL_NAME INTO v_ename FROM SALESREPS WHERE EMPL_ID = v_eno;
08    DBMS_OUTPUT. put_line('编号为:'|| v_eno || '雇员的名字为:'|| v_ename);
09  END;
```

9.3.3　使用%ROWTYPE 声明变量类型

使用"%ROWTYPE"标记可以定义表中一行记录的类型。返回一个记录类型,其数据类型和数据库表的数据结构相一致。使用%ROWTYPE 的优点在于:所引用的数据库中列的个数和数据类型可以不必知道;可以实时改变,容易保持一致,也不用修改 PL/SQL 程序。

当用户使用了"SELECT … INTO …"将表中的一行记录设置到了 ROWTYPE 类型的变量之中,就可以利用"rowtype 变量. 表字段"的方式取得表中每行的对应列数据。

【范例 9‐6】　%ROWTYPE 变量类型示例。

代码 9.6　%ROWTYPE 变量类型

```
01  DECLARE
02    v_deptRow    OFFICES%ROWTYPE;          ——装载一行 dept 记录
03  BEGIN
04    SELECT * INTO v_deptRow FROM  OFFICES  WHERE OFFICE_ID = 11;
05    DBMS_OUTPUT. put_line('部门编号:'|| v_deptRow. OFFICE_ID || ',名称:'|| v_deptRow. CITY || ',位置:'|| v_deptRow. REGION);
06  END;
```

9.4 运算符

PL/SQL 常见的运算符和函数包括以下方面：
- 算术运算：加（＋）、减（?）、乘（＊）、除（/）、指数（＊＊）。
- 关系运算：小于（＜）、小于等于（＜＝）、大于（＞）、大于等于（＞＝）、等于（＝）、不等于（! ＝或＜＞）。
- 字符运算：连接（||）。
- 逻辑运算：与（AND）、或（OR）、非（NOT）。

特殊运算符如下：
- IS NULL：判断是否为空，为空则返回 True。
- LIKE：用来判断字符串是否模式与模式匹配。
- BETWEEN…AND…：判断值是否位于一个区间。
- IN(…..)：测试运算对象是否在一组值的列表中。

9.5 程序结构

9.5.1 分支结构

分支结构是最基本的程序结构，分支结构由 IF 语句实现。IF 语句有三类语法格式：IF、IF…ELSE、IF … ELSIF…ELSE 语句，下面是三种语法的结构。

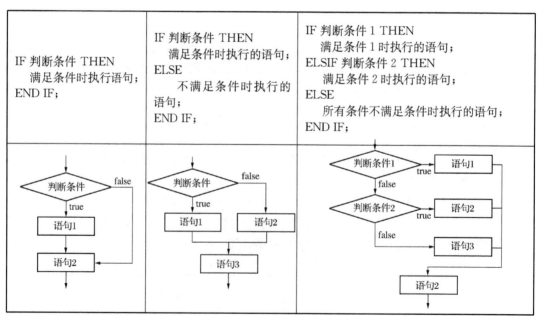

选择 CASE 结构如下：

基本 CASE 结构	表达式结构 CASE 语句	搜索 CASE 结构
CASE 选择变量名 WHEN 表达式 1 THEN 　语句序列 1 WHEN 表达式 2 THEN 　语句序列 2 WHEN 表达式 n THEN 　语句序列 n ELSE 　语句序列 n+1 END CASE；	变量＝CASE 选择变量名 WHEN 表达式 1 THEN 　值 1 WHEN 表达式 2 THEN 　值 2 WHEN 表达式 n THEN 　值 n ELSE 　值 n+1 END；	CASE WHEN　条件表达式 1 　THEN　语句序列 1 WHEN　条件表达式 2 　THEN　语句序列 2 WHEN　条件表达式 n 　THEN　语句序列 n ELSE 　语句序列 n+1 END CASE；

9.5.2　循环结构

基本 LOOP 循环	FOR LOOP 循环	WHILE　LOOP 循环
LOOP ——循环起始标识 语句 1； 语句 2； EXIT［WHEN 条件］； END LOOP；　——循环结束标识	FOR 控制变量 in［REVERSE］ 下限…上限 LOOP 语句 1； 语句 2； END LOOP；	WHILE　　循环结束条件 LOOP 语句 1； 语句 2； END LOOP；
设置循环初始化条件 循环体代码 循环结束？　true false 修改循环结束条件 其他语句	设置循环初始化条件 循环结束？ 循环体代码　true false 修改循环结束条件 其他语句	设置循环初始化条件 循环结束？ 循环体代码　true false 修改循环结束条件 其他语句
该循环的作用是反复执行 LOOP 与 END LOOP 之间的语句。 EXIT 用于在循环过程中退出循环，WHEN 用于定义 EXIT 的退出条件。如果没有 WHEN 条件，遇到 EXIT 语句则无条件退出循环。	和上限用于指明循环次数。正常情况下循环控制变量的取值由下限到上限递增，REVERSE 关键字表示循环控制变量的取值由上限到下限递减。	当条件满足时，执行循环体；当条件不满足时，则结束循环。如果第一次判断条件为假，则不执行循环体。

9.6　内部程序块

PL/SQL 过程化结构的特点是：可将逻辑上相关的语句组织在一个程序块内；通过嵌入或调用子块，构造功能强大的程序；可将一个复杂的问题分解成为一组便于管理、定义和实现的小块。

PL/SQL 程序的基本单元是块，块就是实现一定功能的逻辑模块。一个 PL/SQL 程序由一个或多个块组成。块有固定的结构，也可以嵌套。一个块可以包括三个部分，每个部分由一个关键字标识。

"——"是注释符号，后边是程序的注释部分。该部分不编译执行，所以在输入程序时可以省略。/＊......＊/中间也是注释部分，同"——"注释方法不同，它可以跨越多行进行注释。

PL/SQL 程序的可执行语句、SQL 语句和 END 结束标识都要以分号结束。

PL/SQL 的输出由函数 DBMS_OUTPUT. PUT_LINE 显示输出结果。DBMS_OUTPUT 是 Oracle 提供的包，该包有如下三个用于输出的函数，用于显示 PL/SQL 程序模块的输出信息。

第一种形式：DBMS_OUTPUT. PUT（字符串表达式）；
用于输出字符串，但不换行，括号中的参数是要输出的字符串表达式。

第二种形式：DBMS_OUTPUT. PUT_LINE（字符串表达式）；
用于输出一行字符串信息，并换行，括号中的参数是要输出的字符串表达式。

第三种形式：DBMS_OUTPUT. NEW_LINE；
用来输出一个换行，没有参数。

在 PL/SQL 模块中可以使用查询语句和数据操纵语句（即进行 DML 操作），所以 PL/SQL 程序是同 SQL 语言紧密结合在一起的。在 PL/SQL 程序中，最常见的是使用 SELECT 语句从数据库中获取信息。同直接执行 SELECT 语句不同，在程序中的 SELECT 语句总是和 INTO 相配合，INTO 后跟用于接收查询结果的变量，

形式如下：

```
SELECT 列名 1,列名 2... INTO 变量 1,变量 2...
FROM 表名 WHERE 条件;
```

注意：接收查询结果的变量类型、顺序和个数同 SELECT 语句的字段的类型、顺序和个数应该完全一致，并且 SELECT 语句返回的数据必须是一行，否则将引发系统错误。当程序要接收返回的多行结果时，可以采用后面介绍的游标的方法。

使用 INSERT、DELETE 和 UPDATE 的语法没有变化，但在程序中要注意判断语句执行的状态，并使用 COMMIT 或 ROLLBACK 进行事务处理。

9.7　异常处理

在程序开发之中经常会由于设计错误、编码错误、硬件故障或其他原因引起程序的运行错误。虽然不可能预测所有错误，但在程序中可以规划处理某些类型的错误。异常情况处理（EXCEPTION）是用来处理正常执行过程中未预料的事件。PL/SQL 程序块一旦产生异常而没有指出如何处理时，程序就会自动终止整个程序运行。而异常处理机制使得在出现某些错误的时候程序仍然可以执行。

在 PL/SQL 的基本结构之中，给出了 EXCEPTION 语句块来让用户编写异常处理的代码，而在进行异常处理之前，首先还需要判断出现的是何种异常。异常处理部分一般放在 PL/SQL 程序体的后半部，格式如下：

```
WHEN 异常类型 | 用户定义异常 | 异常代码
OTHERS THEN
 异常处理；
```

异常的处理流程如图 9.2 所示。

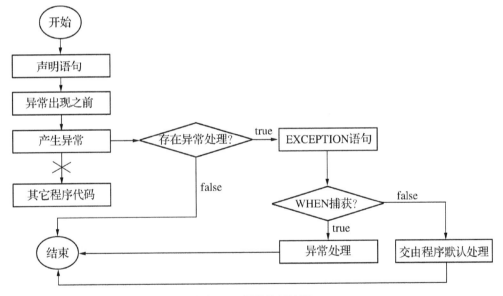

图 9.2　异常处理流程

Oracle 异常分为两种类型：系统异常和自定义异常。

（1）系统异常又分为：预定义异常和非预定义异常。

预定义异常：Oracle 定义了他们的错误编号和异常名字。对这种异常情况的处理，无需在程序中定义，由 Oracle 自动将其引发。

非预定义异常：Oracle 为它定义了错误编号，但没有定义异常名字。使用的时候，先声名一个异常名，通过伪过程 PRAGMA EXCEPTION_INIT，将异常名与错误号关联起来。

（2）用户自定义异常：程序执行过程中，出现编程人员认为的非正常情况。对这种异常情况的处理需要用户在程序中定义，然后显式地在程序中将其引发。

9.7.1 系统异常

当 PL/SQL 程序违反了 Oracle 系统内部规定的设计规范时，就会自动引发一个预定义的异常，Oracle 提供 20 多种预定义错误，如表 9.3 所示。

表 9.3　Oracle 提供预定义错误

命名的系统异常	产生原因	Oracle Error	SQLCODE Value
DUP_VAL_ON_INDEX	唯一索引对应的列上有重复的值	ORA－00001	－1
TIMEOUT_ON_RESOURCE	Oracle 在等待资源时超时	ORA－00051	－51
Transaction-backed-out	由于发生死锁事务被撤销	ORA－00061	－61
INVALID_CURSOR	在不合法的游标上进行操作	ORA－01001	－1001
NOT_LOGGED_ON	PL/SQL 应用程序在没有连接 Oracle 数据库的情况下访问数据	ORA－01012	－1012
LOGIN_DENIED	PL/SQL 应用程序连接到 Oracle 数据库时，提供了不正确的用户名或密码	ORA－01017	－1017
NO_DATA_FOUND	使用 select into 未返回行，或应用索引表未初始化的元素时	ORA－01403	－1403
SYS_INVALID_ID	无效的 ROWID 字符串	ORA－01410	－1410
TOO_MANY_ROWS	执行 select into 时，结果集超过一行	ORA－01422	－1422
ZERO_DIVIDE	除数为 0	ORA－01476	－1476
INVALID_NUMBER	企图将字符串转换成无效的数字而失败	ORA－01722	－1722
STORAGE_ERROR	运行 PL/SQL 时，超出内存空间	ORA－06500	－6500
PROGRAM_ERROR	PL/SQL 内部问题，可能需要重装数据字典 & PL. /SQL 系统包	ORA－06501	－6501
VALUE_ERROR	赋值时，变量长度不足以容纳实际数据	ORA－06502	－6502
ROWTYPE_MISMATCH	宿主游标变量与 PL/SQL 游标变量的返回类型不兼容	ORA－06504	－6504
CURSER_ALREADY_OPEN	游标已经打开	ORA－06511	－6511
ACCESS_INTO_NULL	未定义对象	ORA－06530	－6530
COLLECTION_IS_NULL	集合元素未初始化	ORA－06531	－6531

续表

命名的系统异常	产生原因	Oracle Error	SQLCODE Value
SUBSCRIPT_OUTSIDE_LIMIT	使用嵌套表或 VARRAY 时,将下标指定为负数	ORA-06532	-6532
SUBSCRIPT_BEYOND_COUNT	元素下标超过嵌套表或 VARRAY 的最大值	ORA-06533	-6533
CASE_NOT_FOUND	CASE 中若未包含相应的 WHEN,并且没有设置 ELSE 时	ORA-06592	-6592
SELF_IS_NULL	使用对象类型时,在 null 对象上调用对象方法	ORA-30625	-30625

对这种异常情况的处理,只需在 PL/SQL 块的异常处理部分,直接引用相应的异常情况名,并对其完成相应的异常错误处理即可。

【范例 9-7】　处理被除数为零异常。

代码 9.7　除数为零异常

```
01    DECLARE
02        v_result      NUMBER;
03    BEGIN
04        v_result : = 10/0;         ——被除数为 0
05        DBMS_OUTPUT.put_line('异常之后的代码将不再执行!');
06    EXCEPTION
07        WHEN zero_divide THEN
08            DBMS_OUTPUT.put_line('被除数不能为零.');
09            DBMS_OUTPUT.put_line('SQLCODE = ' || SQLCODE);
10    END;
```

【范例 9-8】　编写一个 PL/SQL 程序,用户输入分公司编号,查询并显示在此分公司的员工信息。

范例分析:当用户输入某个分公司的编号进行查询,结果有三种可能:(1) 分公司编号有误,没有查到;(2) 有此分公司信息,分公司有多个员工;(3) 有此分公司,分公司只有一个员工。因为在 PL/SQL 程序中如果需要提前多条记录,必须使用游标,在第 11 章我们会仔细讲解,本程序只处理单条记录。因此(1)和(2)种情况我们都将作为异常处理。

代码 9.8　查询分公司员工信息

```
01    DECLARE
02        v_dno       SALESREPS.OFFICE % TYPE;
03        v_ename     SALESREPS.EMPL_NAME % TYPE;
04    BEGIN
05        v_dno : = &deptno;
```

```
06        SELECT EMPL_NAME INTO v_ename FROM SALESREPS WHERE OFFICE = v_dno;
07          IF SQL % FOUND THEN
08            DBMS_OUTPUT.put_line('雇员的名字为:' || v_ename);
09          END IF;
10      EXCEPTION
11          WHEN TOO_MANY_ROWS THEN
12              DBMS_OUTPUT.put_line('返回的数据过多!');
13              DBMS_OUTPUT.put_line('SQLCODE = ' || SQLCODE);
14              DBMS_OUTPUT.put_line('ERROR = ' || SQLERRM);
15          WHEN NO_DATA_FOUND   THEN
16              DBMS_OUTPUT.put_line('没有这个公司!');
17              DBMS_OUTPUT.put_line('SQLCODE = ' || SQLCODE);
18              DBMS_OUTPUT.put_line('ERROR = ' || SQLERRM);
19      END;
```

代码分析:

第 02~03 行:定义两个变量,v_dno 用户输入分公司编号,v_ename 用来显示员工姓名。两个变量都使用对应的列变量%TYPE。

第 05 行:由键盘输入部门编号。

第 06~09 行:查询记录,如果能查询到结果并且是单条记录就显示出来。

第 10~18 行:异常处理部分,TOO_MANY_ROWS 表示查询返回的结果超过一条;NO_DATA_FOUND 表示输入的分公司编号错误,没有找到此公司。

运行结果:

当输入 33,此分公司只有一名员工,结果显示:雇员的名字为:马玉瑛。

当输入 11,因为此分公司有多个员工,返回数据不止一条,运行结果如图 9.3 所示。

当输入 44,没有此编号的分公司,运行结果如图 9.4 所示:

```
返回的数据过多!
SQLCODE = -1422
ERROR = ORA-01422: 实际返回的行数超出请求的行数
```

```
返回的数据过多!
SQLCODE = -1422
ERROR = ORA-01422: 实际返回的行数超出请求的行数
```

图 9.3 返回数据过多 　　　　　　　图 9.4 没有这家公司

9.7.2 用户自定义异常

用户定义的异常必须在 DECLARE 段中说明,在 Begin 段中用 RAISE 引起,在 EXCEPTION 段中使用。有两种方式来定义用户异常:

(1) 在声明块中声明 EXCEPTION 对象,此方式有两种选择:

◆ 声明异常对象并用名称来引用它,使用普通的 others 异常捕获用户定义异常;

◆ 声明异常对象并与有效的 Oracle 错误代码映射,编写单独的 WHEN 语句块捕获。

(2) 在执行块中构建动态异常。通过"RAISE_APPLICATION_ERROR"函数可以构建动态异常。在触发动态异常时,可使用−20000 ~ −20999 范围的数字。如果使用动态异常,可以在运行时指派错误消息。

也可以将用户定义的异常添加到异常列表(异常堆栈)之中,其语法如下所示:

```
RAISE_APPLICATION_ERROR(错误号,错误信息 [,是否添加到错误堆栈])
```

错误号:只接受－20000～－20999 范围的错误号,和声明的错误号一致;

错误信息:用于定义在使用 SQLERRM 输出时的错误提示信息;

是否添加到错误堆栈:如果设置为 TRUE,则表示将错误添加到任意已有的错误堆栈,默认为 FALSE,可选。

用户自定义的异常错误是通过显式使用 RAISE 语句来触发。当引发一个异常错误时,控制就转向到 EXCEPTION 块异常错误部分,执行错误处理代码。

这类异常情况的处理,步骤如下:

(1) 在 PL/SQL 块的定义部分定义异常情况:<异常情况>　EXCEPTION;

(2) RAISE　<异常情况>;

(3) 在 PL/SQL　块的异常情况处理部分对异常情况做出相应的处理。

【范例 9 - 9 】　向 SALESRESP 表新增一条数据,新增数据包括员工编号 EMPL_ID,员工姓名 EMPL_NAME,员工所在分公司 OFFICE 三个参数。编一个 PL/SQL 程序,当输入的数据无法正常插入时,能显示相应的错误。

范例分析:向一个表新增一条数据,可能会遇到如下几个异常:

(1) 输入的主键违反唯一性约束。

(2) 输入的内容不符合数据类型定义,比如 EMPL_NAME 数据类型为 VARCHAER2(15),我们输入的数据长度超过 15 等。

代码 9.9　用户自定义异常

```
01   DECLARE
02       v_eno SALESREPS. EMPL_ID % TYPE;
03       v_name SALESREPS. EMPL_NAME % TYPE;
04       v_office SALESREPS. OFFICE % TYPE;
05       v_offcount INTEGER;
06       PK_NULL_EXCEPTION EXCEPTION;
07       PK_OFFICE_VALUE_EXCEPTION EXCEPTION;
08   BEGIN
09     v_eno: = &keyeno;
10     v_name: = '&keyname';
11     v_office: = '&keyoffice';
12       IF   v_name IS NULL THEN
13         RAISE PK_NULL_EXCEPTION;
14       END IF;
15       SELECT COUNT(OFFICE_ID) INTO v_offcount FROM OFFICES
     WHERE OFFICE_ID = v_office;
```

```
16        IF   v_offcount = 0 THEN
17          RAISE PK_OFFICE_VALUE_EXCEPTION;
18        END IF;
19        INSERT INTO SALESREPS(EMPL_ID,EMPL_NAME,Office)
    values(v_eno,v_name,v_office);
20      EXCEPTION
21        WHEN DUP_VAL_ON_INDEX   THEN
22            DBMS_OUTPUT.put_line('输入的数据违反唯一性约束!');
23            DBMS_OUTPUT.put_line('SQLCODE = ' || SQLCODE);
24            DBMS_OUTPUT.put_line('ERROR = ' || SQLERRM);
25        WHEN VALUE_ERROR    THEN
26            DBMS_OUTPUT.put_line('数值错误!');
27            DBMS_OUTPUT.put_line('SQLCODE = ' || SQLCODE);
28            DBMS_OUTPUT.put_line('ERROR = ' || SQLERRM);
29        WHEN   INVALID_NUMBER THEN
30            DBMS_OUTPUT.put_line('字符串转换为数值形式错误!');
31            DBMS_OUTPUT.put_line('SQLCODE = ' || SQLCODE);
32            DBMS_OUTPUT.put_line('ERROR = ' || SQLERRM);
33        WHEN   PK_NULL_EXCEPTION THEN
34            DBMS_OUTPUT.put_line('关键的数据为空!');
35            DBMS_OUTPUT.put_line('ERROR = ' || SQLERRM);
36        WHEN PK_OFFICE_VALUE_EXCEPTION   THEN
37            DBMS_OUTPUT.put_line('分公司值错误!');
38            DBMS_OUTPUT.put_line('ERROR = ' || SQLERRM);
39  END;
```

代码分析：

第 02～04 行：定义三个列变量。

第 06～07 行：定义两个用户自定义异常，PK_NULL_EXCEPTION 为数据值为空，PK_OFFICE_VALUE_EXCEPTION 为 OFFICE 值错误。

第 09～11 行：接受用户输入三个变量值。

第 12～14 行：新增用户名为空的异常错误。

第 15～18 行：新增数据中分公司值错误异常。

第 19 行：插入数据。

第 21～24 行：系统预定义错误，违反唯一性错误。

第 25～28 行：系统预定义错误，数值错误。

第 29～32 行：系统预定义错误，字符串转换数值错误。

第 33～35 行：用户自定义错误，关键字为空。

第 36～38 行：用户自定义错误，分公司错误。

9.8　本章小结

　　PL/SQL 代码块的基本结构以 BEGIN 关键字开头,如果没有异常处理部分,EXCEPTION 关键字就被省略,END 关键字后面紧跟着一个分号结束该块的定义。无论 PL/SQL 程序段的代码量有多大,其基本结构就是由这三部分组成。在编写程序时,用户可以使用系统预定义异常和自定义异常,这样保证编写的代码健壮性。

9.9　本章练习

☞扫一扫可见
本章参考答案

　　【练习 9-1】　编写 PL/SQL 块,输入一个销售员编号,而后取得指定的销售员姓名。

　　【练习 9-2】　使用 ROWTYPE% 类型定义 PRODUCTS 表的数据,并显示厂商 BIC 生产的 79CPU 产品的信息。

第 10 章　集合与记录类型

在 PL/SQL 中,字符串、数字类型等都属于标量类型,标量类型是一种不包含其他类型的变量。如果在一种类型中包含了其他的标量类型就是复合类型。集合和记录是 Oracle 提供的两种复合类型。本章先介绍集合运算符和集合的使用,然后介绍复合类型的使用。

10.1　集合运算符

为了便于集合的数据类型操作,Oracle 11G 引入集合的数据类型,这些运算符只与嵌套表和可变数组一起使用。

【范例 10 - 1】　CARDINALITY 运算符,取得集合中的所有元素个数。

```
DECLARE
    TYPE list_nested IS TABLE OF VARCHAR2(50) NOT NULL;
    set_a      list_nested : = list_nested ('a','a','b','c','c','d','e');
BEGIN
    DBMS_OUTPUT.put_line(' 集合长度:' || CARDINALITY(set_a));
END;
```

运行结果:集合长度:7。

【范例 10 - 2】　CARDINALITY 运算符,使用 SET 运算符取消重复数据。

```
DECLARE
    TYPE list_nested IS TABLE OF VARCHAR2(50) NOT NULL;
    set_a      list_nested : = list_nested ('a','a','b','c','c','d','e');
BEGIN
    DBMS_OUTPUT.put_line(' 集合长度:' || CARDINALITY(SET(set_a)));
END;
```

运行结果:集合长度:5。

【范例 10 - 3】　EMPTY 运算符,判断集合是否为空。

```
DECLARE
    TYPE list_nested IS TABLE OF VARCHAR2(50) NOT NULL;
    set_a    list_nested : = list_nested ('CSLG','SUZHOU','JIANGSU');
    set_b    list_nested : = list_nested ();
```

```
    BEGIN
      IF set_a IS NOT EMPTY THEN
        DBMS_OUTPUT.put_line('set_aA 不是一个空集合!');
      END IF;
      IF set_b IS EMPTY THEN
        DBMS_OUTPUT.put_line('set_aB 是一个空集合!');
      END IF;
    END;
```

运行结果：set_a 不是一个空集合!

set_b 是一个空集合!

【范例 10 - 4】　使用 MEMBER OF 运算符，判断某一数据是否为集合的成员。

```
  DECLARE
    TYPE list_nested IS TABLE OF VARCHAR2(50) NOT NULL;
    set_a      list_nested : = list_nested ('CSLG','SUZHOU','YANGJIANYONG');
    v_str      VARCHAR2(10) : = 'CSLG';
  BEGIN
    IF v_str MEMBER OF set_a THEN
      DBMS_OUTPUT.put_line('CSLG 字符串存在.');
    END IF;
  END;
```

运行结果：CSLG 字符串存在。

【范例 10 - 5】　MULTISET EXCEPT 运算符，从一个集合中删除另外一个集合中相同的数据，返回新集合。

```
  DECLARE
    TYPE list_nested IS TABLE OF VARCHAR2(50) NOT NULL;
    set_aA      list_nested : = list_nested ('CSLG','SUZHOU','JIANGSU');
    set_aB      list_nested : = list_nested ('SUZHOU','JIANGSU');
    v_newlist      list_nested;
  BEGIN
    v_newlist : = set_aA MULTISET EXCEPT set_aB;
    FOR x IN 1 .. v_newlist.COUNT LOOP
      DBMS_OUTPUT.put_line(v_newlist(x));
    END LOOP;
  END;
```

运行结果：CSLG。

【范例 10 - 6】　MULTISET INTERSECT 运算符，取出两个集合中相同部分并返回新集合。

```
DECLARE
   TYPE list_nested IS TABLE OF VARCHAR2(50) NOT NULL;
   set_aA     list_nested : = list_nested ('CSLG','SUZHOU','JIANGSU');
   set_aB     list_nested : = list_nested ('SUZHOU','JIANGSU');
   v_newlist    list_nested;
BEGIN
   v_newlist : = set_aA MULTISET INTERSECT set_aB;
   FOR x IN 1 .. v_newlist.COUNT LOOP
     DBMS_OUTPUT.put_line(v_newlist(x));
   END LOOP;
END;
```

运行结果：SUZHOU

JIANGSU

【**范例 10 - 7**】 MULTISET UNION 运算符，将两个集合合并并返回新集合。

```
DECLARE
   TYPE list_nested IS TABLE OF VARCHAR2(50) NOT NULL;
   set_aA     list_nested : = list_nested ('CSLG','SUZHOU','JIANGSU');
   set_aB     list_nested : = list_nested ('SUZHOU','JIANGSU');
   v_newlist   list_nested;
BEGIN
   v_newlist : = set_aA MULTISET UNION set_aB;
   FOR x IN 1 .. v_newlist.COUNT LOOP
     DBMS_OUTPUT.put_line(v_newlist(x));
   END LOOP;
END;
```

运行结果：CSLG

SUZHOU

JIANGSU

SUZHOU

JIANGSU

【**范例 10 - 8**】 SET 运算符，删除集合中的重复元素。

```
DECLARE
   TYPE list_nested IS TABLE OF VARCHAR2(50) NOT NULL;
   set_aA     list_nested : = list_nested ('CSLG','SUZHOU','JIANGSU');
BEGIN
```

```
        IF set_aA IS A SET THEN
          DBMS_OUTPUT.put_line('set_aA 是一个集合.');
        END IF;
    END;
```

运行结果：set_aA 是一个集合。

【**范例 10 - 9**】　SUBMULTISET OF 运算符，判断集合 1 是否为集合 2 的子集合。

```
DECLARE
    TYPE list_nested IS TABLE OF VARCHAR2(50) NOT NULL;
    set_aA    list_nested := list_nested ('CSLG','SUZHOU','JIANGSU');
    set_aB    list_nested := list_nested ('CSLG','JIANGSU');
BEGIN
    IF set_aB SUBMULTISET set_aA THEN
      DBMS_OUTPUT.put_line('set_aB 是 set_aA 的一个子集合.');
    END IF;
END;
```

运行结果：set_aB 是 set_aA 的一个子集合。

10.2　集合函数

1. EXISTS(n)

EXISTS 被用来确定所引用的元素是否在集合中存在。其中，n 是一个整数表达式。如果由 n 定的元素存在，即便该元素是 NULL(无效)的，它也会返回 TRUE。如果 n 超出了范围，EXISTS 就返回 FALSE，而不是抛出异常。EXISTS 和 DELETE 可以被用来维护稀疏嵌套表。EXISTS 也可以应用于自动的 NULL 嵌套表或可变数组，在这些情况下，它总是返回 FALSE。

【**范例 10 - 10**】　判断某一数据是否存在。

```
DECLARE
    TYPE list_nested IS TABLE OF VARCHAR2(50) NOT NULL;
    set_a   list_nested := list_nested ('CSLG',' 江苏苏州 ','yangjianyong',
'oracle','mysql');
BEGIN
    IF set_a.EXISTS(1) THEN
      DBMS_OUTPUT.put_line(' 索引为 1 的数据存在.');
    END IF;
    IF NOT set_a.EXISTS(10) THEN
```

```
            DBMS_OUTPUT.put_line('索引为 10 的数据不存在.');
        END IF;
    END;
```

索引为 1 的数据存在。

索引为 10 的数据不存在。

2. COUNT

COUNT 返回目前在集合中的元素数,它是一个整数。COUNT 不带参数,而且在整数表达式有效处,它也有效。对于可变数组,COUNT 总是与 LAST 相等,因为从可变数组中不能删除元素。然而,从嵌套表中可以删除元素,因此,对于一个表来说,COUNT 可能与 LAST 不同。当从数据库中选择一个嵌套表时,COUNT 非常有用,因为那时元素的数目是未知的。在计算总数时,COUNT 将忽略已删除的元素。

【范例 10 - 11】 使用 COUNT 函数取得集合中的元素个数。

```
DECLARE
    TYPE list_nested IS TABLE OF VARCHAR2(50) NOT NULL;
    set_a    list_nested := list_nested ('CSLG','江苏苏州','yangjianyong',
'oracle','mysql');
BEGIN
    DBMS_OUTPUT.put_line('集合长度:' || set_a.COUNT);
END;
```

集合长度:5

3. LIMIT

LIMIT 返回一个集合目前的最大可允许的元素数(上限)。因为嵌套表没有大小上限,所以当应用于嵌套表时,LIMIT 总是返回 NULL。LIMIT 对于 index-by 表是无效的。

【范例 10 - 12】 使用 LIMIT 取得集合的最高下标。

```
DECLARE
    TYPE list_varray IS VARRAY(8) OF VARCHAR2(50);
    v_info    list_varray := list_varray('CSLG','oracle','mysql');
BEGIN
    DBMS_OUTPUT.put_line('数组集合的最大长度:' || v_info.LIMIT);
    DBMS_OUTPUT.put_line('数组集合的数据量:' || v_info.COUNT);
END;
```

数组集合的最大长度:8

数组集合的数据量:3

4. EXTEND

EXTEND 被用来把元素添加到嵌套表或可变数组的末端。它对于 index-by 表是无效的。EXTEND 有三种形式:EXTEND EXTEND(n) EXTEND(n, i)。

没有参数的 EXTEND 仅仅用索引 LAST+1 把一个 NULL 元素添加到集合的末端。

EXTEND(n)把 n 个 NULL 元素添加到表的末端,而 EXTEND(n,i)把元素 i 的 n 个副本添加到表的末端。如果该集合是用 NOT NULL 约束创建的,那么只有最后的这种可以使用,因为它不添加 NULL 元素。因为嵌套表没有一个明确的大小上限,所以你可以调用带 n 的 EXTEND,n 根据需要可取任意大的值(其大小上限是 2G,同时受内存限制的影响)。然而,可变数组只能被扩展到其大小上限,因此,n 最大可以是(LIMIT － COUNT)。

EXTEND 对集合的内部大小进行操作,这包括嵌套表的任何已删除的元素。当一个元素已删除时(DELETE 方法),该元素的数据也被消除,但是关键字却保留了下来。

5. FIRST 和 LAST

FIRST 返回集合中第一个元素的索引,而 LAST 返回最后一个元素的索引。对于可变数组,FIRST 总是返回 1,而 LAST 总是返回 COUNT 的值,这时因为可变数组是密集的,而且它的元素不能被删除。FIRST 和 LAST 可以与 NEXT 和 PRIOR 一起使用,来循环处理集合。

【范例 10－13】　扩充集合长度。

```
DECLARE
  TYPE list_nested IS TABLE OF VARCHAR2(50) NOT NULL;
  set_a   list_nested := list_nested ('CSLG','江苏苏州','yangjianyong');
BEGIN
  set_a.EXTEND(2);    ——集合扩充 2 个长度
  set_a(4) := 'oracle';
  set_a(5) := 'mysql';
  DBMS_OUTPUT.put_line('集合长度:' || set_a.COUNT);
  FOR x IN set_a.FIRST .. set_a.LAST LOOP
    DBMS_OUTPUT.put_line(set_a(x));
  END LOOP;
END;
```

集合长度:5
CSLG
江苏苏州
yangjianyong
oracle
mysql

6. NEXT(n)和 PRIOR(n)

NEXT 和 PRIOR 用来增加和减少集合的关键字值。其中的 n 是一个整数表达式。NEXT(n)返回紧接在位置 n 处元素后面的那个元素的关键字,PRIOR(n)返回位置 n 处元素前面的那个元素的关键字。如果其前或其后没有元素,那么 NEXT 和 PRIOR 将返回 NULL。

【范例 10 - 14】 验证 NEXT 函数。

```
DECLARE
    TYPE info_index IS TABLE OF VARCHAR2(20) INDEX BY PLS_INTEGER;
    v_info      info_index;
    v_foot      NUMBER;
BEGIN
    v_info (1) : = 'CSLG';
    v_info (10) : = 'JAVA';
    v_info ( -10) : = 'Oracle';
    v_info ( -20) : = 'EJB';
    v_info (30) : = 'Android';
    v_foot : = v_info. FIRST;                    ——取得集合的第一个索引值
    WHILE(v_info. EXISTS(v_foot)) LOOP           ——判断此索引数据是否存在
      DBMS_OUTPUT. put_line('v_info(' || v_foot || ') = ' || v_info(v_foot));
      v_foot : = v_info. NEXT(v_foot);           ——取得下一个索引值
    END LOOP;
    DBMS_OUTPUT. put_line(' 索引为 10 的下一个索引是:' || v_info. NEXT(10));
    DBMS_OUTPUT. put_line(' 索引为 - 10 的上一个索引是:' || v_info. PRIOR
( -10));
    END;
```

v_info(-20) = EJB
v_info(-10) = Oracle
v_info(1) = CSLG
v_info(10) = JAVA
v_info(30) = Android
索引为 10 的下一个索引是:30
索引为-10 的上一个索引是:-20

7. TRIM

TRIM 被用来从嵌套表或可变数组的末端删除元素。它有两种形式:TRIM 和 TRIM(n)。没有参数时,TRIM 从集合的末端删除一个元素。否则,则删除 n 个元素。如果 n 大于 COUNT,则抛出异常。因为删除了一些元素,在 TRIM 操作后 COUNT 将变小。TRIM 也对集合内部的大小进行操作,包括以 DELETE 删除的任何元素。

【范例 10 - 15】

```
DECLARE
    TYPE list_varray IS VARRAY(8) OF VARCHAR2(50);
    v_info   list_varray : = list_varray('CSLG','oracle','mysql','sqlserver','ejb');
BEGIN
```

```
        DBMS_OUTPUT.put_line('删除集合之前的数据量:'||v_info.COUNT);
      v_info.TRIM;                              ——删除1个集合的数据,还剩下4个数据
      DBMS_OUTPUT.put_line('v_info.TRIM 删除集合数据之后的数据量:'||v_info.
COUNT);
      v_info.TRIM(2);                           ——删除2个数据之后还剩下2个数据
      DBMS_OUTPUT.put_line('v_info.TRIM(2)删除集合数据之后的数据量:'||v_info.
COUNT);
    END;
```

删除集合之前的数据量:5

v_info.TRIM 删除集合数据之后的数据量:4

v_info.TRIM(2)删除集合数据之后的数据量:2

8. DELETE

DELETE 将从 index—by 表和嵌套表中删除一个或多个元素。DELETE 对可变数组没有影响,因为它的大小固定(事实上,在可变数组上调用 DELETE 是不合法的)。

DELETE 有三种形式:DELETE   DELETE(n)   DELETE(m, n)。

没有参数时,DELETE 将删除整个表。DELETE(n)将在索引 n 处删除一个元素,而 DELETE(m, n)将删除索引 m 和 n 之间的所有元素。在 DELETE 操作之后,COUNT 将变小,它反映了嵌套表的新的大小。如果要删除的表元素不存在,DELETE 不会引起错误,而仅仅跳过那个元素。

【范例 10－16】 使用 DELETE 函数删除一个数据。

```
  DECLARE
    TYPE list_nested IS TABLE OF VARCHAR2(50) NOT NULL;
    set_a    list_nested : = list_nested ('CSLG','江苏苏州 ','yangjianyong',
'oracle','mysql');
  BEGIN
    set_a.DELETE(1);                              ——删除指定索引的数据
    FOR x IN set_a.FIRST .. set_a.LAST LOOP
      DBMS_OUTPUT.put_line(set_a(x));
    END LOOP;
  END;
```

江苏苏州

yangjianyong

oracle

mysql

【范例 10 - 17】 DELETE()函数删除一个范围的数据。

```
DECLARE
   TYPE list_nested IS TABLE OF VARCHAR2(50) NOT NULL;
   set_a    list_nested := list_nested ('CSLG','江苏苏州','yangjianyong',
'oracle','mysql');
BEGIN
   set_a.DELETE(1,3);                        ——删除指定范围的数据
   FOR x IN set_a.FIRST .. set_a.LAST LOOP
     DBMS_OUTPUT.put_line(set_a(x));
   END LOOP;
 END;
```

oracle
mysql

10.3　记录类型

对于 Oracle 数据类型，主要是 VARCHAR2、NUMBER、DATE 等类型，但是这些基本数据类型，当遇到数据比较多的时候，需要定义多个变量。如果有一种类型，可以把数据一次放入到这样的新类型中就可以解决 INTO 设置内容过多的问题。这样的新类型就是使用记录类型。

定义记录类型的语法格式如下：

```
TYPE    类型名称    IS    RECORD (
成员名称          数据类型 [[NOT NULL] [:= 默认值] 表达式],
...
成员名称          数据类型 [[NOT NULL] [:= 默认值] 表达式]
);
```

【范例 10 - 18】 使用记录类型存放销售员信息的 PL/SQL 语句示例。

```
01    DECLARE
02        V_EMPNO SALESREPS.EMPL_ID % TYPE := &NO;
03        TYPE T_RECORD IS RECORD (
04            V_NAME    SALESREPS.EMPL_NAME % TYPE,
05            V_AGE     SALESREPS.EMPL_AGE % TYPE,
06            V_HIRE    SALESREPS.HIRE_DATE % TYPE
07        );
08        REC T_RECORD;
09    BEGIN
```

```
10      SELECT EMPL_NAME, EMPL_AGE,HIRE_DATE INTO REC
11         FROM SALESREPS   WHERE EMPL_ID = V_EMPNO;
12         DBMS_OUTPUT.PUT_LINE(REC.V_NAME||'---'||REC.V_AGE||'--'||
TO_CHAR(REC.V_HIRE,'yyyy-MM-dd'));
13    END;
```

代码分析：

第 03～06 行：定义了一个记录类型，封装了销售员工的信息。

第 08 行：定义了记录类型的变量。

第 10 行：因为使用了记录类型，传递数据只需要 INTO 到记录变量即可。

运行结果： 输入 101 后，输出廖汉明—45—2008-10-20。

【范例 10-19】 使用记录类型接收查询返回结果。

```
01   DECLARE
02     v_emp_empno     SALESREPS.EMPL_ID % TYPE;
03     TYPE emp_type IS RECORD (
04        ename      SALESREPS.EMPL_NAME % TYPE,
05        age        SALESREPS.EMPL_AGE % TYPE,
06        hiredate   SALESREPS.HIRE_DATE % TYPE,
07        sal        SALESREPS.SALES % TYPE,
08        quota      SALESREPS.QUOTA % TYPE
09     );
10     v_emp       emp_type;
11   BEGIN
12     v_emp_empno : = &inputempno;
13     SELECT EMPL_NAME,EMPL_AGE,HIRE_DATE,SALES,QUOTA INTO v_emp
14     FROM SALESREPS WHERE EMPL_ID = v_emp_empno;
15     DBMS_OUTPUT.put_line('雇员编号:' || v_emp_empno || ',姓名:' || v_emp.
ename || ',年龄:' || v_emp.age || ',雇佣日期:' || TO_CHAR(v_emp.hiredate,'yyyy-mm
-dd') || ',销售额:' || v_emp.sal || ',销售目标:' || NVL(v_emp.quota,0));
16   EXCEPTION
17     WHEN NO_DATA_FOUND THEN
18        DBMS_OUTPUT.put_line('此销售员信息查不到');
19   END;
```

代码分析：

第 03～08 行：定义销售人员信息记录类型。

第 10 行：定义一个指定的记录类型变量。

第 12～14 行：根据用户输入信息查询销售人员信息 INTO 到 V_EMP 中。

第 16～18 行：异常处理。

228

运行结果：输入 102，显示此销售员信息查不到，输入 201，显示图 10.1 所示。

雇员编号：201，姓名：李玮亚，年龄：42，雇佣日期：2011-10-12，销售额：1090328，销售目标：1000000

图 10.1　运行结果

如果我们在记录类型的成员中，也使用一个记录类型做记录类新的成员，形成记录成员中包含记录成员的嵌套关系，这样就构成了嵌套记录类型。比如部门记录中可以包含分公司记录，分公司记录中又包含员工信息记录。示例代码如【范例 10 - 20】所示。

【**范例 10 - 20**】　定义嵌套的记录类型。

```
01    DECLARE
02    TYPE region_type IS RECORD(
03        reg_id REGIONS.REGION_ID%TYPE,
04        reg_name REGIONS.REGION_NAME%TYPE  );
05    TYPE office_type IS RECORD (
06      off_id   OFFICES.OFFICE_ID%TYPE,
07      off_name   OFFICES.CITY%TYPE,
08      reg      region_type );
09    TYPE emp_type IS RECORD (
10    empno   SALESREPS.EMPL_ID%TYPE,
11    ename     SALESREPS.EMPL_NAME%TYPE,
12      age       SALESREPS.EMPL_AGE%TYPE,
13      hiredate   SALESREPS.HIRE_DATE%TYPE,
14      sal       SALESREPS.SALES%TYPE,
15      quota     SALESREPS.QUOTA%TYPE,
16      dept    office_type );
17    v_emp   emp_type;
18    BEGIN
19     v_emp.empno : = &inputempno;
20     SELECT s.empl_id, s.empl_name, s.empl_age, s.hire_date, s.sales, s.
quota,
21     o.city, r.region_name   INTO
22        v_emp.empno, v_emp.ename, v_emp.age, v_emp.hiredate, v_emp.sal, v_
emp.quota,
23        v_emp.dept.off_name, v_emp.dept.reg.reg_name
24     FROM SALESREPS   s, OFFICES   o, REGIONS r
25     WHERE s.office = o.office_id( + )
26     AND o.region = r.region_id( + )
```

```
    27      AND s. empl_id = v_emp. empno;
    28      DBMS_OUTPUT. put_line('编号:' || v_emp. empno || ',姓名:' || v_emp. ename
|| ',职位:' || v_emp. age || ',雇佣日期:'  || TO_CHAR(v_emp. hiredate, 'yyyy - mm -
dd'));
    29      DBMS_OUTPUT. put_line( '销售额:' || v_emp. sal || ',定额:' || v_emp.
quota);
    30      DBMS_OUTPUT. put_line('所在分公司:' || v_emp. dept. off_name || ',所在
区域:' || v_emp. dept. reg. reg_name);
    31    END;
```

代码分析:

第 02～04 行:定义区域记录类型。

第 05～08 行:定义分公司记录类新,其中第 08 行嵌套了区域记录类型。

第 09～16 行:定义销售员工记录类型,其中第 16 行嵌套了分公司记录类新。

第 17 行:定义记录类型变量。

第 19 行:获得用户输入。

第 20～27 行:使用左连接查询方式获得销售人员的信息,并将查询的结果插入到记录变量中。

第 28～30 行:使用 DBMS_OUTPUT 方式输出信息。

运行结果:如图 10.2 所示。

```
编号:101,姓名:廖汉明,职位:45,雇佣日期:2008-10-20
销售额:516162,定额:400000
所在分公司:北京,所在区域:北部
```

图 10.2　运行结果

10.4　索引表

索引表类似于程序语言之中的数组,可以保存多个数据,并且通过下标来访问每一个数据,但是在 Oracle 中可用来定义索引表下标的数据类型可以是整数也可以是字符串,使用数字作为索引下标时也可以设置负数。索引表不需要进行初始化,可以直接为指定索引赋值,开辟的索引表的索引不一定必须连续。

定义索引表

```
TYPE 类型名称 IS TABLE OF 数据类型 [NOT NULL]
INDEX BY [PLS_INTEGER | BINARY_INTEGER | VARCHAR2(长度)];
```

INDEX BY 用来指定索引表要使用的索引类型。

【范例 10 - 21】 使用索引表的示例。

```
01   DECLARE
02     TYPE index_office_table IS TABLE OF  OFFICES％ROWTYPE
03       INDEX BY OFFICES.CITY％TYPE;
04       v_office  index_office_table;
05       CURSOR cur_office  IS  SELECT ＊ FROM OFFICES;
06   BEGIN
07     FOR officerow IN  cur_office
08       LOOP
09         v_office(officerow.CITY)：= officerow;
10         DBMS_OUTPUT.put('分公司编号为：'||v_office(officerow.CITY.
OFFICE_ID);
11         DBMS_OUTPUT.put(',城市为：'||v_office(officerow.CITY).CITY);
12         DBMS_OUTPUT.put(',销售目标为：'||v_office(officerow.CITY).
TARGET);
13         DBMS_OUTPUT.put(',销售额为：'||v_office(officerow.CITY).SALES);
14         DBMS_OUTPUT.new_line;
15       END LOOP;
16   END;
```

代码分析：

第 02 行：定义索引表名称为 index_office_table。

第 03 行：定义索引表的类型为％TYPE 指向的一个基于 VARCHAR2L 字段类型。

第 04 行：定义索引表变量。

第 05 行：利用游标 FOR 循环打开游标,检索数据。

第 09 行：为索引表中的元素赋值。

第 10～14 行：输出分公司的信息。

运行结果：结果如图 10.3 所示。

分公司编号为：	13,	城市为：	天津,	销售目标为：	300000,	销售额为：	352763
分公司编号为：	11,	城市为：	北京,	销售目标为：	1850000,	销售额为：	1921724
分公司编号为：	12,	城市为：	大连,	销售目标为：	900000,	销售额为：	753607
分公司编号为：	21,	城市为：	上海,	销售目标为：	1250000,	销售额为：	1194968
分公司编号为：	22,	城市为：	苏州,	销售目标为：	750000,	销售额为：	714668
分公司编号为：	23,	城市为：	南京,	销售目标为：	530000,	销售额为：	593134
分公司编号为：	31,	城市为：	广州,	销售目标为：	600000,	销售额为：	597892
分公司编号为：	32,	城市为：	深圳,	销售目标为：	1130000,	销售额为：	846367
分公司编号为：	33,	城市为：	长沙,	销售目标为：	100000,	销售额为：	49344
分公司编号为：	34,	城市为：	昆明,	销售目标为：	150000,	销售额为：	189484

图 10.3 索引表示例

10.5　嵌套表

嵌套表是类似于索引表的结构,是对索引表的扩展,也可以用于保存多个数据,而且也可以保存复合类型的数据。

嵌套表的使用场景。

如果要想实现一对多的存储关系,一定需要两张数据表,一张为主表(需要定义主键或唯一约束),另一张为子表(设置外键),其中主表的一行记录会对应多行子表记录。而如果将主表和子表合为一体的话,那么子表就可以理解为主表的一个嵌套表,所以嵌套表是多行子表关联数据的集合,它在主表之中表示为其中的某一个列。

例如,有这样一个实际的情况:每一个订单会有多个订单信息,按照之前的定义,需要定义出两张数据表。但如果使用了嵌套表的话,则嵌套表允许在订单表中存放关于订单详细内容的信息,即:只需要一张数据表即可解决问题。

嵌套表可以被看做是具有两个列的数据库表。我们可以从嵌套表中删除元素,这样得到一个具有非有序关键字的稀疏表。然而,嵌套表必须用有序的关键字创建,而且关键字不能是负数。此外,嵌套表可以存储到数据库中,而 index—by 表则不能。嵌套表中的最大行数是 2G 字节,这也是最大的关键字值。

创建一个嵌套表类型的句法:

```
TYPE   table_name
IS
TABLE OF   table_type  [NOT NULL];
```

其中 table_name 是新类型的类型名字,table_type 是嵌套表中每一个元素的类型,它可以是用户定义的对象类型,也可以是使用％TYPE 的表达式,但是它不可以是 BOOLEAN、NCHAR、NCLOB、NVARCHAR2 或 REF CURSOR。如果存在 NOT NULL,那么嵌套表的元素不能是 NULL。

当声明了一个嵌套表时,它还没有任何元素,它会被自动初始化为 NULL。此时如果直接使用它的话就会抛出一个 COLLECTION_IS_NULL 的异常。可以使用构造器来进行初始化,嵌套表的构造器与表的类型名本身具有相同的名称。然而,构造器有不定数目的参数,每一个参数都应该可以与表元素类型兼容,每一个参数就是其中的表元素。参数成为从索引 1 开始有序的表元素。如果使用的是不带参数的构造器进行初始化,这会创建一个没有元素的空表,但不会被初始化为 NULL。虽然表是无约束的,但是你不能对不存在的元素赋值,这样将会导致表的大小增加,会抛出一个异常。可以使用 EXTEND 方法来增加嵌套表的大小。

在很多时候嵌套表类型中的信息不可能是一个字段,可能包括多个字段,这时候一般采用一个对象类型来存储信息,创建嵌套表的对象类型,语法如下:

```
CREATE [OR REPLACE] TYPE 类型名称
AS|IS
TABLE OF 数据类型 [NOT NULL];
```

同时还需要指定嵌套表的存储空间,语法如下:

```
CREATE TABLE 表名称 (
    字段名称类型,
    …
    嵌套表字段名称嵌套表类型
) NESTED TABLE 嵌套表字段名称 STORE AS 存储空间名称;
```

【范例 10 - 22】 使用嵌套表存储的示例。

步骤 1:创建嵌套表对象类型。

```
01   CREATE OR REPLACE TYPE table_department AS OBJECT(
02     departid      NUMBER,
03     departname    VARCHAR2(50),
04     departdate    DATE
05   );
```

在创建的时候如果提示没有权限,请在 SYSTEM 模式下运行 GRANT CREATE TYPE TO DEMOUSER;进行授权。

步骤 2:创建嵌套表类型。

```
06   CREATE OR REPLACE TYPE type_department
07   AS
08   TABLE OF table_department NOT NULL;
```

步骤 3:创建数据表 college,第 12 行代码表明包含此嵌套表列。

```
09   CREATE TABLE college(
10     collegeid      NUMBER,
11     collegename    VARCHAR2(50)   NOT NULL,
12     department    type_department,
13     CONSTRAINT pk_did PRIMARY KEY (collegeid)
14   ) NESTED TABLE department   STORE AS table_department_table;
```

运行结果:得到 COLLEGE 表,结构如图 10.4 所示。

Column Name	Data Type	Nullable	Data Default	COLUMN ID	Primary Key	COMMENTS
COLLEGEID	NUMBER	No	(null)	1	1	(null)
COLLEGENAME	VARCHAR2(50 BYTE)	No	(null)	2	(null)	(null)
DEPARTMENT	TYPE_DEPARTMENT	Yes	(null)	3	(null)	(null)

图 10.4   college 表结构

步骤 4:通过 PL/SQL 执行数据表增加信息操作。

```
15   DECLARE
16     v_type_department_list   type_department : = type_department (
       table_department(901,'计算机科学与技术',TO_DATE('2000 - 09 - 01',
'yyyy - mm - dd')),
         table_department(902,'网络工程',TO_DATE('2004 - 08 - 27','yyyy - mm - dd')),
         table_department(903,'软件工程',TO_DATE('2006 - 09 - 19','yyyy - mm - dd')));
17     v_type_department_list1   type_department : = type_department (
       table_department(101,'汉语言文学',TO_DATE('2000 - 09 - 01','yyyy - mm -
dd')),
18       table_department(102,'古诗词鉴赏',TO_DATE('2004 - 08 - 27','yyyy - mm
 - dd')) );
19     v_college      college % ROWTYPE;
20     v_college1   college % ROWTYPE;
21   BEGIN
22     v_college.collegeid : = 109;
23     v_college.collegename : = '计算机课程与工程学院';
24     v_college.department : = v_type_department_list;
25     INSERT INTO college VALUES v_college;
26     v_college1.collegeid : = 101;
27     v_college1.collegename : = '中文学院';
28     v_college1.department : = v_type_department_list1;
                                        ——直接赋予嵌套表

29     INSERT INTO college VALUES v_college1;
                                        ——直接使用 ROWTYPE 对象增加
30   END;
```

第 24,28 行:直接赋予嵌套表。

第 25,29 行:直接使用 ROWTYPE 对象增加。

运行结果:使用 select ＊ from college 运行,结果如图 10.5 所示。

COLLEGEID	COLLEGENAME	DEPARTMENT
109	计算机课程与工程学院	DEMOUSER. TABLE_DEPARIMENT (DEMOUSER. TABLE_DEP...
101	中文学院	DEMOUSER. TABLE_DEPARIMENT (DEMOUSER. TABLE_DEP...

图 10.5 嵌套表

10.6 可变数组

可变数组与嵌套表相似,也是一种集合。一个可变数组是对象的一个集合,其中每个对象都具有相同的数据类型。可变数组的大小由创建时决定。在表中建立可变数组后,可变

234

数组在主表中作为一个列对待。从概念上讲,可变数组是一个限制了操作个数的嵌套表。

可变数组允许用户在表中存储重复的属性。例如:在讲解嵌套表时使用过的订单表,一个订单可以有多个条目,用户使用可变数组这一类型可以在订单中设置多个项目的名字,如果限定每个订单的项目不超过 8 个,则可以建立一个 10 个数据项为限的可变数组。之后就可以处理此可变数组,可以查询每一个订单的所有项目信息。

可变数组的格式:

```
CREATE OR REPLACE TYPE 类型名称
AS VARRAY(长度)
OF 数据类型
```

【范例 10 - 23】 使用可变数组的示例。

步骤 1:创建一个包含嵌套表对象类型。

```
01   CREATE OR REPLACE TYPE table_department_array AS OBJECT(
02     departid      NUMBER,
03     departname    VARCHAR2(50),
04     departdate    DATE
05   );
```

步骤 2:创建嵌套表类型。

```
06   CREATE OR REPLACE TYPE type_department_array
07   AS
08   VARRAY(3) OF table_department_array;
```

步骤 3:创建数据表,包含此嵌套表列。

```
09   CREATE TABLE college_array(
10     collegeid      NUMBER,
11     collegename    VARCHAR2(50)  NOT NULL,
12     department   type_department_array,
13     CONSTRAINT pk_did__array PRIMARY KEY (collegeid)
14   );
```

运行结果:生成表 college_array,结构如图 10.6 所示。

Column Name	Data Type	Nullable	Data Default	COLUMN ID	Primary Key	COMMENTS
COLLEGEID	NUMBER	No	(null)	1	1	(null)
COLLEGENAME	VARCHAR2(50 BYTE)	No	(null)	2	(null)	(null)
DEPARTMENT	TYPE_DEPARTMEN...	Yes	(null)	3	(null)	(null)

图 10.6   college_array 表结构

步骤 4:通过 PL/SQL 执行数据表增加信息操作。

```
15  DECLARE
16      v_type_department_list   type_department_array : = type_department_array (
17      table_department_array(911,'计算机科学与技术',TO_DATE('2000 - 09 -
    01','yyyy - mm - dd')),table_department_array(912,'网络工程',TO_DATE
    ('2004 - 08 - 27','yyyy - mm - dd')),table_department_array(913,'软件工程
    ',TO_DATE('2006 - 09 - 19','yyyy - mm - dd')));
18  v_type_department_list1   type_department_array : = type_department_array (
19      table_department_array(111,'汉语言文学',TO_DATE('2000 - 09 - 01',
    'yyyy - mm - dd')), table_department_array(112,'古诗词鉴赏',TO_DATE
    ('2004 - 08 - 27','yyyy - mm - dd')) );
20      v_college       college_array % ROWTYPE;
21      v_college1    college_array % ROWTYPE;
22  BEGIN
23    v_college.collegeid : = 199;
24    v_college.collegename : = '计算机课程与工程学院';
25    v_college.department : = v_type_department_list;
26    INSERT INTO college_array VALUES v_college;
27  v_college1.collegeid : = 191;
28    v_college1.collegename : = '中文学院';
29    v_college1.department : = v_type_department_list1;
30    INSERT INTO college_array VALUES v_college1;
31  END;
```

运行结果：使用 select * from college_array 查看表内容，如图 10.7 所示。

COLLEGEID	COLLEGENAME	DEPARTMENT
199	计算机课程与工程学院	DEMOUSER.TABLE_DEPARTMENT_ARRAY (DEMOUSER.TABLE_DEPARTMENT_ARRAY (911,计算机科学与技术, 2000-09-01 00:00:00.
191	中文学院	DEMOUSER.TABLE_DEPARTMENT_ARRAY (DEMOUSER.TABLE_DEPARTMENT_ARRAY (111,汉语言文学,2000-09-01 00:00:00.0),DEM

图 10.7　college_array 表内容

步骤 5：更新数据。

```
32  UPDATE college_array SET
33    department = type_department_array( table_department_array(114,'当代
    文学',TO_DATE('2004 - 08 - 27','yyyy - mm - dd')))
34  WHERE collegeid = 191;
35  COMMIT;
```

运行结果：如图 10.8 所示，中文学院的记录被更新。

COLLEGEID	COLLEGENAME	DEPARTMENT
199	计算机课程与工程学院	DEMOUSER.TABLE_DEPARTMENT_ARRAY (DEMOUSER.TABLE_DEPARTMENT_ARRAY (911,计算机科学与技术, 2000-09-01 00:00:00
191	中文学院	DEMOUSER.TABLE_DEPARTMENT_ARRAY (DEMOUSER.TABLE_DEPARTMENT_ARRAY (114,当代文学, 2004-08-27 00:00:00.0))

图 10.8　更新数据内容

```
36   UPDATE college_array SET
37       department = type_department_array(
38   table_department_array(113,'中国古典文学',TO_DATE('2000 - 09 - 01',
'yyyy - mm - dd')),
39   table_department_array(114,'当代文学',TO_DATE('2004 - 08 - 27','yyyy -
mm - dd')))
40   WHERE collegeid = 191;
41   COMMIT;
```

运行结果：如图 10.9 所示，中文学院的记录被更新。

COLLEGEID	COLLEGENAME	DEPARTMENT
199	计算机课程与工程学院	DEMOUSER.TABLE_DEPARTMENT_ARRAY (DEMOUSER.TABLE_DEPARTMENT_ARRAY (911,计算机科学与技术, 2000-09-01 00:00:00.0), DI
191	中文学院	DEMOUSER.TABLE_DEPARTMENT_ARRAY (DEMOUSER.TABLE_DEPARTMENT_ARRAY (113,中国古典文学, 2000-09-01 00:00:00.0), DEMOUS

图 10.9　再次更新内容

10.7　本章小结

　　本章介绍了集合和记录类型的使用。利用记录类型可以实现复合数据类型的定义，可以直接利用记录类型更新数据。记录类型允许嵌套；利用索引表可以实现数组的功能，索引表中的索引不是连续的。嵌套表指的是在一个数据表定义时同时加入了其他内部表的定义义，它们可以使用 SQL 进行访问，也可以进行动态扩展。

👉扫一扫可见
本章参考答案

10.8　本章练习

　　【练习 10 - 1】　使用记录类型定义并显示员工编号为 101 的员工信息。

　　【练习 10 - 2】　使用记录类型定义并显示编号为 21 的分公司的信息。

　　【练习 10 - 3】　使用记录类型定义并显示编号为 2103 的客户的信息。

　　【练习 10 - 4】　使用记录类型定义并显示厂商编号为 BIC，产品编号为 79CPU 的产品信息。

第11章 游 标

Oracle 编程中,可以使用函数、存储过程等,这很大程度上接近于编程语言。Oracle 的本质还是作为一个数据库存在的,因此,Oracle 也必须提供方便地访问数据的方法。游标类似于编程语言中的指针,游标可以进行位置的移动,以循环访问结果集中每条记录,可以方便的访问当前记录。这正是游标概念的本质——允许用户针对某个结果集进行逐行访问。本章重点介绍游标的概念,主要内容包括:声明和使用显式游标;使用隐式游标;使用动态游标。

11.1　游标基础

11.1.1　游标的概念

游标类似一个可以变动的光标。类似于 C 语言中的指针,它可以指向结果集中的任意位置。在查看或处理结果集中的数据时,游标可以提供在结果集中向前或向后浏览数据的功能。当要对结果集进行逐行单独处理时,必须声明一个指向该结果集的游标变量。游标默认指向的是结果集的首记录。

游标是 SQL 的一个内存工作区,由系统或用户以变量的形式定义。游标的作用就是用于临时存储从数据库中提取的数据块。在某些情况下,需要把数据从存放在磁盘的表中调到计算机内存中进行处理,最后将处理结果显示出来或最终写回数据库。这样数据处理的速度才会提高,否则频繁的磁盘数据交换会降低效率。

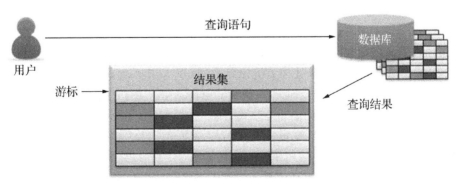

图 11.1　游标的示意图

在使用 SQL 编写查询语句时,所有的查询结果会直接显示给用户,但是在很多情况下,用户需要对返回结果中的每一条数据分别进行操作,则这个时候普通的查询语句就无法使用了,那么就可以通过结果集(由查询语句返回完整的行集合叫做结果集)来接收,之后就可以利用游标来进行操作。默认情况下,游标可以返回当前执行的行记录,只能返回一行记录。如果想要返回多行,需要不断地滚动游标,把需要的数据查询一遍。用户可以操作游标所在位置行的记录。

11.1.2 游标分类

在 Oracle 数据库之中,游标分为静态游标和 REF 游标两种类型。

(1) 静态游标:结果集已经确实(静态定义)的游标。分为隐式和显示游标。

① 隐式游标:所有 DML 语句为隐式游标,无需用户的全程控制,即可进行访问。通过隐式游标属性可以获取 SQL 语句信息。程序中用到的 SELECT... INTO... 查询语句,一次只能从数据库中提取一行数据,对于这种查询和 DML 操作,系统都会使用一个隐式游标。

② 显式游标:如果要提取多行数据,就要由程序员定义一个显式游标,并通过与游标有关的语句进行处理。显式游标对应一个返回结果为多行多列的 SELECT 语句。显式游标可以被用户显式创建、打开、访问、关闭,即用户可以控制游标的整个生命周期。用户显式声明的游标,即指定结果集。

(2) REF 游标:动态关联结果集的临时对象。

游标一旦打开,数据就从数据库中传送到游标变量中,然后应用程序再从游标变量中分解出需要的数据,并进行处理。

11.1.3 游标的特点

允许程序对由 SELECT 查询语句返回的行集中的每一行执行相同或不同的操作,而不是对整个集合执行同一个操作。提供对基于游标位置的表中的行进行删除和更新的能力。游标作为数据库管理系统和应用程序设计之间的桥梁,将两种处理方式连接起来。

11.2 隐式游标

在执行一个 SQL 语句时,Oracle 会自动创建一个隐式游标。这个游标是内存中处理该语句的工作区域。隐式游标主要是处理数据操纵语句(如,UPDATE、DELETE 语句)的执行结果,当然特殊情况下,也可以处理 SELECT 语句的查询结果。由于隐式游标也有属性,当使用隐式游标的属性时,需要在属性前面加上隐式游标的默认名称——SQL。

隐式游标是相对于声明游标变量的显式游标而言的。显式游标通常使用 declare 命令来声明游标;而隐式游标则可直接使用。Oracle 为每个 PL/SQL 的会话都定义了一个名为 SQL 的游标变量。可以直接调用该变量。

隐式游标不能直接被用户控制和使用——即不能执行打开(open),获取游标数据(fetch)、关闭(close)等。DML 操作和单行 SELECT 语句会使用隐式游标,它们是:插入操作 INSERT、更新操作 UPDATE、删除操作 DELETE、单行查询操作、SELECT ... INTO ...。

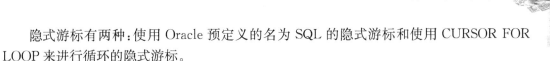

隐式游标有两种:使用 Oracle 预定义的名为 SQL 的隐式游标和使用 CURSOR FOR LOOP 来进行循环的隐式游标。

11.2.1 使用 Oracle 预定义的隐式游标

Oracle 为每个 PL/SQL 的会话都定义了一个名为 SQL 的游标变量,可以直接调用该变量。使用隐式游标时,可以通过隐式游标的属性来了解操作的状态和结果,进而控制程序的流程。隐式游标可以使用名字 SQL 来访问,但要注意,通过 SQL 游标名总是只能访问前一个 DML 操作或单行 SELECT 操作的游标属性。所以通常在刚刚执行完操作之后,立即使用 SQL 游标名来访问属性,隐式游标的属性如表 11.1 所示。

表 11.1　隐式游标属性

No.	属 性	返回值类型	描 述
1	SQL%FOUND	布尔值	当用户使用 DML 操作数据时,该属性返回 TRUE
2	SQL%ISOPEN	布尔值	判断游标是否打开,该属性对于任何的隐式游标总是返回 FALSE,表示已经打开
3	SQL%NOTFOUND	布尔值	如果执行 DML 操作时没有返回的数据行,返回 TRUE,否则返回 FALSE
4	SQL%ROWCOUNT	整型	返回更新操作的行数或 SELECT INTO 返回的行数

【范例 11 - 1】　使用隐式游标查询地区(REGIONS)表,并获得返回记录的条数。

范例分析:在隐式游标里面要获得返回操作的结果,使用属性 ROWCOUNT。

代码 11.1　隐式游标属性 ROWCOUNT 的运用

```
01   DECLARE
02      V_COUNT        NUMBER;
03   BEGIN
04      SELECT COUNT( * ) INTO v_count FROM REGIONS;       ——只返回一行结果
05      DBMS_OUTPUT.put_line('SQL % ROWCOUNT = '|| SQL % ROWCOUNT);
06   END;
```

运行结果:SQL%ROWCOUNT = 1

【范例 11 - 2】　使用隐式游标修改 SALESREPS 表,将每位销售员的销售定额提高 20%。

范例分析:直接使用隐式游标即可完成,用 ROWCOUNT 返回操作影响的记录条数。

代码 11.2　使用隐式游标修改数据

```
01   BEGIN
02      UPDATE   SALESREPS   SET   QUOTA = QUOTA * 1.2;
03      IF SQL % FOUND THEN                                 ——发现数据
04        DBMS_OUTPUT.put_line('更新记录行数:'||SQL % ROWCOUNT);
05      ELSE
```

```
06      DBMS_OUTPUT.put_line('没有记录被修改!');
07    END IF;
08  END;
```

运行结果:更新记录行数:19。表的数据变化如图 11.2 和图 11.3 所示。

	EMPL_ID	EMPL_NAME	QUOTA
1	101	廖汉明	400000
2	103	王天耀	300000
3	104	郭姬诚	600000
4	105	蔡勇村	300000
5	106	顾祖弘	1200000
6	109	金声权	250000
7	110	成翰林	(null)
8	201	李玮亚	1000000
9	202	陈宗林	250000
10	203	杨鹏飞	750000
11	204	张春伟	180000
12	205	邓蓬	350000
13	301	徐友渔	400000
14	302	邱永汉	200000
15	303	陈学军	800000
16	304	秦雨群	250000
17	305	郁慕明	80000
18	306	马玉瑛	100000
19	307	徐锡麟	150000

	EMPL_ID	EMPL_NAME	QUOTA
1	101	廖汉明	480000
2	103	王天耀	360000
3	104	郭姬诚	720000
4	105	蔡勇村	360000
5	106	顾祖弘	1440000
6	109	金声权	300000
7	110	成翰林	(null)
8	201	李玮亚	1200000
9	202	陈宗林	300000
10	203	杨鹏飞	900000
11	204	张春伟	216000
12	205	邓蓬	420000
13	301	徐友渔	480000
14	302	邱永汉	240000
15	303	陈学军	960000
16	304	秦雨群	300000
17	305	郁慕明	96000
18	306	马玉瑛	120000
19	307	徐锡麟	180000

图 11.2　SALESREPS 表中 QUOTA 原先的值　　图 11.3　SALESREPS 表中 QUOTA 运算后的值

11.2.2　CURSOR FOR 游标

　　SQL 游标可以应用于更新及删除数据表中的数据,为了能够处理 SELECT 语句获得的记录集合,Oracle 提供了另外一种隐式游标——CURSOR FOR 游标。在 FOR 语句中遍历隐式游标中的数据时,通常在关键字"IN"的后面提供由 SELECT 语句检索的结果集,在检索结果集的过程中,Oracle 系统会自动提供一个隐式的游标 SQL。利用该游标,用户可以像使用普通循环语句一样来循环处理 SELECT 语句所获得的每一条记录。语法格式如下:

```
FOR 游标变量 IN (SELECT 语句) LOOP
    DML 操作
END LOOP;
```

　　【范例 11-3】 使用隐式游标 CURSOR　FOR 显示订单 112979 的详细内容。

代码 11.3　隐式游标 CURSOR FOR 的使用

```
01   BEGIN
02     FOR C_ORDER IN (SELECT * FROM ORDER_ITEMS WHERE ORDER_ID =
       112979) LOOP
03       DBMS_OUTPUT.PUT_LINE('条目编号:'||C_ORDER.ITEM_ID || ',订单编号:'
       || C_ORDER.ORDER_ID || ',厂商:' || C_ORDER.MFR_ID||',产品:' || C_ORDER.
       PRODUCT_ID||',数量:' || C_ORDER.QTY);
04     END LOOP;
05   END;
```

运行结果：如图 11.4 所示。

```
条目编号: 11297901, 订单编号: 112979, 厂商: ACI, 产品: 4100Z, 数量: 14
条目编号: 11297902, 订单编号: 112979, 厂商: ACI, 产品: DE114, 数量: 214
条目编号: 11297903, 订单编号: 112979, 厂商: ACI, 产品: XK48A, 数量: 20
条目编号: 11297904, 订单编号: 112979, 厂商: ACI, 产品: 41004, 数量: 33
条目编号: 11297905, 订单编号: 112979, 厂商: QYQ, 产品: B887H, 数量: 256
条目编号: 11297906, 订单编号: 112979, 厂商: QYQ, 产品: R775C, 数量: 14
```

图 11.4　范例 11-3 运行结果

11.3　显式游标

　　显示游标通常用于操作查询结果集（即由 SELECT 语句返回的查询结果）。隐式游标是用户操作 SQL 时自动生成的，而显式游标指的是在声明块中直接定义的游标，而在每一个游标之中，都会保存 SELECT 查询后的返回结果。显式游标在使用时，应该遵循声明、打开、访问、关闭的步骤。在 PL/SQL 中显式游标的使用步骤如下：

　　步骤 1：声明游标语法如下所示。

```
CURSOR 游标名称([参数列表]) [RETURN 返回值类型]
IS 子查询
[FOR UPDATE [OF 数据列, 数据列,)] [NOWAIT]];
```

　　步骤 2：打开游标，格式如下：

```
OPEN 游标名[(实际参数 1[,实际参数 2...])];
```

　　使用 OPEN 操作，当游标打开时会首先检查绑定此游标的变量内容，之后再确定所使用的查询结果集，最后游标将指针指向结果集的第 1 行。如果用户定义的是一个带有参数的游标，则会在打开游标时为游标设置指定的参数值。

　　步骤 3：使用游标，格式如下：

```
FETCH 游标名称 INTO ROWTYPE 变量
```

使用循环和 FETCH…INTO…操作取得结果放入 PL/SQL 变量中。

步骤 4:关闭游标,格式如下:

```
CLOSE 游标名称
```

显式游标打开后,必须显式地关闭。游标一旦关闭,游标占用的资源就被释放,游标变成无效,必须重新打开才能使用。在使用的过程中,和隐式游标一样,显式游标也有属性可供使用,如表 11.2 所示。

表 11.2　显示游标属性

No.	属　　性	描　　述
1	%FOUND	光标打开后未曾执行 FETCH,则值为 NULL;如果最近一次在该光标上执行的 FETCH 返回一行,则值为 TRUE,否则为 FALSE。
2	%ISOPEN	如果光标是打开状态则值为 TRUE,否则值为 FALSE。
3	%NOTFOUND	如果该光标最近一次 FETCH 语句没有返回行,则值为 TRUE,否则值为 FALSE。如果光标刚刚打开还未执行 FETCH,则值为 NULL。
4	%ROWCOUNT	其值在该光标上到目前为止执行 FETCH 语句所返回的行数。光标打开时,%ROWCOUNT 初始化为零,每执行一次 FETCH 如果返回一行则 %ROWCOUNT 增加 1。

【范例 11 - 4】　使用显式游标显示表 SALESREPS 的全部数据。

代码 11.4　显式游标的使用

```
01  DECLARE
02      CURSOR cur_emp IS SELECT * FROM SALESREPS;
03      v_empRowSALESREPS % ROWTYPE;
04  BEGIN
05  IF cur_emp % ISOPEN   THEN                    ——游标已经打开
06  NULL;
07  7ELSE                                          ——游标未打开
08  OPEN cur_emp;                                  ——打开游标
09  END IF;
010  FETCH cur_emp INTO v_empRow;                  ——取出游标当前行数据
011  WHILE cur_emp % FOUND LOOP                     ——判断是否有数据
012      DBMS_OUTPUT.put_line(cur_emp % ROWCOUNT || '、销售员姓名:' || v_
empRow.EMPL_NAME || ',职位:' || v_empRow.EMPL_TITLE || ',销售额:' || v_
empRow.SALES);
013  FETCH cur_emp INTO v_empRow;                  ——把游标指向下一行
014  END LOOP;
015  CLOSE cur_emp;                                ——关闭游标
016  END;
```

代码分析：

第 02 行：程序在声明部分，定义了一个显式游标。

第 05～09 行：在进行游标操作之前，首先判断游标是否已经打开，如果没有打开，则使用 OPEN 打开游标。

第 10 行：使用 FETCH 取得游标中的一行数据，并将这行数据的内容赋值给 v_empRow 变量之中。

第 11～14 行：如果此时数据存在，则使用 WHILE 循环继续取出游标中的下一条数据记录，并且继续使用 FETCH 赋值 v_empRow 的内容。并将其显示出来。

第 15 行：关闭游标。

检索游标返回的多行数据集，除了可以使用上述的 WHILE... LOOP 循环语句之外，还可以使用 FOR 循环和 LOOP 循环语句。

在 FOR 语句中遍历显式游标中的数据时，通常在关键字"IN"的后面提供游标的名称，其语法格式如下：

```
FOR VAR_AUTO_RECORD IN CUR_NAME LOOP
PLSQLSENTENCE;
END LOOP;
```

【**范例 11 - 5**】 使用 FOR 循环操作游标。

代码 11.5 使用 FOR 循环操作游标

```
01   DECLARE
02      CURSOR cur_emp IS SELECT * FROM SALESREPS;
03   BEGIN
04      FOR emp_row IN cur_emp LOOP
05         DBMS_OUTPUT.put_line(cur_emp % ROWCOUNT || '、销售员姓名:' || emp
_row.empl_name || ',头衔:' || emp_row.EMPL_TITLE || ',销售额:' || emp_
row.SALES);
06      END LOOP;
07   END;
```

LOOP 循环在使用中需要注意用 EXIT WHEN 子句在满足条件之后退出循环。就是在一个使用 LOOP 循环的游标程序内应该包括 FETCH，EXIT WHEN 这两个子句。范例 11 - 5 使用 LOOP 循环可以改写为代码 11.6 所示。

【**范例 11 - 6**】 使用 LOOP 循环操作游标。

代码 11.6 使用 LOOP 循环使用游标

```
01   DECLARE
02    emp_row SALESREPS % ROWTYPE;
03      CURSOR cur_emp IS SELECT * FROM SALESREPS;
```

```
04   BEGIN
05   OPEN cur_emp;
06   LOOP
07       FETCH cur_emp INTO emp_row;
08       EXIT WHEN cur_emp % NOTFOUND;
09       DBMS_OUTPUT.put_line(cur_emp % ROWCOUNT || '、销售员姓名:' || emp_
     row.empl_name || ',头衔:' || emp_row.EMPL_TITLE || ',销售额:' || emp_row.
     SALES);
10   END LOOP;
11   CLOSE   cur_emp;
12   END;
```

11.4 游标修改数据

11.4.1 游标更新数据

游标在使用过程中是将结果集中的每一行分别进行操作，Oracle PL/SQL 中可以使用 UPDATE 和 DELETE 语句更新或删除数据行。

【范例 11－7】　根据销售员的职位上浮所有销售员的销售定额，上涨原则如下：

* 销售代表上涨 15％，上限为 450000。
* 销售经理和区域经理上涨 20％，上限为 1100000。
* 总经理上涨 30％，上限为 1500000。

范例分析：利用游标来实现，当游标在检索每一条数据的时候，提取 EMPL_TITLE 的值，然后用 IF 语句进行判断，做对应的更新操作。

代码 11.7　用游标实现销售员定额上浮

```
01   DECLARE
02       CURSOR cur_emp IS SELECT  *  FROM SALESREPS;
                                            ——SALESREPS 表游标数据
03   BEGIN
04       FOR emp_row IN cur_emp LOOP           ——循环游标的每一行数据
05       IF emp_row.EMPL_TITLE = '销售代表' THEN
06         IF emp_row.QUOTA * 1.15 < 450000 THEN
07             UPDATE SALESREPS SET QUOTA = QUOTA * 1.15 WHERE EMPL_ID = emp_
     row.EMPL_ID;
```

```
08        ELSE
09            UPDATE SALESREPS SET QUOTA = 450000 WHERE EMPL_ID = emp_row.EMPL
_ID;
10        END IF;
11      ELSIF emp_row.EMPL_TITLE = '销售经理' OR emp_row.EMPL_TITLE = '区域
    经理' THEN
12              IF emp_row.QUOTA * 1.20 < 1100000    THEN
13                  UPDATE SALESREPS SET QUOTA = QUOTA * 1.20 WHERE EMPL_ID
    = emp_row.EMPL_ID;
14              ELSE
15                  UPDATE SALESREPS SET QUOTA = 1100000 WHERE EMPL_ID = emp
_row.EMPL_ID;
16              END IF;
17        ELSIF emp_row.EMPL_TITLE = '总经理' THEN
18              IF emp_row.QUOTA * 1.30 < 1500000 THEN
19                  UPDATE SALESREPS SET QUOTA = QUOTA * 1.30 WHERE EMPL_ID
    = emp_row.EMPL_ID;
20              ELSE
21                  UPDATE SALESREPS SET QUOTA = 1500000 WHERE EMPL_ID = emp
_row.EMPL_ID;
22              END IF;
23        ELSE      NULL;
24        END IF;
25      END LOOP;
26 EXCEPTION
27    WHEN others THEN
28        DBMS_OUTPUT.put_line('SQLCODE = ' || SQLCODE);
29        DBMS_OUTPUT.put_line('SQLERRM = ' || SQLERRM);
30        ROLLBACK;
31 END;
```

代码分析：

第 02 行：定义了一个用于 SALESREPS 表的游标。

第 04～25 行：用 FOR LOOP 循环遍历游标中的每一条数据，进行处理。

第 05～10 行，第 11～16 行，第 17～24 行：分别对检索出来的销售员对应的岗位，然后进行处理。

第 26～30 行：异常处理。

运行结果：表的数据变化如图 11.5 和图 11.6 所示。

	EMPL_NAME	QUOTA	EMPL_TITLE
1	廖汉明	400000	销售代表
2	王天耀	300000	销售代表
3	郭姬诚	600000	销售经理
4	蔡勇村	300000	销售代表
5	顾祖弘	1200000	总经理
6	金声权	250000	销售代表
7	成翰林	(null)	销售代表
8	李玮亚	1000000	区域经理
9	陈宗林	250000	销售代表
10	杨鹏飞	750000	销售经理
11	张春伟	180000	销售代表
12	邓蓬	350000	销售经理
13	徐友渔	400000	销售经理
14	邱永汉	200000	销售代表
15	陈学军	800000	区域经理
16	秦雨群	250000	销售代表
17	郁慕明	80000	销售代表
18	马玉瑛	100000	销售代表
19	徐锡麟	150000	销售代表

图 11.5 销售员初始的销售定额

	EMPL_NAME	QUOTA	EMPL_TITLE
1	廖汉明	450000	销售代表
2	王天耀	345000	销售代表
3	郭姬诚	720000	销售经理
4	蔡勇村	345000	销售代表
5	顾祖弘	1500000	总经理
6	金声权	287500	销售代表
7	成翰林	450000	销售代表
8	李玮亚	1100000	区域经理
9	陈宗林	287500	销售代表
10	杨鹏飞	900000	销售经理
11	张春伟	207000	销售代表
12	邓蓬	420000	销售经理
13	徐友渔	480000	销售经理
14	邱永汉	230000	销售代表
15	陈学军	960000	区域经理
16	秦雨群	287500	销售代表
17	郁慕明	92000	销售代表
18	马玉瑛	115000	销售代表
19	徐锡麟	172500	销售代表

图 11.6 更新后的销售员销售定额

范例 11－7 演示了用游标如何更新数据。但是在实际情况中,一个数据库可能用会多个用户同时在进行维护,那么上述的操作能否正常的完成呢?通常情况下,我们需要在操作前将数据锁定然后进行操作。这样的操作需要使用 FOR UPDATE 和 WHERE CURRENT OF 两个子句来完成。

11.4.2 FOR UPDATE 和 WHERE CURRENT OF 子句

如果创建的游标需要执行更新或者删除操作,必须带有 FOR UPDATE 子句。FOR UPDATE 子句会将游标提取出来的数据进行行级锁定,这样在本会话更新期间,其他用户的会话就不能对当前游标中的数据行进行更新操作;使用 FOR UPDATE 子句锁住当前行之后,就可以利用 WHERE CURRENT OF 子句来进行当前行的更新或删除操作。

使用 FOR UPDATE 可以使用如下的两种形式:

```
FOR  UPDATE [OF 列,列]
```

此语句将游标中指定的列增加行级锁定。

```
FOR  UPDATE  NOWAIT
```

此语句在所操作的行已经被锁定时,立即返回。
WHERE CURRENT OF 语法如下:

```
WHERE  CURRENT  OF  游标名称
```

【范例 11-8】 使用 FOR UPDATE 更新 REGIONS 表的数据。

范例分析:FOR UPDATE 可以锁定对应的列,在没有提交之前其他对锁定列的操作无法实施。我们首先用 DEMOUSER 用户对 REGIONS 表的一条记录进行更新,但是不提交。然后使用 SYSTEM 用户进行同样的操作,测试能否进行修改。

步骤 1:在操作之前,先向 REGIONS 表中插入一条新的记录,SQL 语句如下。

```
INSERT INTO REGIONS(REGION_ID) VALUES (90);
```

运行结果:能够看到数据被提交。如图 11.7 所示。

步骤 2:使用 FOR UPDATE 游标修改数据。

代码 11.8 使用 FOR UPDATE 游标修改单表数据

```
01  DECLARE
02      CURSOR cur_region IS SELECT * FROM REGIONS WHERE REGION_ID = 90 FOR
    UPDATE;
03  BEGIN
04      FOR emp_row IN cur_region LOOP
05          UPDATE REGIONS SET REGION_NAME = '西部', MANAGER = 305 WHERE
    REGION_ID = emp_row.REGION_ID;
06      END LOOP;
07  END;
```

运行结果:如图 11.8 所示,能够看到数据被更新,但没有被真正提交,列处于锁定状态。

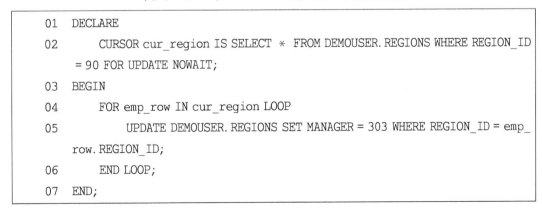

图 11.7 新增数据到 REGIONS 表   图 11.8 使用 FOR UPDATE 更新数据

步骤 3:使用 SYSTEM 登录系统,创建不等待游标进行数据更新,SQL 代码如下:

代码 11.9 在 SYSTEM 用户模式下修改数据

```
01  DECLARE
02      CURSOR cur_region IS SELECT * FROM DEMOUSER.REGIONS WHERE REGION_ID
    = 90 FOR UPDATE NOWAIT;
03  BEGIN
04      FOR emp_row IN cur_region LOOP
05          UPDATE DEMOUSER.REGIONS SET MANAGER = 303 WHERE REGION_ID = emp_
    row.REGION_ID;
06      END LOOP;
07  END;
```

运行结果:更新的数据不会被提交。因为 DEMOUSER 用户锁定了列,在它提交之前,此数据没法被其他人操作。只有 DEMOUSER 提交更新数据之后,锁定状态被解除,SYSTEM 用户的更新才能成功。

步骤 4:使用 FOR UPDATE 游标删除数据。

```
01   DECLARE
02      CURSOR cur_region IS SELECT * FROM REGIONS WHERE REGION_ID = 90 FOR
     UPDATE;
03   BEGIN
04      FOR emp_row IN cur_region LOOP
05          DELETE FROM REGIONS WHERE CURRENT OF cur_region;
06      END LOOP;
07   END;
```

在上面的范例中,我们使用 FOR UPDATE 语句就可以实现对表数据的操作,但这种情况只能是单表。如果游标的定义是多表链接而成的,那么就必须使用 FOR UPDATE OF 列来定位要操作的数据行。

【**范例 11 - 9**】 使用 FOR UPDATE OF 列更新多表数据。

创建一个新的游标使用"FOR UPDATE",采用多表查询。

```
01   DECLARE
02      CURSOR cur_emp IS
03        SELECT S. EMPL_ID, S. EMPL_NAME, S. EMPL_TITLE, S. OFFICE, S. MANAGER, O. CITY
04      FROM SALESREPS S, OFFICES O
05      WHERE S. EMPL_ID = 188 AND S. OFFICE = O. OFFICE_ID
06      FOR UPDATE;
07   BEGIN
08      FOR emp_row IN cur_emp LOOP
09          UPDATE  SALESREPS SET OFFICE = 22, MANAGER = 201 WHERE CURRENT OF cur
     _emp;
10      END LOOP;
11   END;
```

运行结果:虽然显示更新成功,但是没有实际更新。

创建一个新的游标使用"FOR UPDATE OF 列……",采用多表查询。

```
01   DECLARE
02      CURSOR cur_emp IS
03        SELECT S. EMPL_ID, S. EMPL_NAME, S. EMPL_TITLE, S. OFFICE, S. MANAGER, O.
     CITY
```

```
04              FROM SALESREPS S,OFFICES O
05              WHERE S.EMPL_ID = 188 AND S.OFFICE = O.OFFICE_ID
06              FOR UPDATE OF OFFICE;
07  BEGIN
08      FOR emp_row IN cur_emp LOOP
09          UPDATE SALESREPS SET OFFICE = 22,MANAGER = 201 WHERE CURRENT OF cur
    _emp;
10      END LOOP;
11  END;
```

运行结果：一这样修改之后就可以更新了。

11.5　动态游标

　　无论显式游标还是隐式游标,都具有一个特点,即游标在打开时,其定义已经确定。在整个程序的运行过程中,游标定义不能进行更改。因此显式游标和隐式游标被称为静态游标。为了增加游标的灵活性,Oracle 提供了另外一种游标——动态游标,即其定义在游标声明时没有设定,在打开时,可以进行动态修改。语法定义如下:

```
TYPE   游标变量类型名称
IS   REF   CURSOR
[RETURN 数据类型];
```

　　动态游标又分为两类:强类型动态游标和弱类型动态游标。

　　强类型动态游标在使用时,必须声明其类型,在以后的使用过程中,虽然游标的定义可以修改,但是返回值类型是一定的。当游标声明时,虽未设定其查询定义,但是已经指定了游标的返回类型。游标的返回类型,可以是 Oracle 内置类型,也可以是自定义类型。声明一个强类型游标首先自定义一个 ref cursor 的游标类型,然后利用该自定义类型,声明一个游标变量。

　　例如,现需一个打印学生信息的存储过程。用户可以向该存储过程传递一个年龄参数,该参数决定了打印哪些学生的信息。如果所传入的年龄参数小于等于 0,则打印所有学生的信息;如果传入的参数大于 0,则打印年龄与参数相同的学生的信息。

　　声明强类型的 REF 游标:

```
TYPE my_curtype IS REF CURSOR
    RETURN stud_det % ROWTYPE;
order_cur my_curtype;
```

　　弱类型则无需声明返回值类型,众所周知,编程语言有强类型和弱类型之分,例如,VB、JavaScript 为弱类型,在 JavaScript 中使用 var 关键字即可声明一个变量,该变量既可以存储字符串也可以存储数字;而 Java、C 等属于强类型语句,变量类型在声明时确定,而且一旦确定将不能改变。弱类型动态游标的概念与此类似,在声明游标时不使用 return 关键字指定游标的返回类型,那么在以后的程序中,可以对其使用不同的返回类型。但在使用过程中,必须保证每次用于获取记录的类型都能够正确接收来自游标的数据,因此,这也存在着一定的风险。应尽量避免使用弱类型游标。

声明弱类型的 REF 游标:

```
TYPE my_ctype IS REF CURSOR;
Stud_cur my_ctype;
```

创建游标变量需要两个步骤:

① 声明 REF 游标类型,声明 REF 游标类型的变量;

② 如果编写 Return,属于强类型,否则属于弱类型。

11.6　本章小结

游标类似于编程语言中的指针,游标可以进行位置的移动,以循环访问结果集中每条记录。通过游标可以方便地访问当前记录。

静态游标分两类:显式游标和隐式游标。

隐式游标:它被数据库自动管理,在 PL/SQL 块之中所编写的每条 SQL 语句实际上是隐式游标。隐式游标不需要用户控制游标的声明、打开、获取和关闭。

显示游标:在使用之前必须有明确的游标声明和定义,这样的游标定义会关联数据查询语句,通常会返回一行或多行。打开游标后,用户可以利用游标的位置对结果集进行检索,使之返回单一的行记录,用户可以操作此记录。关闭游标后,就不能再对结果集进行任何操作。显式游标需要用户自己写代码完成,一切由用户控制。

隐式游标和显式游标都可以实现对结果集的操作,但是,相比之下,隐式游标不需要用户控制游标的声明、打开、获取和关闭,因此用户可以利用更少的代码实现同样的功能。而且,隐式游标的执行速度更快,在对游标的显式控制要求不高时,应尽量选择隐式游标。

显式游标和隐式游标都可以实现对结果集的操作。具有静态性,二者一旦定义,无法进行修改。游标所获得结果集也是确定不变的。

动态游标提供了游标定义不确定的工作策略,从而使游标具有更强的灵活性。利用 FOR 语句可以自动打开和关闭游标,不再需要由用户手工打开;使用 FOR UPDATE 子串打开一个游标时,所有返回集中的数据行都将处于行级(ROW-LEVEL)独占式锁定,其他对象只能查询这些数据行,不能进行 UPDATE、DELETE 或 SELECT...FOR UPDATE 操作。WHERE CURRENT OF 子串专门处理要执行 UPDATE 或 DELETE 操作的表中取出的最近的数据。要使用这个方法,在声明游标时必须使用 FOR UPDATE 子串。

游标变量指的是在游标使用时才为其设置具体的查询语句。

☞扫一扫可见
本章参考答案

11.7　本章练习

【练习 11 - 1】　使用隐式游标在地区(REGIONS)表中插入新的数据(90,'西部'),并返回操作影响的行数。

【练习 11 - 2】　使用单行隐式游标获取并显示编号为 2121 的客户信息。

【练习 11 - 3】　使用隐式游标 CURSOR FOR 显示分公司的名称、位置和销售目标。

【练习 11 - 4】　下面的程序是想用显式游标来显示 ORDERS 表的全部数据,阅读程序,判断结果是否会正确输出,如果有错,错误在何处,如果修改。

```
01   DECLARE
02       CURSOR cur_order IS SELECT * FROM ORDERS;
03       v_orderRow       ORDERS % ROWTYPE;
04   BEGIN
05       LOOP
06           FETCH cur_order INTO v_orderRow;
07           EXIT WHEN cur_order % NOTFOUND;
08           DBMS_OUTPUT. put_line(cur_order % ROWCOUNT || '、订单编号:' || v_
     orderRow. ORDER_ID);
09       END LOOP;
10       CLOSE cur_order;
11   EXCEPTION
12       WHEN INVALID_CURSOR THEN
13         DBMS_OUTPUT. put_line('程序出错. SQL CODE = ' || SQLCODE || ', SQLERRM =
     ' || SQLERRM);
14   END;
```

【练习 11 - 5】　使用显式游标和 LOOP 循环输出销售员(SALESREPS)表的信息。

第12章 子程序

在开发之中经常会出现一些重复的代码块,Oracle为了方便管理这些代码块,往往会将其封装到一个特定的结构体之中,这样的结构体在Oracle之中就被称为子程序。定义为子程序的代码块也将成为Oracle数据库的对象,会将其对象信息保存在相应的数据字典之中。

在Oracle中子程序分为两种:过程和函数。

12.1 子程序的结构

12.1.1 定义和调用过程

存储过程是一段存储在数据库中执行某种功能的程序。

存储过程包含一段或者多段SQL。可以理解为存储在数据库服务器中封装的一段或者多段SQL语句的PL/SQL代码块。

创建过程,需要有CREATE PROCEDURE或CREATE ANY PROCEDURE的系统权限。

过程创建和修改的语法格式如下:

```
CREATE  [OR  REPLACE]PRODUCE  PRODUCE_NAME
[parameter_name  [[IN]  datatype  [{:=|DEFAULT}expression]
|{OUT|INOUT}[NOCOPY]datatype][,…]
{IS|AS}
BODY;
```

- ORREPLACE:表示如果存储过程已经存在,则用新的存储过程覆盖,通常用于存储过程的重建。
- procedure_name:创建的存储过程名。
- Parameter_name:表示存储过程的参数名称。
- [IN]datatype[{:=|DEFAULT} expression]表示传入的参数的数据类型以及默认值。
- {OUT|INOUT}[NOCOPY]datatype:表示存储过程参数类型,OUT表示输出参数,INOUT表示既可以输入也可以输出的参数。

■ Is|as 连接词,用于定义过程的局部变量。

存储过程建立完成后,执行(或调用)过程的人是过程的创建者或是拥有EXECUTEANYPROCEDURE 系统权限的人或是被拥有者授予 EXECUTE 权限的人。只要通过授权,用户就可以在开发工具中来调用运行。

使用 EXECUTE 语句来实现对过程,调用的语句是:

```
EXECUTEPROC_NAME(PAR1,PAR2…);
```

使用 PL/SQL 块来实现调用,调用的语句是:

```
DECLAREPAR1,PAR2;
BEGIN
PROC_NAME(PAR1,PAR2…);      ——调用其他存储过程
END;
```

【范例 12-1】 编写一个过程,获得某个员工的信息并输出。

代码 12.1 员工信息输出的过程代码

```
01  CREATEORREPLACEPROCEDURE  get_emp_info_proc(
02    p_eno  SALESREPS.EMPL_ID%TYPE  )
03  AS
04    v_ename  SALESREPS.EMPL_NAME%TYPE;
05    v_sal  SALESREPS.SALES%TYPE;
06    v_count  NUMBER;
07  BEGIN
08    SELECT  COUNT(EMPL_ID)  INTO  v_count FROM SALESREPS  WHERE  EMPL_
    ID = p_eno;
09    IF  v_count = 0  THEN
10        RETURN;
11    ENDIF;
12  SELECT  EMPL_NAME,  SALES  INTO  v_ename  ,  v_sal  FROM  SALESREPS
      WHERE  EMPL_ID = p_eno;
13  DBMS_OUTPUT.put_line('编号为 '||p_eno||'的雇员姓名:'||v_ename||',销售
    额为:'||v_sal);
14  END;
```

代码分析:

第 02 行:定义一个列变量 p_eno 作为过程的参数,传入想要检索的员工 ID。

第 04~06 行:定义局部变量,用于显示员工的相信信息。

第 08~11 行:查找输入的员工 ID 是否存在,不存在则退出过程。

第 12~13 行:查找输入的员工 ID 存在,输出其详细信息。

调用程序：

```
BEGIN
get_emp_info_proc(103);
END;
```

【范例12-2】 编写一个过程,输入三个值(分公司 ID,所在城市,所在区域值)新增一条分公司的记录。

代码12.2 新增分公司的 PL/SQL 程序块

```
01   CREATE OR REPLACE PROCEDURE office_insert_pro_param(
02        p_officeno    OFFICES.OFFICE_ID % TYPE,
03        p_city              OFFICES.CITY % TYPE,
04        p_region      OFFICES.REGION % TYPE,
05        p_result   OUT   NUMBER)
06   AS
07    v_deptCount   NUMBER;
08   BEGIN
09    SELECT COUNT(OFFICE_ID) INTO v_deptCount FROM OFFICES WHERE OFFICE_ID
     = p_officeno;
10     IF v_deptCount > 0 THEN
11       p_result : = -1;                              ——修改返回标记
12     ELSE
13       INSERT INTO OFFICES(OFFICE_ID,CITY,REGION) VALUES (p_officeno,p_
     city,p_region);
14       p_result : = 0;
15     COMMIT;
16     END IF;
17      EXCEPTION
18        WHEN   OTHERS   THEN
19          DBMS_OUTPUT.put_line('触发了错误'||SQLERRM);
20          ROLLBACK;
21    END;
```

代码分析：

第08行:变量用于保存 COUNT() 函数结果。

第09行:查询 OFFICES 表中是否有所输入的新分公司编号。

第10行:如果有此编号的分公司。

第11行:返回-1。

第13行:插入新数据。

第17~20:抛出异常。

调用过程 office_insert_pro：

```
DECLARE
  v_result   NUMBER;                                            ——接收结果
BEGIN
    office_insert_pro_param(11,'常熟理工学院',3,v_result);      ——调用函数
  IF v_result = 0 THEN
    DBMS_OUTPUT.put_line('新部门增加成功!');
  ELSE
    DBMS_OUTPUT.put_line('部门增加失败!'||SQLERRM);
  END IF;
END;
```

【范例 12 - 3】 创建一个向数据库添加客户的过程,请思考需要输入哪些数据?与其关联的还需要同步更新哪些数据?

程序分析:增加一个客户,有如下几个步骤:

(1)需要输入客户的编号、姓名、信用卡额度和销售目标。

(2)分配给某个销售员。此客户的销售目标要为分配的销售员更新销售定额记录。

(3)此客户的销售目标为销售员所在的分公司提高销售定额。

代码 12.3　新增客户的 PL/SQL 程序块

```
01   create or replace procedure add_cust(
02        c_num in number,
03        c_name in varchar2,
04      c_rep in number,
05      cred_lim in number,
06      tgt_sls in number,
07    c_offc in number )
08   as
09   begin
10     INSERT INTO CUSTOMERS(CUST_ID,COMPANY,EMPL_ID,CREDIT_LIMIT)   VALUES
(c_num,c_name,c_rep,cred_lim);
11       update salesreps   set quota = quota + tgt_sls   where empl_id = c_rep;
12       update offices set target = target + tgt_sls   where OFFICE_ID = c_offc;
13       commit;
14   end;
```

代码分析:

第 02～07 行:定义变量。

第 10 行:插入客户表新的数据。

第 11 行:更新销售员表中所分配销售员的定额数。

第 12 行:更新销售员所在分公司的销售定额。

调用 add_cust 过程:

```
BEGIN
   add_cust(6666,'sadas',306,500000,12345,33);
END;
```

12.1.2 定义和调用函数

函数(又称存储函数)也是一种较为方便的存储结构,用户定义的函数可以被 SQL 语句或者是 PL/SQL 程序直接进行调用。

函数与过程最大的区别就在于,函数是可以有返回值的,而过程只能依靠 OUT 或 INOUT 来返回数据。

```
CREATE[ORREPLACE]FUNCTION 函数名([参数,[参数,...]])RETURN 返回值类型
[AUTHID{DEFINER|CURRENT_USER}]
AS|IS
[PRAGMAAUTONOMOUS_TRANSACTION;]
声明部分;
BEGIN
程序部分;
[RETURN 返回值;]
[EXCEPTION
异常处理]
END[函数名];
```

【**范例 12 - 4**】 编写一个函数新增一个分公司,要求同例 12 - 2。但需要考虑新增过程中可能存在如下两种错误:输入的新增分公司编号重复或者所输入的区域值不存在。

本函数程序要求利用 function 有返回值的特点,返回新增操作结果,返回 0 表示成功,返回-1 表示新增分公司的编号重复,返回-2 表示所输入的区域值不存在。

代码 12.4 新增分公司的 PL/SQL 函数程序块

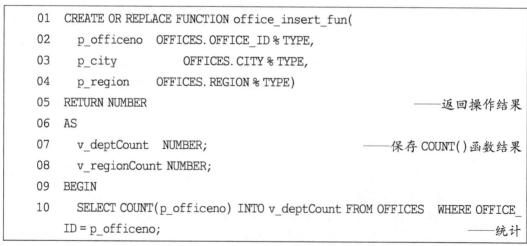

```
01   CREATE OR REPLACE FUNCTION office_insert_fun(
02     p_officeno    OFFICES.OFFICE_ID % TYPE,
03     p_city        OFFICES.CITY % TYPE,
04     p_region      OFFICES.REGION % TYPE)
05   RETURN NUMBER                                    ——返回操作结果
06   AS
07     v_deptCount   NUMBER;                          ——保存 COUNT()函数结果
08     v_regionCount NUMBER;
09   BEGIN
10     SELECT COUNT(p_officeno) INTO v_deptCount FROM OFFICES   WHERE OFFICE_
       ID = p_officeno;                              ——统计
```

```
11      SELECT COUNT(p_region) INTO v_regionCount FROM REGIONS WHERE REGION_ID
    = p_region;
12    IF v_deptCount > 0 THEN                           ——有此编号的分公司
13      RETURN -1;                                       ——返回失败标记
14    ELSIF   v_regionCount <= 0 THEN
15          RETURN -2;
16    ELSE
17      INSERT INTO OFFICES(OFFICE_ID, CITY, REGION) VALUES (p_officeno, p_
    city, p_region);
18      COMMIT;
19      RETURN 0;                                        ——返回成功标记
20    END IF;
21  END;
```

调用 office_insert_fun：

```
DECLARE
  v_result    NUMBER;                                    ——接收结果
BEGIN
  v_result := office_insert_fun(44,'常熟理工学院',2);     ——调用函数
  IF v_result = 0 THEN
    DBMS_OUTPUT.put_line('新部门增加成功!');
  ELSIF   v_result = -1 THEN
    DBMS_OUTPUT.put_line('新部门增加失败,公司编号已存在!');
  ELSIF   v_result = -2THEN
    DBMS_OUTPUT.put_line('部门增加失败,区域值不存在!');
  ELSE
    DBMS_OUTPUT.put_line('部门增加失败,参数不存在!');
  END IF;
END;
```

12.1.3 查询和删除子程序

当用户创建过程或函数后,对于数据库而言,就相当于创建了一个新的数据库对象,那么此时用户可以利用以下的数据字典查看子程序的相关信息。

下面的语句查看子程序信息:

```
user_procedures:查询出所有的子程序信息;
user_objects:查询出所有的用户对象(包括表、索引、序列、子程序等);
user_source:查看用户所有对象的源代码;
user_errors:查看所有的子程序错误信息.
```

在编码过程中,可以调用下面的语句查看编译过程中的错误:

```
SELECT LINE,POSITION,TEXT
FROM USER_ERRORS
WHERE NAME = [PRO_NAME];
删除过程 DROP PROCEDURE 过程名称;
删除函数 DROP FUNCTION 函数名称;
```

12.2 子程序参数

12.2.1 参数模式

在定义子程序时往往需要接收传递的参数,这样对于形式参数的定义就分为了三类: IN、OUT 和 INOUT 模式,此三类形式定义如下:

1. IN 模式参数

这是一种输入类型的参数,参数值由调用方传入,并且只能被存储过程读取。这种参数模式是最常用的,也是默认的参数模式,关键字 in 位于参数名称之后。在子程序之中所做的修改不会影响原始参数内容。

Oracle 支持在声明 IN 参数的同时给其初始化默认值,这样在存储过程调用时,如果没有向 IN 参数传入值,则存储过程可以使用默认值进行操作。

2. OUT 模式参数(空进带值出)

不带任何数值到子程序之中,子程序可以通过此变量将数值返回给调用处。这是一种输出类型的参数,表示这个参数在存储过程中已经被赋值,并且这个参数值可以传递到当前存储过程以外的环境中,关键字 out 位于参数名称之后。

3. IN OUT 模式参数(地址传递)

在执行存储过程时,IN 参数不能够被修改,它只能根据被传入的指定值(或是默认值)为存储过程提供数据,而 OUT 类型的参数只能等待被赋值,而不能像 IN 参数那样为存储过程本身提供数据。但 IN OUT 参数可以兼顾其他两种参数的特点,在调用存储过程时,可以从外界向该类型的参数传入值;在执行完存储过程之后,可以将该参数的返回值传给外界。

在默认情况下 PL/SQL 程序之中对于 IN 模式传递的参数采用的都是引用传递方式,所以其性能较高。而对于 OUT 或者 INOUT 模式传递参数时采用的是数值传递,在传递时需要将实参数拷贝一份给形参,这样做主要是方便形参对数据的操作,而在过程结束之后,被赋予 OUT 或 INOUT 形参上的值会赋值回对应的实参。

【范例 12-5】 使用 IN 参数模式的例子。

```
01   CREATE OR REPLACE PROCEDURE in_proc(
02       p_paramA IN VARCHAR2,                    ——明确定义 IN 参数模式
03       p_paramB VARCHAR2)                       ——默认的参数模式为 IN
```

```
04   AS
05   BEGIN
06       DBMS_OUTPUT.put_line('执行 in_proc()过程:p_paramA = ' || p_paramA);
07       DBMS_OUTPUT.put_line('执行 in_proc()过程:p_paramB = ' || p_paramB);
08   END;
```

调用过程 in_proc():

```
DECLARE
    v_titleAVARCHAR2(50):='常熟理工学院';
    v_titleBVARCHAR2(50):='计算机学院';
BEGIN
    in_proc(v_titleA,v_titleB);
END;
```

运行结果:在变量 p_paramA 和 p_paramB 在过程调用过程中由参数传入,显示如下。

执行 in_proc()过程:p_paramA = 常熟理工学院

执行 in_proc()过程:p_paramB = 计算机学院

【范例 12 - 6】 使用 OUT 参数模式的例子。

```
01   CREATE OR REPLACE PROCEDURE out_proc(
02       p_paramA OUT VARCHAR2,                           ——OUT 参数模式
03       p_paramB OUT VARCHAR2)                           ——OUT 参数模式
04   AS
05   BEGIN
06       DBMS_OUTPUT.put_line('执行 out_proc()过程:p_paramA = ' || p_paramA);
07       DBMS_OUTPUT.put_line('执行 out_proc()过程:p_paramB = ' || p_paramB);
08       p_paramA := '云南昆明';                          ——此值将返回给实参
09       p_paramB := '湖南长沙';                          ——此值将返回给实参
10   END;
```

调用过程 out_proc();

```
DECLARE
    v_titleAVARCHAR2(100) :='此处只是声明一个接收返回数据的标记';
    v_titleBVARCHAR2(100) :='此内容不会传递到过程,但是过程会将修改内容
传回';
BEGIN
out_proc(v_titleA, v_titleB);
DBMS_OUTPUT.put_line('调用 out_proc()过程之后变量内容:v_titleA = ' || v_
titleA);
```

```
      DBMS_OUTPUT.put_line('调用 out_proc()过程之后变量内容:v_titleB = '|| v_
titleB);
   END;
```

运行结果: 在定义部分变量 p_paramA 和 p_paramB 是空值,在过程中被赋值并输出。

执行 out_proc()过程:p_paramA =

执行 out_proc()过程:p_paramB =

调用 out_proc()过程之后变量内容:v_titleA = 云南昆明

调用 out_proc()过程之后变量内容:v_titleB = 湖南长沙

【范例 12 - 7】 使用 INOUT 参数模式的例子。

```
01   CREATE OR REPLACE PROCEDURE inout_proc(
02   2p_paramA IN OUT VARCHAR2,                    ——IN OUT 参数模式
03   3p_paramB IN OUT VARCHAR2 )                   ——IN OUT 参数模式
04   AS
05   BEGIN
06   DBMS_OUTPUT.put_line('执行 inout_proc()过程:p_paramA = '|| p_paramA);
07   DBMS_OUTPUT.put_line('执行 inout_proc()过程:p_paramB = '|| p_paramB);
08   p_paramA : = '上海黄浦区';                      ——此值将返回给实参
09   p_paramB : = '苏州常熟';                        ——此值将返回给实参
10   END;
```

调用过程 inout_proc():

```
DECLARE
    v_titleAVARCHAR2(50): = '苏州大学';
    v_titleBVARCHAR2(50): = '苏州科技学院';
BEGIN
    inout_proc(v_titleA,v_titleB);
    DBMS_OUTPUT.put_line('调用 inout_proc()过程之后变量内容:v_titleA = '||
v_titleA);
    DBMS_OUTPUT.put_line('调用 inout_proc()过程之后变量内容:v_titleB = '||
v_titleB);
   END;
```

运行结果: p_paramA 和 p_paramB 两个变量在调用时先由调用过程赋值并输出,接着在子程序内部被重新赋值并输出。

执行 inout_proc()过程:p_paramA = 苏州大学

执行 inout_proc()过程:p_paramB = 苏州科技学院

调用 inout_proc()过程之后变量内容:v_titleA = 上海黄浦区

调用 inout_proc()过程之后变量内容:v_titleB = 苏州常熟

12.2.2 NOCOPY 选项

由于 OUT 和 INOUT 会将操作的数据进行复制,所以当传递数据较大时(例如:集合、记录等),那么这一复制的过程就会变得很长,也会消耗大量的内存空间。而为了防止这种情况的出现,在定义过程参数时,可以使用 NOCOPY 选项,将 OUT 或 INOUT 的值传递变为引用传递,NOCOPY 的语法如下所示:

参数名称 [参数模式] NOCOPY 数据类型;

【范例 12 - 8】 NOCOPY 参数传递示例程序。

代码 12.8 NOCOPY 示例程序

```
01  DECLARE
02    v_varA  NUMBER : = 10;
03    v_varB  NUMBER : = 20;
04    PROCEDURE change_proc(
05      p_paramINOUT IN OUT NUMBER,
06      p_paramNOCOPY IN OUT NOCOPY NUMBER)
07    IS
08    BEGIN
09      p_paramINOUT : = 100;
10      p_paramNOCOPY : = 100;
11    END;
12  BEGIN
13    DBMS_OUTPUT.put_line('【过程调用之前】v_varA = ' || v_varA || ',v_varB
      = ' || v_varB);
14    change_proc(v_varA, v_varB);
15    DBMS_OUTPUT.put_line('【过程调用之后】v_varA = ' || v_varA || ',v_varB
      = ' || v_varB);
16  END;
```

运行结果:
【过程调用之前】v_varA = 10,v_varB = 20
【过程调用之后】v_varA = 100,v_varB = 100
过程 change_proc 接收两个参数,然后修改这两个变量的值。

NOCOPY 通常用在 OUT 和 IN OUT 这类按值传递的形式参数中,并且参数占用大量内存的场合,可以避免复制数据带来的性能开销。下面的范例演示了使用 NOCOPY 和不使用 NOCOPY 的性能差异。

【范例 12 - 9】 NOCOPY 使用性能演示。

代码 12.9　不使用 NOCOPY 的程序

```
01   DECLARE
02     TYPE EMPTABTYPE IS   TABLE OF REGIONS % ROWTYPE;
03       EMP_TAB   EMPTABTYPE: = EMPTABTYPE(NULL);
04       T1 NUMBER(5);
05       T2 NUMBER(5);
06       PROCEDURE GET_TIME(T OUT NUMBER)
07           IS
08           BEGIN
09               SELECT   TO_CHAR(SYSDATE,'SSSSS')   INTO T FROM DUAL;
10           END;
11       PROCEDURE TEST_NOCOPY(TAB IN OUT EMPTABTYPE )
12           IS
13           BEGIN
14               NULL;
15           END;
16   BEGIN
17       SELECT * INTO   EMP_TAB(1) FROM REGIONS WHERE REGION_ID = 2;
18       EMP_TAB.EXTEND(6000000,1);
19       GET_TIME(T1);
20       TEST_NOCOPY(EMP_TAB);
21       GET_TIME(T2);
22       DBMS_OUTPUT.put_line('NOCOPY 测试 ');
23       DBMS_OUTPUT.put_line(' 不带 NOCOPY 的调用 '||TO_CHAR(T2 - T1));
24   END;
```

代码 12.10　使用 NOCOPY 的程序

```
01   DECLARE
02       TYPE EMPTABTYPE IS   TABLE OF REGIONS % ROWTYPE;
03       EMP_TAB   EMPTABTYPE: = EMPTABTYPE(NULL);
04       T3 NUMBER(5);
05       T4 NUMBER(5);
06       PROCEDURE GET_TIME(T OUT NUMBER)
07           IS
08           BEGIN
```

```
09                    SELECT  TO_CHAR(SYSDATE,'SSSSS')  INTO T FROM DUAL;
10              END;
11        PROCEDURE  TEST_NOCOPY2(TAB IN OUT NOCOPY EMPTABTYPE)
12            IS
13            BEGIN
14                  NULL;
15            END;
16  BEGIN
17      SELECT * INTO  EMP_TAB(1) FROM REGIONS WHERE REGION_ID = 2;
18      EMP_TAB.EXTEND(6000000,1);
19      GET_TIME(T3);
20      TEST_NOCOPY2(EMP_TAB);
21      GET_TIME(T4);
22      DBMS_OUTPUT.put_line('NOCOPY 测试 ');
23      DBMS_OUTPUT.put_line(' 带 NOCOPY 的调用 '||TO_CHAR(T4 - T3));
24  END;
```

运行结果：

代码 12.9 运行消耗的时间是：3.62458229

代码 12.10 运行消耗的时间是：3.15057588

可以看出不使用 NOCOPY 将产生传值引用，执行效率会大大降低。使用 NOCOPY 引用传递，执行效率大幅提高。

12.3　子程序递归

Oracle 之中函数本身依然支持递归调用操作，即：一个函数可以继续调用本函数，而要想实现这样的递归操作，则需要有两个前提：

（1）需要增加函数递归调用结束的操作，如果没有此方式会出现内存溢出的问题；

（2）在每次函数进行递归调用时，都需要修改传递的参数值。

【范例 12 - 10】　编写一个递归子程序，用来计算 1～100 之和。

```
01  DECLARE
02  v_sum NUMBER;
03  FUNCTION add_fun(p_num NUMBER)
04  RETURN    NUMBER
05  AS
```

```
06    BEGIN
07    IF p_num = 1   THEN
08    RETURN 1;
09    ELSE
10    RETURN p_num + add_fun(p_num - 1);
11    END IF;
12    END;
13    BEGIN
14    v_sum := add_fun(100); - - 进行 1~100 累加
15    DBMS_OUTPUT.put_line('累加结果:'||v_sum);
16    END;
```

运行结果:累加结果:5050

除了进行递归计算之外,还可以在 PL/SQL 程序块中利用函数进行递归编程。

【范例 12-11】 在表 SALESREPS 中,每个员工都有其负责人 MANAGER,要求编写递归子程序,能够依次找出某个员工的负责人以及负责人的 MANAGER。

```
01    CREATE OR REPLACE FUNCTION GETSUBEMPL(P_NO   SALESREPS. EMPL_ID % TYPE)
02          RETURN   SALESREPS. EMPL_ID % TYPE
03    AS
04          P_MANAGER   SALESREPS. MANAGER % TYPE;
05    BEGIN
06          SELECT MANAGER INTO P_MANAGER
07          FROM SALESREPS WHERE EMPL_ID = P_NO;
08          IF   P_MANAGER IS NULL THEN
09              DBMS_OUTPUT.put_line('销售员 '||P_NO||'是总经理');
10              RETURN NULL;
11          ELSE
12              DBMS_OUTPUT.put_line('销售员 '||P_NO||'的上司是:'||P_MANAGER);
13              RETURN GETSUBEMPL(P_MANAGER);
14    END IF;
15      EXCEPTION
16        WHEN   NO_DATA_FOUND THEN
17        DBMS_OUTPUT.put_line('没有这样的员工');
18          RETURN NULL;
19    END;
```

调用函数:

```
DECLARE
   P_MANAGER   SALESREPS.EMPL_ID % TYPE;
BEGIN
     P_MANAGER: = GETSUBEMPL(101);
END;
```

运行结果:

销售员 101 的上司是:106

销售员 106 是总经理

12.4 本章总结

过程与函数的相同功能有:

(1) 都使用 IN 模式的参数传入数据、OUT 模式的参数返回数据。

(2) 输入参数都可以接受默认值,都可以传值或传引导。

(3) 调用时的实际参数都可以使用位置表示法、名称表示法或组合方法。

(4) 都有声明部分、执行部分和异常处理部分。

(5) 其管理过程都有创建、编译、授权、删除、显示依赖关系等。

使用过程与函数的原则:

(1) 如果需要返回多个值和不返回值就使用过程;如果只需要返回一个值,就使用函数。

(2) 过程一般用于执行一个指定的动作,函数一般用于计算和返回一个值。

(3) 可以 SQL 语句内部(如表达式)调用函数来完成复杂的计算问题,但不能调用过程。所以这是函数的特色。

在采用 PL/SQL 开发 Oracle 存储过程的时候,遇到了一个很困惑的问题,即:存储过程编写过后能够通过编译,但编译过后有错误,在存储过程文件名称上有一个红叉,这个问题如何解决?

使用 Oracle 工具自带的排查功能,具体步骤:首先在左侧导航栏中展开存储过程,在有红叉的存储过程上单击右键,选择"重新编译参照对象",这时会弹出一个对话框,该对话框的上面有两个按钮,单击"刷新"按钮,找到当前的存储过程,然后单击"编译"按钮重新编译。编译的结果会显示在最下面,如果存储过程有问题,可以仔细看下面的错误提示,然后按照该错误提示解决。

12.5 本章练习

☞扫一扫可见
本章参考答案

【**练习 12 - 1**】 如果向数据库增加一个订单,请思考需要输入哪些数据。与其关联的还需要同步更新哪些数据?

【**练习 12 - 2**】 编写过程,实现某销售人员升为销售经理,去新的分公司任职的过程。要求设计一个过程,当输入以下四个数据(销售人员 S 的工号 EMPL_ID;B 公司名称 CITY;所任命的头衔 EMPL_TITLE;新的销售定额 QUOTA),完成对应的数据调整。

【**练习 12 - 3**】 用 function 函数编写【范例 12 - 11】查找每个销售员上司的程序。

【**练习 12 - 4**】 参考例 12 - 2 增加分公司的案例,在输入信息的时候,可能输入的公司编号重复而引发错误,现在要求在过程中利用 out 参数,用来显示这一错误。

第 13 章　包

包(PACKAGE,简称包)是一组相关过程、函数、变量、常量和游标等 PL/SQL 程序设计元素的组合,作为一个完整的单元存储在数据库中,用名称来标识包。它具有面向对象程序设计语言的特点,是对这些 PL/SQL 程序设计元素的封装。包类似于 c♯ 和 JAVA 语言中的类,其中变量相当于类中的成员变量,过程和函数相当于类方法。把相关的模块归类成为包,可使开发人员利用面向对象的方法进行存储过程的开发,从而提高系统性能。

与高级语言中的类相同,包中的程序元素也分为公用元素和私用元素两种,这两种元素的区别是他们允许访问的程序范围不同,即它们的作用域不同。公用元素不仅可以被包中的函数和过程所调用,也可以被包外的 PL/SQL 程序访问,而私有元素只能被包内的函数和过程序所访问。当然,对于不包含在程序包中的过程、函数是独立存在的。一般是先编写独立的过程与函数,待其较为完善或经过充分验证无误后,再按逻辑相关性组织为程序包。

包的优点:

◆ 简化应用程序设计:程序包的说明部分和包体部分可以分别创建各自编译。

◆ 模块化:可将逻辑相关的 PL/SQL 块或元素等组织在一起,用名称来唯一标识程序包。把一个大的功能模块划分成适当个数小的功能模块,分别完成各自的功能。这样组织的程序包都易于编写,易于理解更易于管理。

◆ 信息隐藏:因为包中的元素可以分为公有元素和私有元素。公有元素可被程序包内的过程、函数等的访问,还可以被包外的 PL/SQL 访问。但对于私有元素只能被包内的过程、函数等访问。对于用户,只需知道包的说明,不用了解包体的具体细节。

◆ 效率高:程序包在应用程序第一次调用程序包中的某个元素时,Oracle 将把整个程序包加载到内存中,当第二次访问程序包中的元素时,Oracle 将直接从内在中读取,而不需要进行磁盘 I/O 操作而影响速度,同时位于内在中的程序包可被同一会话期间的其他应用程序共享。因此,程序包增加了重用性并改善了多用户、多应用程序环境的效率。

13.1　包的定义及使用

13.1.1　包的定义

包的定义分为包说明定义和包主体定义两部分组成。

包说明定义用于声明包的公用组件,如变量、常量、自定义数据类型、异常、过程、函数、游标等。包说明中定义的公有组件不仅可以在包内使用,还可以由包外其他 过程、函数。但需要说明与注意的是,我们为了实现信息的隐藏,建议不要将所有组件都放在包说明处声明,只应把公共组件放在包声明部分。包的名称是唯一的,但对于两个包中的公有组件的名称可以相同,这种用"包名.公有组件名"加以区分。其定义语法如下所示。

```
CREATE [REPLACE] PACKAGE 包名称    [AUTHID CURRENT_USER | DEFINER]
IS | AS
      结构名称定义(类型、过程、函数、游标、异常等)
END [包名称];
```

包主体定义是包的具体实现细节,其实现在包说明中声明的所有公有过程、函数、游标等。当然也可以在包体中声明仅属于自己的私有过程、函数、游标等。创建包体时,有以下几点需要注意:包体只能在包说明被创建或编译后才能进行创建或编译。在包体中实现的过程、函数、游标的名称必须与包说明中的过程、函数、游标一致,包括名称、参数的名称以及参数的模式(IN、OUT、IN OUT)。并建议按包说明中的次序定义包体中具体的实现。在包体中声明的数据类型、变量、常量都是私有的,只能在包体中使用而不能被印刷体外的应用程序访问与使用。在包体执行部分,可对包说明,包体中声明的公有或私有变量进行初始化或其他设置。包主体定义语法如下所示。

```
CREATE [REPLACE] PACKAGE BODY 包名称
IS | AS
      结构实现(类型、过程、函数、游标、异常等)
BEGIN
      包初始化程序代码;
END [包名称];
```

```
CREATE [OR REPLACE ] PACKAGE PACK_NAME IS
[DECLARE_VARIABLE];
[DECLARE_TYPE];
[DECLARE_CURSOR];
[DECLARE_FUNCTION];
[DECLARE_ PROCEDURE];
END [PACK_NAME];
```

参　数	说　明
PACK_NAME	程序包的名称,如果数据库中已经存在了此名称,则可以指定"or replace"关键字,这样新的程序包将覆盖掉原来的程序包
DEFINE_VARIABLE	规范内声明的变量
DEFINE_TYPE	规范内声明的类型
DEFINE_CURSOR	规范内定义的游标
DEFINE_FUNCTION	规范内声明的函数,但仅定义参数和返回值类型,不包括函数体
DEFINE_PROCEDURE	规范内声明的存储过程,但仅定义参数,不包括存储过程主体

程序包的主体包含了在规范中声明的游标、过程和函数的实现代码,另外,也可以在"程序包的主体"中声明一些内部变量。程序包主体的名称必须与规范的名称相同,这样通过这个相同的名称 Oracle 就可以将"规范"和"主体"结合在一起组成程序包,并实现一起进行编译代码。在实现函数或存储过程主体时,可以将每一个函数或存错过程作为一个独立的 PL/SQL 块来处理。

与创建"规范"不同的是,创建"程序包主体"使用 CREATE PACKAGE BODY 语句,而不是 CREATE PACKAGE,这一点需要读者注意,见表 13.1。创建程序包主体的代码如下:

程序包的主体:

```
CREATE [OR REPLACE] PACKAGE
BODY PACK_NAME IS
  [INNER_VARIABLE]
  [CURSOR_BODY]
  [FUNCTION_TITLE]
  {BEGIN
    FUN_PLSQL;
  [EXCEPTION]
    [DOWITH _ SENTENCES;]
  END [FUN_NAME]}
  [PROCEDURE_TITLE]
  {BEGIN
    PRO_PLSQL;
  [EXCEPTION]
    [DOWITH _ SENTENCES;]
  END [PRO_NAME]}
  ...
  END [PACK_NAME];
```

表 13.1 创建程序包主体语法中的参数说明

参　数	说　明
PACK_NAME	程序包的名称,要求与对应"规范"的程序包名称相同
INNER_VARIABLE	程序包主体的内部变量
CURSOR_BODY	游标主体
FUNCTION_TITLE	从"规范"中引入的函数头部声明
FUN_PLSQL	是函数主要功能的实现部分。从 begin 到 end 部分就是函数的 body
DOWITH_SENTENCES	异常处理语句

参 数	说 明
FUN_NAME	函数的名称
PROCEDURE_TITLE	从"规范"中引入的存储过程头部声明
PRO_PLSQL	是存储过程主要功能的实现部分。从 begin 到 end 部分就是存储过程的 body
PRO_NAME	存储过程的名称

程序包说明用于声明包的公用组件,如变量、常量、自定义数据类型、异常、过程、函数、游标等。包说明中定义的公有组件不仅可以在包内使用,还可以由包外其他 过程、函数使用。为了实现信息的隐藏,建议不要将所有组件都放在包说明处声明,只应把公共组件放在包声明部分。包的名称是唯一的,但对于两个包中的公有组件的名称可以相同,这种用"包名. 公有组件名"加以区分。

包体是包的具体实现细节,其实现在包说明中声明的所有公有过程、函数、游标等。当然也可以在包体中声明仅属于自己的私有过程、函数、游标等。创建包体时,有以下几点需要注意:

包体只能在包说明被创建或编译后才能进行创建或编译。在包体中实现的过程、函数、游标的名称必须与包说明中的过程、函数、游标一致,包括名称、参数的名称以及参数的模式(IN、OUT、IN OUT)。并建设按包说明中的次序定义包体中具体的实现。

包说明和包主体分开编译,并作为两部分分开的对象存放在数据库字典中,可查看数据字典 user_source,all_source,dba_source,分别了解包说明与包主体的详细信息。

13.1.2 包的编译

包说明和包主体分开编译,并作为两部分分开的对象存放在数据库字典中,可查看数据字典 user_source,all_source,dba_source,分别了解包说明与包主体的详细信息。就是组合在一起的相关对象的集合,包中的任何函数或存储过程被调用时,包就被加载到内存中。

13.1.3 包的作用域

由于采用了包规范与包体相分离的方式,所以某些私有的操作就可以非常方便地进行定义(只要不在包规范中定义而包体定义的结构为私有)。而且在默认情况下,所有的包是在第一次被调用时才会进行初始化操作,而后包的运行状态保存到用户全局区的会话之中,在一个会话期间内,此包会一直被用户所占用,一直到会话结束后才会将包释放。因此在包中的任何一个变量或游标等可以在一个会话期间一直存在,相当于全局变量,同时可以被所有的子程序所共享。

【范例 13-1】 在包规范中定义全局变量。

```
01   CREATE OR REPLACE PACKAGE PKG_ORDER
02   AS
03      v_mfrid     PRODUCTS.MFR_ID % TYPE : = 'ACI';
04      FUNCTION get_order_fun(p_productid   PRODUCTS. PRODUCT_ID % TYPE)
     RETURN PRODUCTS % ROWTYPE;
05   END;
```

定义包体实现,格式如下:

```
06   CREATE OR REPLACE PACKAGE BODY PKG_ORDER
07   AS
08      FUNCTION get_order_fun(p_productid   PRODUCTS. PRODUCT_ID % TYPE)
     RETURN PRODUCTS % ROWTYPE
09      AS
10         v_PRODUCTSRow          PRODUCTS % ROWTYPE;
11      BEGIN
12         SELECT   *  INTO v_PRODUCTSRow FROM PRODUCTS WHERE PRODUCT_ID = p
     _productid AND MFR_ID = v_mfrid;
13         RETURN v_PRODUCTSRow;
14      END;
15   END;
```

编写多个 PL/SQL 程序块,调用包中定义的程序结构。

```
01   DECLARE
02      v_PRODUCTResult   PRODUCTS % ROWTYPE;
03   BEGIN
04      v_PRODUCTResult : = PKG_ORDER. get_order_fun('41004');
05      DBMS_OUTPUT. put_line('厂商编号:' || PKG_ORDER. v_mfrid ||',产品编号
     '||v_PRODUCTResult. PRODUCT_ID ||',库存:' || v_PRODUCTResult. QTY_ON_HAND
     || ',单价:' || v_PRODUCTResult. PRICE);
06   END;
```

13.1.4 包的重载

如果一个包中定义了多个子程序,那么这些子程序是可以进行重载时,即:在一个包中可以同时存在一个以上具有相同名称但参数及个数不同的子程序。重载的一些限制:

(1) 如果是参数的名称和参数的模式不同,则不能重载。
FUNCTION GETFUN(P_NO IN NUMBER)RETUEN NUMBER
FUNCTION GETFUN(P_NO OUT NUMBER)RETUEN NUMBER

（2）如果要重载的两个函数只是在返回的类型上不同，是不同重载的。

FUNCTION GETFUN(P_NO IN NUMBER)RETUEN NUMBER

FUNCTION GETFUN(P_NO IN NUMBER)RETUEN VARCHAR

（3）如果重载的类型是同一父类型的不同子类或者属于同一类簇，则不能重载。

FUNCTION GETFUN(P_NO IN NUMBER)RETUEN NUMBER

FUNCTION GETFUN(P_NO IN INTEGER)RETUEN VARCHAR

【范例 13 - 2】 在删除订单详细表时，可能需要根据不同的内容进行删除，根据 ITEM_ID 编号删除，根据 MFR_ID 编号删除，根据厂商和产品编号删除等，编写一个包，实现这样的功能。

步骤 1：为了减少对主表的影响，我们先复制一份表出来，包的操作在这个表上。

```
CREATE TABLE ORDER_ITEMS_COPY
AS
SELECT * FROM ORDER_ITEMS
```

步骤 2：编写包的程序：

```
01   CREATE OR REPLACE PACKAGE PKG_ITEM_DELETE
02   AS
03       orderitem_delete_exception      EXCEPTION;
04       PROCEDURE delete_item_proc(p_itemid ORDER_ITEMS.ITEM_ID % TYPE);
05       PROCEDURE delete_item_proc(p_mfrno ORDER_ITEMS.MFR_ID % TYPE);
06       PROCEDURE delete_item_proc(p_mfrno ORDER_ITEMS.MFR_ID % TYPE, p_
     proid   ORDER_ITEMS.PRODUCT_ID % TYPE);
07   END;
08   CREATE OR REPLACE PACKAGE BODY   PKG_ITEM_DELETE
09   AS
10       PROCEDURE delete_item_proc(p_itemid     ORDER_ITEMS.ITEM_ID % TYPE)
     AS     BEGIN
11           DELETE FROM ORDER_ITEMS_COPY WHERE   ITEM_ID = p_itemid;
12          IF SQL % NOTFOUND THEN
13              RAISE orderitem_delete_exception;
14          END IF;
15          EXCEPTION
16              WHEN orderitem_delete_exception THEN
17                  DBMS_OUTPUT.put_line('没有这样的 ITEM - ID 数据');
18       END delete_item_proc;
19      PROCEDURE   delete_item_proc(p_mfrno   ORDER_ITEMS.MFR_ID % TYPE) AS
20          BEGIN
```

```
21            DELETE FROM ORDER_ITEMS_COPY    WHERE    MFR_ID = p_mfrno;
22             IF SQL % NOTFOUND THEN
23                RAISE orderitem_delete_exception;
24             END IF;
25             EXCEPTION
26                 WHEN orderitem_delete_exception THEN
27                     DBMS_OUTPUT.put_line('没有这样的厂商数据');
28          END delete_item_proc;
29          PROCEDURE delete_item_proc(p_mfrno   ORDER_ITEMS.MFR_ID % TYPE, p_
    proid   ORDER_ITEMS.PRODUCT_ID % TYPE)   AS
30        BEGIN
31             DELETE FROM ORDER_ITEMS_COPY    WHERE    MFR_ID = p_mfrno    AND
    PRODUCT_ID = p_proid;
32             IF SQL % NOTFOUND THEN
33                RAISE orderitem_delete_exception;
34             END IF;
35             EXCEPTION
36                 WHEN orderitem_delete_exception THEN
37                     DBMS_OUTPUT.put_line('没有这样的产品信息');
38          END delete_item_proc;
39    END;
```

代码分析:

第 01 行:编写包规范,同时进行子程序重载。

第 03 行:定义删除雇员时所发生的异常。

第 04～06 行:分别定义三个过程,根据 ITEM_ID 编号删除订单信息;根据 MFR_ID 编号删除订单信息;根据厂商和产品编号删除订单信息。这三个过程名称一样,均为 delete_item_proc,参数不一样,构成包的重载。

第 08 行:定义包体实现具体的包规范。

第 10～18 行:根据 ITEM_ID 编号删除订单信息过程代码。

第 19～28 行:根据 MFR_ID 编号删除订单信息过程代码。

第 29～38 行:根据厂商和产品编号删除订单信息过程代码。

运行结果:调用下面的代码进行删除,均成功。

```
DECLARE
BEGIN
     PKG_ITEM_DELETE.delete_item_proc(12222);
     PKG_ITEM_DELETE.delete_item_proc(11212905);
     PKG_ITEM_DELETE.delete_item_proc('ADCI');
     PKG_ITEM_DELETE.delete_item_proc('YMM','DE1134');
END;
```

13.1.5　包的纯度级别

如果在包中定义了函数,那么可以直接通过 SQL 语句进行调用,如果现在要对包中的函数进行限制,例如:不能包含 DML 语句,如果要设置包的纯度级别可以使用如下语法完成。

```
PRAGMA RESTRICT_REFERENCES (函数名称, WNDS [,WNPS] [,RNDS] [,RUPS]);
```

设置包的纯度级别语法如下:

```
PRAGMA RESTRICT_REFERENCES
(函数名称, WNDS [,WNPS] [,RNDS] [,RUPS]);
```

No.	纯度等级	说　明
1	WNDS	函数不能修改数据库表数据(即:无法使用 DML 更新)
2	RNDS	函数不能读数据库表(即:无法使用 SELECT 查询)
3	WNPS	函数不允许修改包中的变量内容
4	RNPS	函数不允许读取包中的变量内容

【范例 13 - 3】　包中函数的纯度级别演示。
步骤 1:定义包中函数的纯度级别:

```
01   CREATE OR REPLACE PACKAGE PKG_PURITY_EMPL   AS
02     v_name VARCHAR2(10) : = '张三';
03     FUNCTION emp_select_fun_rnds(p_empno SALESREPS.EMPL_ID % TYPE) RETURN
   NUMBER;
04     FUNCTION emp_update_fun_wnps(p_param VARCHAR2) RETURN VARCHAR2;
05     FUNCTION emp_getname_fun_rnps(p_param NUMBER) RETURN VARCHAR2;
06     FUNCTION emp_delete_fun_wnds(p_empno SALESREPS.EMPL_ID % TYPE) RETURN
   NUMBER;
07   PRAGMA RESTRICT_REFERENCES(emp_select_fun_rnds, RNDS);
08   PRAGMA RESTRICT_REFERENCES(emp_update_fun_wnps, WNPS);
09   PRAGMA RESTRICT_REFERENCES(emp_getname_fun_rnps, RNPS);
10   PRAGMA RESTRICT_REFERENCES(emp_delete_fun_wnds, WNDS);
11   END;
```

代码分析:
第 02 行:定义包中的变量。
第 03 行:函数 emp_select_fun_rnds 根据雇员编号查找雇员信息。此函数不能执行 SELECT 操作(第 07 行 RNDS 定义)。
第 04 行:函数 emp_update_fun_wnps 使用新的内容修改 v_name 变量内容。此函数不能修改包中的变量(第 08 行 WNPS 定义)。
第 05 行:函数 emp_getname_fun_rnps 读取 v_name 属性内容。此函数不能读取包中变量(第 09 行 RNPS 定义)。

第 06 行:函数 emp_delete_fun_wnds 根据雇员编号删除雇员信息。此函数不能执行更新操作(第 10 行 WNDS 定义)。

步骤 2:定义违反纯度级别的包体。

```
01    CREATE OR REPLACE PACKAGE BODY PKG_PURITY_EMPL  AS
02        FUNCTION emp_select_fun_rnds(p_empno SALESREPS.EMPL_ID%TYPE)
      RETURN NUMBER AS
03            v_emp SALESREPS%ROWTYPE;
04        BEGIN
05      SELECT * INTO v_emp FROM SALESREPS WHERE  EMPL_ID = p_empno;
06            RETURN 0;
07        END;
08        FUNCTION emp_update_fun_wnps(p_param VARCHAR2)  RETURN VARCHAR2 AS
09        BEGIN
10            v_name : = p_param;
11            RETURN '';                        ——满足函数要求返回数据
12        END;
13        FUNCTION emp_getname_fun_rnps(p_param NUMBER) RETURN VARCHAR2 AS
14        BEGIN
15            RETURN v_name;
16        END;
17        FUNCTION emp_delete_fun_wnds(p_empno SALESREPS.EMPL_ID%TYPE)
      RETURN NUMBER AS
18        BEGIN
19            DELETE FROM SALESREPS   WHERE EMPL_ID = p_empno;
20            RETURN 0;
21        END;
22    END;
```

代码分析:

第 02～07 行:根据雇员编号查找雇员信息。此函数由于定义了 rnds 纯度,所以无法执行数据表查询操作。

第 02～07 行:使用新的内容修改 v_name 变量内容。——此函数由于定义了 wnps 纯度,所以函数无法修改包中的 v_name 变量。

——读取 v_name 属性内容。但此函数不能读取包中变量——此函数由于定义了 rnps,所以函数无法读取 v_name 变量。

——根据雇员编号删除雇员信息。但此函数不能执行更新操作。

——此函数由于定义了 wnds 纯度,所以无法执行数据表更新操作。

13.2　系统工具包

DBMS_OUTPUT 包见表 13.2 所示。

表 13.2　PBMS－OUTPUI 包

No.	子程序名称	描　述
1	enable	打开缓冲区,当用户使用"SET SERVEROUTPUT ON"命令时,自动调用此语句
		子程序定义:"procedure enable (buffer_size in integer default 20000);",其中缓冲区最大尺寸为 1000000 个字节,最小为 20000 个字节
2	disable	关闭缓冲区,当用户使用"SET SERVEROUTPUT OFF"命令时,自动调用此语句
		子程序定义:"procedure disable;"
3	put	将内容保存到缓冲区中,不包含换行符,等执行 put_line 时一起输出
		子程序定义:"procedure put(a varchar2);"
4	put_line	直接输出指定内容,包括换行符
		子程序定义:"procedure put_line(a varchar2);"
5	new_line	在行尾添加换行符,在使用 PUT 时必须依靠 new_line 来添加换行符
		子程序定义:"procedure new_line;"
6	get_line	获取缓冲区中的单行信息
		子程序定义:"procedure get_line(line out varchar2, status out integer);" 参数作用: line:被 get_line 取回的行; status:是否取回一行,如果设置为 1 表示取回一行,如果 0 表示没有取回数据。
7	get_lines	以数组的形式来获取缓冲区中的所有信息
		子程序定义:"procedure get_lines(lines out chararr, numlines in out integer);" 参数作用:line:被 get_line 取回的行,是一个 CHARARR 类型,此类型是一个 VARCHAR2(255) 的嵌套表,会返回缓冲区的多行信息; status:是否取回一行,如果设置为 1 表示取回一行,如果 0 表示没有取回数据; numlines:如果作为输入参数表明要返回的行数;作为返回参数表示实际取回的行数。

【范例 13－4】　PUT\PUT_LINE 和 GET_LINE 的使用演示。

```
01  DECLARE
02    v_lines DBMS_OUTPUT.CHARARR;
03    v_status NUMBER;
04  BEGIN
05      DBMS_OUTPUT.ENABLE;
06      DBMS_OUTPUT.PUT_LINE('DBMS_OUTPUT 主要用于输出信息,它包含:');
07      DBMS_OUTPUT.PUT('PUT_LINE');
08      DBMS_OUTPUT.PUT(',PUT_LINE');
09      DBMS_OUTPUT.PUT(',PUTE');
10      DBMS_OUTPUT.PUT(',NEW_LINE');
11      DBMS_OUTPUT.PUT(',GET_LINE');
12      DBMS_OUTPUT.PUT(',GET_LINES 等过程');
13      DBMS_OUTPUT.NEW_LINE;
14      DBMS_OUTPUT.GET_LINES(v_lines,v_status);
15      FOR i IN 1..v_status LOOP
16        DBMS_OUTPUT.PUT_LINE(v_lines(i));
17      END LOOP;
18  END;
```

代码分析：

第 02 行：定义集合类型的变量。

第 05 行：开启 DBMS_OUTPUT。

第 06 行：写入并换行。

第 07 行：写入文本不换行。

第 13 行：在文本最后加上换行符。

第 14 行：获取缓冲区中所有的行。

第 15～17 行：输出集合中所有的数据行。

运行结果：

DBMS_OUTPUT 主要用于输出信息,它包含 PUT_LINE,PUT_LINE,PUTE,NEW_LINE,GET_LINE,GET_LINES 等过程。

使用 GET_LINES 可以一次性将缓冲区的所有行都读到集合中,然后通过循环集合中的行进行显示。在变成上比较灵活,不需要一行一行读取。

13.3　本章小结

在 PL/SQL 程序设计中,使用包不仅可以使程序设计模块化,对外隐藏包内所使用的信息(通过使用私用变量),而写可以提高程序的执行效率。因为,当程序首次调用包内函数或过程时,Oracle 将整个包调入内存,当再次访问包内元素时,Oracle 直接从内存中读取,而不需要进行磁盘 I/O 操作,从而使程序执行效率得到提高。

包是一种程序模块化设计的主要实现手段,通过包中可以将一个模块之中所要使用的各个程序结构(过程、函数、游标、游标、类型、变量)放在一起进行管理,同时包中所定义的程序结构也可以方便地进行互调用。

包的说明定义为说明包中可以被外部访问的部分,在包规范中声明的内容可以从应用程序和包的任何地方访问。

包体(PACKAGE BODY):负责包规范中定义的函数或过程的具体实现代码,如果在包体之中定义了包规范中没有的内容,则此部分内容将被设置为私有访问。

13.4　本章练习

☞扫一扫可见
本章参考答案

【练习 13-1】　实现一个包,包中包含一个新增员工的过程和一个根据职位调整销售定额的函数。功能如下:

(1) 新增员工过程中通过输入员工编号,员工姓名和员工职位来新增数据,在插入前需要检测员工编号是否重复。

(2) 根据职位调整销售定额的方案如下:销售代表提高 10%,销售经理提高 20%,区域经理提高 30%,总经理提高 50%。

请完成上述包规范和包定义,并写出调用包组件的 SQL。

第 14 章　触发器

触发器(TRIGGER)非常类似于存储过程,都是实现特殊的功能而执行的代码块。但它是个特殊的存储过程,不同之处是触发器不允许用户显式传递参数,不能够返回参数值,也不允许用户调用触发器。执行存储过程要使用 EXEC 语句来调用,而触发器的执行不需要使用 EXEC 语句来调用,也不需要手工启动,只要当一个预定义的事件发生的时候,就会被 Oracle 自动调用。触发器可以查询其他表,而且可以包含复杂的 SQL 语句。它们主要用于满足复杂的业务规则或要求。

14.1　触发器简介

触发器是一种在发生数据库事件时自动运行的 PL/SQL 代码块,在一般情况下它与特定表上的 DML 操作相关联。Oracle 事件指的是对数据库的表进行的 INSERT、UPDATE 及 DELETE 操作或对视图进行类似的操作。触发器在数据库里以独立的对象存储,由一个事件来启动运行。即触发器是当某个事件发生时自动地隐式运行。并且,触发器不能接收参数。所以运行触发器就叫触发或点火(firing)。

触发器非常类似于面向切面编程中的拦截器。可以在动作执行之前或者执行之后,再进行其他自定义操作。一旦创建了触发器,在条件成立时,代码块将自动执行。触发器的好处在于,用户只需建立触发器,而无需对其进行任何人为控制,数据库将会精确地完成触发器任务。表 14.1 是能触发触发器运行的事件。

表 14.1　触发器事件

种　类	关键字	含　义
DML 事件(3 种)	INSERT	在表或视图中插入数据时触发
	UPDATE	修改表或视图中的数据时触发
	DELETE	在删除表或视图中的数据时触发
DDL 事件(3 种)	CREATE	在创建新对象时触发
	ALTER	修改数据库或数据库对象时触发
	DROP	删除对象时触发

种　类	关键字	含　义
数据库事件(5 种)	STARTUP	数据打开时触发
	SHUTDOWN	在使用 NORMAL 或 IMMEDIATE 选项关闭数据库时触发
	LOGON	当用户连接到数据库并建立会话时触发
	LOGOFF	当一个会话从数据库中断开时触发
	SERVERERROR	发生服务器错误时触发

14.1.1　触发器的主要功能

监控数据库表的变更：在对数据库表进行 INSERT、UPDATE 或 DELETE 操作时,通过触发器可以验证数据的正确性,进行完整性约束检查或者是记录日志。

自动数据库维护：通过为数据库系统定义系统级的触发器,可以在数据库启动或退出时,进行数据库的维护清理工作。

控制数据库管理任务：通过定义 DDL 语句触发器,可以在添加、修改或删除数据库对象时记录日志或进行安全性管理。

14.1.2　触发器的分类

Oracle 具有不同类型的触发器,可以让开发者实现不同的功能。Oracle 提供的触发器类型主要包括:DML 事件、DDL 事件、替代触发器、系统触发器和用户事件触发器。

◆ 数据操纵语言(DML)触发器：当对表进行 DML 操作时触发,可以在 DML 操作前或操作后进行触发。

◆ 数据定义语言(DDL)触发器：当 DDL 事件发生时而触发。

◆ 替代(INSTEAD OF)触发器：是 Oracle 来用替换所使用的实际语句而执行的触发器。

◆ 系统触发器：Oracle 数据库系统的事件中进行触发,如 Oracle 系统的启动与关闭等。

◆ 用户事件触发器：用户事件是相对于用户的所执行的表(视图)等 DML 操作而言的。常见的用户事件包括:CREATE 事件、TRUNCATE 事件、DROP 事件、ALTER 事件、COMMIT 事件和 ROLLBACK 事件。

上述几种触发器,都可以使用下面的语法进行创建。创建触发器需要 CREATE TRIGGER 系统权限,可以用 SHOW ERRORS 检查编译错误。

触发器创建的语法如下:

```
CREATE [OR REPLACE] TRIGGER  触发器名称
[BEFORE | AFTER ]
[INSTEAD OF]
[INSERT | DELETE | UPDATE [OF COLUMN [, COLUMN …]]]
ON [SCHEMA.] TABLE_NAME
```

```
[REFERENCING [OLD [AS] OLD │NEW [AS] NEW│PARENT AS PARENT]]
[FOR EACH ROW ]
[FOLLOWS   触发器名称]
[WHEN 触发条件]
[DECLARE]
       [程序声明部分;]
BEGIN
       TRIGGER_BODY
END[触发器名称];
```

BEFORE 和 AFTER 指出触发器的触发时序分别为前触发和后触发方式,前触发是在执行触发事件之前触发,后触发是在执行触发事件之后触发。

FOR EACH ROW 选项说明触发器为行级触发器。行级触发器和表级触发器的区别表现在:行级触发器要求当一个 DML 语句操作影响数据库中的多行数据时,对于其中的每个数据行,只要它们符合触发约束条件,均激活一次触发器;而表级触发器将整个语句操作作为触发事件,当它符合约束条件时,激活一次触发器。当省略 FOR EACH ROW 选项时,BEFORE 和 AFTER 触发器为语句触发器,而 INSTEAD OF 触发器则为行触发器。

REFERENCING 子句说明相关名称,在行触发器的 PL/SQL 块和 WHEN 子句中可以使用相关名称参照当前的新、旧列值,默认的相关名称分别为 OLD 和 NEW。触发器的 PL/SQL 块中应用相关名称时,必须在它们之前加冒号(:),但在 WHEN 子句中则不能加冒号。

WHEN 子句说明触发约束条件。Condition 为一个逻辑表达时,其中必须包含相关名称,而不能包含查询语句,也不能调用 PL/SQL 函数。WHEN 子句指定的触发约束条件只能用在 BEFORE 和 AFTER 行触发器中,不能用在 INSTEAD OF 行触发器和其他类型的触发器中。

14.1.3 触发器的构成

一个触发器由三部分组成:触发事件或语句、触发限制和触发器动作。

触发事件或语句:引起触发器被触发的事件。例如:DML 语句(INSERT, UPDATE, DELETE 语句对表或视图执行数据处理操作)、DDL 语句(如 CREATE、ALTER、DROP 语句在数据库中创建、修改、删除模式对象)、数据库系统事件(如系统启动或退出、异常错误)、用户事件(如登录或退出数据库)。

触发时间:即该 TRIGGER 是在触发事件发生之前(BEFORE)还是之后(AFTER)触发,也就是触发事件和该 TRIGGER 的操作顺序。在使用 BEFORE 和 AFTER 之前,首先应该分析使用场景。例如,对于验证用户权限的触发器应该使用 BEFORE 关键字,因为用户操作执行完毕再进行权限校验是没有任何意义的;对于记录 LOG 的触发器,则应该使用 AFTER 关键字,这是因为 UPDATE、INSERT、DELETE 等操作有可能返回错误,事务需要回滚,那么用户没有进行实际操作,不必记录 LOG,所以触发时机应该选择 AFTER。

触发对象:包括表、视图、模式、数据库。只有在这些对象上发生了符合触发条件的触发事件,才会执行触发操作。

触发限制:是指定一个布尔表达式,当触发器激发时该布尔表达式时必须为真。

触发器动作:触发器作为过程,是 PL/SQL 块,当触发语句发出、触发限制为真时,该过程被执行。

触发频率：说明触发器内定义的动作被执行的次数。即语句级（STATEMENT）触发器和行级（ROW）触发器。语句级（STATEMENT）触发器：是指当某触发事件发生时，该触发器只执行一次；行级（ROW）触发器：是指当某触发事件发生时，对受到该操作影响的每一行数据，触发器都单独执行一次。

14.1.4　触发器的管理

在编写触发器时，如果代码有误，可以使用下面语句查看触发器的错误：

```
SELECT * FROM User_Errors
```

ALTER TRIGGER 语句用来重新编译、启用或禁用触发器。具体用法如下。

重新编译已经创建的触发器，语法如下：

```
ALTER TRIGGER [SCHEMA.] TRIGGER_NAME COMPILE;
```

设置触发器的可用状态，使其暂时关闭或重新打开，语法如下：

```
ALTER TRIGGER [SCHEMA.] TRIGGER_NAME DISABLE | ENABLE;
```

其中，DISABLE 表示使触发器失效，ENABLE 表示使触发器生效。

删除触发器的语法如下：

```
DROP TIRGGER 触发器名
```

触发器的创建者或具有 DROP ANY TIRGGER 系统权限的人才能删除触发器。

如果在触发器内调用了函数或过程，则当这些函数或过程被删除或修改后，触发器的状态将被标识为无效 INVALID。当触发一个无效触发器时，Oracle 将重新编译触发器代码，如果重新编译时发现错误，这将导致 DML 语句执行失败。

14.2　系统事件触发器

系统事件触发器的应用对象是数据库，是在数据库定义语句 DDL 或数据库服务事件时触发的触发器，是 Oracle 数据库本身的动作所触发的事件。这些事件主要包括：数据库启动、数据库关闭、系统错误等。系统事件触发器不是与特定的表或视图关联。

在数据库事件，只能为 STARTUP 事件创建 AFTER 类型的触发器。数据库的 STARTUP 事件没有 BEFORE 类型的触发器。这是因为触发器也是数据库的对象之一，在数据库启动之前，触发器是不能工作和捕捉事件的。

LOGON 事件只可以指定触发时间 AFTER，LOGOFF 事件只可以指定触发时间 BEFORE。

CREATE，ALTER，DROP，ANALYZE，AUDIT，NOTAUDIT，GRANT，REVOKE，RENAME，TRUNCATE 等事件可以使用触发时间 BEFORE 和 AFTER。

系统事件触发器的语法：

```
CREATE [OR REPLACE] TRIGGER 触发器名
{ BEFORE | AFTER }
{ DATABASE_EVENT_LIST }
ON { DATABASE | SCHEMA }
PL/SQL 语句;
```

【范例 14 - 1】　设计一个系统触发器,用来记录系统用户的登录和注销事件。

范例分析:记录系统用户的登录和注销时间,首先要有一个存放信息的表,表中的主键自动增长型,这样需要设计一个序列。在表 14.1 中数据库事件中 LOGON 和 LOGOFF 为用户登录和注销事件。LOGON 必须为 AFTER 型,而 LOGOFF 为 BEFORE 型。此触发器必须在系统用户 SYSTEM 模式下设计,实现分为三个步骤:

步骤 1:设计一个存放信息的表 USER_LOG_EVENT,SQL 代码如下:

代码 14.1　表 USER_LOG_EVENT 的创建 SQL 语句

```
01   CREATE TABLE USER_LOG_EVENT(
02   LOGID INTEGER   PRIMARY KEY,
03   LOG_USER_NAME VARCHAR2(10),
04   LOG_ADDRESS VARCHAR2(50),
05   LOG_ON_DATE TIMESTAMP,
06   LOG_OFF_DATE TIMESTAMP,
07   LOG_TYPE VARCHAR2(20));
```

步骤 2:设计一个为 LOGID 提供数据的自增长序列 USER_LOG_SEQ。

代码 14.2　自增长序列 USER_LOG_SEQ 实现代码

```
01   CREATE SEQUENCE USER_LOG_SEQ
02   INCREMENT BY 1
03   START WITH 1
04   NOMAXVALUE
05   NOCYCLE
06   ORDER;
```

步骤 3:设计登录和注销两个触发器。

代码 14.3　用户登录事件记载触发器

```
01   CREATE OR REPLACE TRIGGER TRIGGER_LOGON
02   AFTER LOGON
03   ON DATABASE
04   BEGIN
05     INSERT INTO USER_LOG_EVENT(LOGID,LOG_USER_NAME,LOG_ADDRESS,LOG_ON_DATE,
       LOG_TYPE) VALUES (USER_LOG_SEQ.nextval,ORA_LOGIN_USER,ORA_CLIENT_IP_
       ADDRESS,SYSDATE,'登录') ;
06   END;
```

代码 14.4　用户注销事件记载触发器

```
07   CREATE OR REPLACE TRIGGER TRIGGER_LOGOFF
08   BEFORE LOGOFF
09   ON DATABASE
10   BEGIN
11     INSERT INTO USER_LOG_EVENT(LOGID,LOG_USER_NAME,LOG_ADDRESS,LOG_OFF_DATE,LOG_
       TYPE) VALUES (USER_LOG_SEQ.nextval,ORA_LOGIN_USER,ORA_CLIENT_IP_ADDRESS,
       SYSDATE,'注销') ;
12   END;
```

运行结果：触发器设计好之后，用 DEMOUSER 登录和退出系统，然后切换回 SYSTEM 用户查看表 USER_LOG_EVENT，其中有关 DEMOUSER 的数据如图 14.1 所示。

	LOGID	LOG_USER_NAME	LOG_ADDRESS	LOG_ON_DATE	LOG_OFF_DATE	LOG_TYPE
1	5	DEMOUSER	127.0.0.1	27-8月 -16 03.07.34.000000000 下午	(null)	登陆
2	10	DEMOUSER	(null)	(null)	27-8月 -16 03.08.07.000000000 下午	注销

图 14.1　demouser 用户的登录和注销信息

14.3　DML 触发器

DML 触发器是在针对某个表进执行了增加（INSERT）、修改（UPDATE）、DELETE（删除）等 DML 操作时触发的。

DML 触发器根据是否有 FOR EACH ROW 分为两类：表级触发器和行级触发器。表级触发器是指建立在表或视图上的、由表的特定操作触发的触发器，就是针对一条 DML 语句而引起的触发器执行。这些操作可以是 insert、update 或者 delete。无论操作影响了多少行数据，表级触发器只被调用一次。行级触发器会针对 DML 操作所影响的每一行数据都执行一次触发器。所以行级触发器往往用在对表的每一行的操作进行控制的场合。创建这种触发器时，必须在语法中使用 for each for 这个选项。

DML 触发器语法如下：

```
CREATE [OR REPLACE] TRIGGER  触发器名称
[BEFORE | AFTER ]  触发事件1 [OR 触发事件2...]
[INSTEAD OF]
[INSERT | DELETE | UPDATE [OF COLUMN [, COLUMN … ]]]
ON [SCHEMA.] TABLE_NAME
[REFERENCING [OLD [AS] OLD |NEW [AS] NEW|PARENT AS PARENT]]
[FOR EACH ROW ]
[FOLLOWS  触发器名称]
```

```
    [WHEN 触发条件]
    [DECLARE]
          [程序声明部分;]
    BEGIN
          TRIGGER_BODY
    END[触发器名称];
```

14.3.1　DML 触发器的操作顺序

由于在同一个表上可以定义多个 DML 触发器,因此触发器本身和引发触发器的 SQL 语句在执行的顺序上有先后的关系,如图 14.2 所示。当用户执行更新操作时,触发器的执行顺序如下:

(1) 如果存在表级 BEFORE 触发器,则先执行一次表级 BEFORE 触发器。

(2) 在 SQL 语句的执行过程中,如果存在行级 BEFORE 触发器,则 SQL 语句在对每一行操作之前,都要先执行一次行级 BEFORE 触发器,然后才对行进行操作。

(3) 如果存在行级 AFTER 触发器,则 SQL 语句在对每一行操作之后,都要再执行一次行级 AFTER 触发器。

(4) 如果存在表级 AFTER 触发器,则在 SQL 语句执行完毕后,要最后执行一次表级 AFTER 触发器。

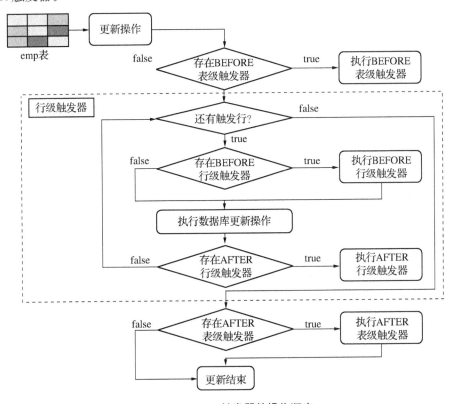

图 14.2　DML 触发器的操作顺序

14.3.2　表级 DML 触发器

表级触发器是针对全表数据的检查,每次更新数据表时,只会在更新之前或之后触发一次,表级触发器不需要配置"FOR EACH ROW"选项。

【范例 14-2】　除了周一到周五(8:30—18:00)上班时间。其他非上班时间不能修改表 ORDER_ITEMS。

代码 14.5　限定修改表时间的表级触发器

```
01    CREATE OR REPLACE TRIGGER TRIGGER_BKITEMS
02    BEFORE UPDATE OR INSERT OR DELETE
03    ON ORDER_ITEMS
04    BEGIN
05      IF ((TO_CHAR(SYSDATE,'DAY') IN ('星期六', '星期日')) OR (TO_CHAR
        (SYSDATE, 'HH24:MI') NOT BETWEEN '08:30' AND '18:00'))
06      THEN
07        RAISE_APPLICATION_ERROR( -20001, '不是上班时间,不能修改订单表');
08      END IF;
09    END;
```

运行结果:在非工作时间操作表,会弹出 ORA-20001,不是上班时间,不能修改订单表。

14.3.3　行级 DML 触发器

表级触发器操作是在对整张表进行 DML 操作之前或之后才进行的触发操作,并且只在更新前或更新后触发一次。而行级触发器则是每行数据更新时都会引起触发器操作,即会在每一行上执行一次触发器操作(按照 BEFORE 行级触发器执行、执行更新操作、AFTER 行级触发器执行流程重复执行)。如果某些更新操作影响了多行数据,就会影响到多行数据,要使用行级触发器,在定义触发器时必须定义"FOR EACH ROW"。

行级触发器典型应用就是给数据表生成主键值,下面创建一个触发器,实现当在CUSTOMERS(客户表)添加数据时,使用序列生成的数字,为表的主键提供自动编号的值。

【范例 14-3】　为客户表主键生成自动编号的行级触发器。

步骤 1:先创建一个序列,从 2300 起步,步长值为 5。

代码 14.6　CUST_ID_SEQ 序列代码

```
01    CREATE   SEQUENCE   CUST_ID_INCR_SEQ
02    START WITH 2300
03    INCREMENT BY 5;
```

步骤 2:编写触发器 TRIGGER_INCR。

代码 14.7　触发器 TRIGGER_INCR 代码

```
01    CREATE OR REPLACE TRIGGER TRIGGER_INCR
02    BEFORE INSERT ON CUSTOMERS
03    FOR EACH ROW
04    BEGIN
05      SELECT CUST_ID_INCR_SEQ.NEXTVAL INTO :NEW.CUST_ID  FROM DUAL;
06    END;
```

运行结果：在表 CUSTOMERS 中新增一条数据，SQL 代码如下，结果如图 14.3 所示。

```
INSERT INTO CUSTOMERS(EMPL_ID,COMPANY,CREDIT_LIMIT)VALUES(201,'苏州科技公司',45000)
```

	CUST_ID	EMPL_ID	COMPANY	CREDIT_LIMIT
1	2300	201	苏州科技公司	45000
2	2268	307	金马坊科技公司	40000
3	2264	307	如安机械公司	88000
4	2257	306	天心阁贸易公司	56000
5	2254	302	玛米亚电子公司	11000
6	2249	304	环宇电脑公司	7600

图 14.3　自动编号触发器的运行结果

14.3.4　:OLD 和 :NEW 触发器谓词

在使用行级触发器操作的过程之中，可以在触发器内部访问正在处理中的行数据，此时可以通过两个相关的标识符："：OLD. 字段"和"：NEW. 字段"来访问数据变更前后的值。这两个标识符仅仅是在 DML 触发表中字段时才会有效。

:NEW：如果 DML 是 INSERT 或 UPDATE 的操作，则产生：NEW 临时表，存储的值是 DML 操作插入或更改的新值。

:OLD：如果 DML 是 DELETE 或 UPDAE 的操作，则产生：OLD 临时表，存储的值是 DML 操作删除或更改前的值。

注意：UPDATE 的操作可以看成 DELETE 和 INSERT 的两次操作。:NEW 和 :OLD 仅用在于行级触发器，不适用于语句级触发器。表 14.2 是 OLE 和 NEW 谓词的区别。

表 14.2　行触发器的 :OLD 和 :NEW 谓词

NO.	触发语句	:OLD. 字段	:NEW. 字段
1	INSERT	未定义，字段内容均为 NULL	INSERT 操作结束后，为增加数据值
2	UPDATE	更新数据前的原始值	UPDATE 操作之后，更新数据后的新值
3	DELETE	删除前的原始值	未定义，字段内容为均为 NULL

INSERT 语句插入一条新记录，所以没有：OLD 记录；DELETE 语句删除掉一条已经

存在的记录,所以没有:NEW 记录;UPDATE 语句既有:OLD 记录,也有:NEW 记录,分别代表修改前后的记录。引用具体的某一列的值的方法是 :OLD. 字段名或:NEW. 字段名。

【范例 14-4】 分公司的销售目标和销售值都是分公司内员工的销售目标和销售值的总和。因此当销售员发生变动时,所在公司的上述两个值也要改动。在表 SALESREP 上设计触发器,当员工新增、更新和删除时,更新分公司的销售目标和销售值。

范例分析:员工的三种操作(新增、更新、删除)对应要设计三个触发器 INSERT、UPDATE、DELETE,触发时间均为对应操作之后 AFTER。并利用:OLD 和:NEW 谓词区分旧值和新值。

代码 14.8　新增销售员的触发器

```
01   CREATE OR REPLACE TRIGGER T_SALESREPS_INSERT
02     AFTER INSERT ON SALESREPS
03     FOR EACH ROW
04   DECLARE
05   BEGIN
06     UPDATE OFFICES
07           SET TARGET = TARGET + :NEW.QUOTA,SALES = SALES + :NEW.SALES
08           WHERE OFFICE_ID = :NEW.OFFICE;
09   END T_SALESREPS_INSERT;
```

代码 14.9　创建删除员工的触发器

```
01   CREATE OR REPLACE TRIGGER T_SALESREPS_DELETE
02     AFTER DELETE ON SALESREPS
03     FOR EACH ROW
04   DECLARE
05   BEGIN
06     UPDATE OFFICES
07           SET TARGET = TARGET - :OLD.QUOTA,SALES = SALES - :OLD.SALES
08           WHERE OFFICE_ID = :OLD.OFFICE;
09   END T_SALESREPS_DELETE;
```

代码 14.10　创建更新员工的触发器

```
01   CREATE OR REPLACE TRIGGER T_SALESREPS_UPDATE
02     AFTER UPDATE ON SALESREPS
03     FOR EACH ROW
04   DECLARE
05   BEGIN
```

```
06    UPDATE OFFICES
07         SET TARGET = TARGET - :OLD.QUOTA,SALES = SALES - :OLD.SALES
08         WHERE OFFICE_ID = :OLD.OFFICE;
09    UPDATE OFFICES
10         SET TARGET = TARGET + :NEW.QUOTA,SALES = SALES + :NEW.SALES
11         WHERE OFFICE_ID = :OLD.OFFICE;
12  END T_SALESREPS_UPDATE;
```

运行结果：新增数据之前，OFFICES 表中编号 34 的分公司信息如图 14.4 所示。

```
10        34        303        3昆明        150000      189484
```

图 14.4　编号 34 分公司初始信息

测试步骤 1：在 SALESREPS 中新增一条数据，SQL 代码如下，运行结果如图 14.5 所示。

```
INSERT INTO SALESREPS ( EMPL_ID,EMPL_NAME,EMPL_AGE,EMPL_TITLE,HIRE_DATE,
    QUOTA,SALES,OFFICE,MANAGER) VALUES(400,'YJY',99,'销售代表',TO_DATE
    ('2014/7/18','YYYY/MM/DD'),987654,123456,34,303);
```

```
10        34        303        3昆明        1137654     312940
```

图 14.5　新增员工后分公司信息

测试步骤 2：修改此员工信息，SQL 代码如下，运行结果如图 14.6 所示。

```
UPDATE SALESREPS SET QUOTA = 9999,SALES = 8888 WHERE EMPL_ID = 400;
```

```
10        34        303        3昆明        159999      198372
```

图 14.6　更新员工信息后分公司的信息

测试步骤 3：删除此员工信息，SQL 代码如下，运行结果如图 14.7 所示。

```
DELETE FROM SALESREPS WHERE EMPL_ID = 400;
```

```
10        34        303        3昆明        150000      189484
```

图 14.7　删除员工信息后分公司信息

14.3.5　触发器的 INSERTING、UPDATING 和 DELETING 条件谓词

除了依靠不同的操作事件来定义触发器外，也可以针对一个触发器的不同状态来执行

不同的操作。为了区分出不同的 DML 操作,Oracle 提供了 INSERTING、UPDATING 和 DELETING 这三种条件谓词,来判断触发动作的类型。谓词会返回一个布尔值,以表示激活动作是否为 insert(插入)、update(更新)和 deleting(删除)。某个触发器被激活时,Oracle 总是自动更新这三种谓词的值,需要注意的是,三种谓词只能有一个为真,因为每次触发器被激活总是由于某个特定动作。三种谓词的状态描述如表 14.3 所示。

表 14.3　DML 触发器的条件谓词

No.	触发器谓词	描　述
1	INSERTING	如果触发语句为 INSERT,返回 TRUE,否则返回 FALSE
2	UPDATING	如果触发语句为 UPDATE,返回 TRUE,否则返回 FALSE
3	DELETING	如果触发语句为 DELETE,返回 TRUE,否则返回 FALSE

【范例 14-5】　新建一个日志表(LOGS_ORDERITEMS),并设计一个触发器,将对表 ORDER_ITEMS 的操作(INSERT/UPDATE/DELETE)信息记录到日志表中。

范例分析:首先需要新建一个日志表记录操作,然后设计表级触发器,用条件谓词判断操作类型,存储对应的信息。

步骤 1:创建一个对应的日志表 ORDER_ITEMS_LOGS,SQL 语句如下:

代码 14.11　表 ORDER_ITEMS_LOGS 创建 SQL 语句

```
01   CREATE TABLE ORDER_ITEMS_LOGS(
02        OPER_ID INT NOT NULL,
03        OPERTYPE VARCHAR2(50),
04        OPERCONTENT VARCHAR2(200),
05        OPER_USER VARCHAR2(50),
06        OPER_DATE DATE,
07        CONSTRAINT PK_ORDER_ITEMS_LOGS PRIMARY KEY(OPER_ID) );
```

步骤 2:因为 ORDER_ITEMS_LOGS 的主键为自动增长,所以通过建立序列来实现自动增长类型。在创建之前需要授权 GRANT CREATE SEQUENCE TO DEMOUSER。

代码 14.12　序列 ORDER_ITEMS_LOGS_PK 创建语句

```
01   CREATE SEQUENCE ORDER_ITEMS_LOGS_PK
02   INCREMENT BY 1
03   START WITH 1
04   NOMAXVALUE
05   NOCYCLE
06   ORDER;
```

步骤 3:创建一个表级触发器,将用户对表 ORDER_ITEMS 的操作全部保存在表 ORDER_ITEMS_LOGS 表中。

代码 14.13 触发器 TR_ORDER_ITEMS_LOG 创建语法

```
01   CREATE OR REPLACE TRIGGER TR_ORDER_ITEMS_LOG
02   AFTER INSERT OR UPDATE OR DELETE
03   ON ORDER_ITEMS
04   FOR EACH ROW
05   DECLARE
06       STR_OPER_TYPE VARCHAR2(50);
07       STR_OPER_CONTENT VARCHAR2(200);
08   BEGIN
09   IF INSERTING THEN
10       STR_OPER_TYPE:='插入操作';
11       STR_OPER_CONTENT:='新增条目编号为'||:NEW.ITEM_ID||',订单号'||:
     NEW.ORDER_ID ||',产品:'||:NEW.MFR_ID ||'_'||:NEW.PRODUCT_ID||',数量'||:
     NEW.QTY;
12     ELSIF UPDATING THEN
13       STR_OPER_TYPE:='更新操作';
14       STR_OPER_CONTENT:='条目编号为'|| :NEW.ITEM_ID||',订单号'||:NEW.
     ORDER_ID ||',更改前产品为:'||:OLD.MFR_ID ||'_'||:OLD.PRODUCT_ID||',更改
     后产品为:'||:NEW.MFR_ID ||'_'||:NEW.PRODUCT_ID||' '||',数量由'||:OLD.
     QTY||'改为'||:NEW.QTY;
15     ELSIF DELETING THEN
16       STR_OPER_TYPE:='删除操作';
17       STR_OPER_CONTENT:='删除条目编号为'|| :OLD.ITEM_ID||',订单号'||:
     OLD.ORDER_ID||',产品:'||:OLD.MFR_ID ||'_'||:OLD.PRODUCT_ID||',数量'||:
     OLD.QTY;
18     END IF;
19     INSERT INTO ORDER_ITEMS_LOGS VALUES(ORDER_ITEMS_LOGS_PK.NEXTVAL,STR_
     OPER_TYPE,STR_OPER_CONTENT,ora_login_user, SYSDATE);
20   END TRIGGER;
```

这个范例包括建表、新建序列、编写触发器、测试，分为如下 4 步实施。

测试步骤 1:在步骤 2 建立序列之后，插入一条测试数据，验证序列是否可用。

```
INSERT INTO ORDER_ITEMS_LOGS   VALUES(ORDER_ITEMS_LOGS_PK.NEXTVAL,'测试操
    作','我做点啥呢?','我啊啊',TO_DATE('2015/10/22','YYYY/MM/DD'))
```

测试步骤 2:对 ORDER_ITEMS 表进行 INSERT 操作，检查触发器是否正常运行。

```
INSERT INTO ORDER_ITEMS(ITEM_ID,ORDER_ID,MFR_ID,PRODUCT_ID,QTY,AMOUNT)
VALUES(11416608,114166,'XXL','79CPU',50,1000);
```

测试步骤 3：对 ORDER_ITEMS 表进行 UPDATE 操作，检查触发器是否正常运行。

```
UPDATE ORDER_ITEMS   SET QTY = 456   WHERE ITEM_ID = 11416608;
```

测试步骤 4：对 ORDER_ITEMS 表进行 DELETE 操作，检查触发器是否正常运行。

```
DELETE   FROM   ORDER_ITEMS   WHERE ITEM_ID = 11416608;
```

运行结果：测试步骤 1～4 运行结果如图 14.8 所示。

	OPER_ID	OPERTYPE	OPERCONTENT	OPER_USER	OPER_DATE
1	2	测试操作	我做点啥呢？	我啊啊	22-10月-15
2	9	插入操作	新增条目编号为11416608，订单号114166，产品：XXL_79CPU，数量50	DEMOUSER	28-8月-16
3	10	更新操作	条目编号为11416608，订单号114166，更改前产品为：XXL_79CPU，更改后产品为：XXL_79CPU ，数量由50改为456	DEMOUSER	28-8月-16
4	11	删除操作	删除条目编号为11416608，订单号114166，产品：XXL_79CPU，数量458	DEMOUSER	28-8月-16

图 14.8   ORDER_ITEMS 表的日志操作结果

14.3.6   REFERENCING 子句

如果现在觉得使用"：NEW. 字段"或者是"：OLD. 字段"标记不清，那么也可以通过 REFERENCING 子句为这两个标识符设置别名，例如可以将"：NEW"设置为：EMPL_ NEW，或者将"：OLD"设置为：EMPl_OLD。

通过 REFERENCING 子句设置别名（修改雇员工资涨幅触发器）。

【范例 14 - 6】   当修改销售员的销售定额时，如果这个销售员当前销售目标没有完成，而且新的定额还高于原先的定额，则不允许修改。

代码 14.14   REFERENCING 子句的运用

```
01   CREATE OR REPLACE TRIGGER TRIGGER_BKQUOTA
02   BEFORE  UPDATE  OF  QUOTA
03   ON  SALESREPS
04   REFERENCING  OLD  AS  EMPL_OLD    NEW AS EMPL_NEW
05   FOR EACH ROW
06   BEGIN
07     IF (:EMPL_OLD.QUOTA - :EMPL_OLD.SALES)>0 AND (:EMPL_NEW.QUOTA - :EMPL
_OLD.QUOTA)>0   THEN
08   RAISE_APPLICATION_ERROR(-20008,'销售员未完成销售任务,不能提高定额!');
09     END IF;
10   END;
```

代码分析：

第 02 行：触发器必须在修改数据之前出发，因此为 BEFORE。

第 04 行：使用 REFERENCING 设置：OLD 和：NEW 别名为 EMPL _ OLD

和EMPL_NEW。

运行结果:当运行下面的 SQL 语句时,会弹出 ORA－20008 的错误。

```
UPDATE SALESREPS SET QUOTA = 700000 WHERE EMPL_ID = 104;
```

14.3.7 WHEN 子句

除了 REFERENCING 子句之外,在触发器定义语法之中也存在了 WHEN 子句,WHEN 子句是在触发器被触发之后,用来控制触发器是否被执行的一个控制条件,在WHEN 子句之中也可以利用"NEW"和"OLD"访问修改前后的数据,同时最方便的地方在于,WHEN 子句之中使用"NEW"和"OLD"时,可以不加前面的":"。

【**范例 14-7**】 使用 WHEN 子句改写范例 14-6 的触发器。

代码 14.15 WHEN 子句的运用

```
01   CREATE OR REPLACE TRIGGER TRIGGER_WHEN_BKQUOTA
02   BEFORE  UPDATE  OF  QUOTA
03   ON  SALESREPS
04   FOR EACH ROW
05   WHEN ((OLD.QUOTA>OLD.SALES) AND (NEW.QUOTA>OLD.QUOTA))
06   BEGIN
07   RAISE_APPLICATION_ERROR( -20008,'销售员未完成销售任务,不能提高定额!');
08   END;
```

14.3.8 FOLLOWS 子句

如果为一个表创建了多个触发器,那么其在进行触发时,是不会按照用户希望的触发顺序执行触发器的。假设用户希望触发器的执行顺序是:REG_INSERT_ONE、REG_INSERT_TWO、REG_INSERT_THREE,但是在默认情况下,各个触发器执行的顺序往往并不会像预期的那样。

使用 FOLLOWS 子句可以设置多个触发器的执行顺序

【**范例 14-8**】 使用 FOLLOWS 子句控制触发器的执行顺序。

步骤 1:先编写三个针对表 REGIONS 的增加操作的触发器。

代码 14.16 三个触发器的代码

```
01   CREATE OR REPLACE TRIGGER reg_insert_one
02   BEFORE INSERT  ON REGIONS
03   FOR EACH ROW
04   BEGIN
05     DBMS_OUTPUT.put_line('执行第 1 个触发器');
```

```
06   END;
07   CREATE OR REPLACE TRIGGER reg_insert_two
08   BEFORE INSERT   ON REGIONS
09   FOR EACH ROW
10   BEGIN
11     DBMS_OUTPUT.put_line('执行第 2 个触发器');
12   END;
13   CREATE OR REPLACE TRIGGER reg_insert_three
14   BEFORE INSERT ON REGIONS
15   FOR EACH ROW
16   BEGIN
17     DBMS_OUTPUT.put_line('执行第 3 个触发器');
18   END;
```

步骤 2：对 REGIONS 表进行增加数据操作，SQL 代码如下：

```
INSERT INTO REGIONS (REGION_ID,REGION_NAME) VALUES (8,'西部');
```

运行结果：执行第 3 个触发器→执行第 2 个触发器→执行第 1 个触发器。

步骤 3：如果我们需要控制三个触发器的执行顺序，改写触发器，代码如下：

代码 14.17　用 FOLLOWS 子句控制执行顺序的三个触发器

```
01   CREATE OR REPLACE TRIGGER reg_insert_one
02   BEFORE INSERT ON REGIONS
03   FOR EACH ROW
04   BEGIN
05     DBMS_OUTPUT.put_line('执行第 1 个触发器');
06   END;
07   CREATE OR REPLACE TRIGGER reg_insert_two
08   BEFORE INSERT ON REGIONS
09   FOR EACH ROW
10   FOLLOWS reg_insert_one
11   BEGIN
12     DBMS_OUTPUT.put_line('执行第 2 个触发器');
13   END;
14   CREATE OR REPLACE TRIGGER reg_insert_three
15   BEFORE INSERT ON REGIONS
16   FOR EACH ROW
17   FOLLOWS reg_insert_two
18   BEGIN
19     DBMS_OUTPUT.put_line('执行第 3 个触发器');
20   END;
```

代码分析:

第 10 行:控制第 2 个触发器在第 1 个触发器后执行。

第 17 行:控制第 3 个触发器在第 2 个触发器后执行。

运行结果:执行第 1 个触发器→执行第 2 个触发器→执行第 3 个触发器。

14.3.9 编写 DML 触发器的注意事项

确定触发的表,即在其上定义触发器的表。

确定触发的事件,DML 触发器的触发事件有 INSERT、UPDATE 和 DELETE 三种。

确定触发时间:有 BEFORE 和 AFTER 两种,分别表示触发动作发生在 DML 语句执行之前和语句执行之后。

一个触发器可由多个不同的 DML 操作触发。在触发器中,可用 INSERTING、DELETING、UPDATING 谓词来区别不同的 DML 操作。这些谓词可以在 IF 分支条件语句中作为判断条件来使用。

确定触发级别,有语句级触发器和行级触发器两种。语句级触发器表示 SQL 语句只触发一次触发器,行级触发器表示 SQL 语句影响的每一行都要触发一次。

触发器体内禁止使用 COMMIT、ROLLBACK、SAVEPOINT 语句,也禁止直接或间接地调用含有上述语句的存储过程。

如果有多个触发器被定义成为相同时间、相同事件触发,且最后定义的触发器是有效的,则最后定义的触发器被触发,其他触发器不执行。

14.4 替代触发器

与其他类型触发器不同是,替换触发器定义在视图(一种数据库对象,在后面章节中会讲解到)上的,而不是定义在表上。由于视图是由多个基表连接组成的逻辑结构,所以一般不允许用户进行 DML 操作(如 insert、update、delete 等操作),这样当用户为视图编写"替换触发器"后,用户对视图的 DML 操作实际上就变成了执行触发器中的 PL/SQL 语句块,这样就可以通过在"替换触发器"中编写适当的代码对构成视图的各个基表进行操作。

替换触发器——即 instead of 触发器,它的"触发时机"关键字是 instead of,而不是before 或 after。与 DML 触发器不同,在定义替代触发器后,用户对表的 DML 操作将不再被执行,而是执行触发器主体中的操作。

创建 INSTEAD OF 触发器语法:

```
01   CREATE [OR REPLACE] TRIGGER 触发器名称
02   INSTEAD OF [INSERT|UPDATE |UPDATE OF 列名称 [,列名称,...] |DELETE]
03   ON 视图名称
04   [FOR EACH ROW]
05   [WHEN 触发条件]
```

```
06   [DECLARE]
07     [程序声明部分;]
08   BEGIN
09       程序代码部分;
10   END [触发器名称];
```

虽然使用替代触发器可以解决复杂视图的更新操作问题,但是对于不可更新的视图依然无法实现操作,当视图之中包含了以下的结构之一就表示不可更新的视图:统计函数; CASE 或 DECODE 语句;GROUP BY、HAVING 子句;DISTINCT 消除重复列;集合运算连接。

【范例 14-9】 创建一个包含地区和分公司信息的视图,使用 INSERT 替代触发器,用于执行视图更新操作。

步骤 1:创建一个包括地区和分公司信息的视图。

代码 14.18　地区分公司视图创建 SQL 代码

```
01   CREATE OR REPLACE VIEW V_REGOFFICE AS
02   SELECT REGION_ID,REGION_NAME,OFFICE_ID,CITY,TARGET,SALES
03   FROM REGIONS,OFFICES
04   WHERE REGION_ID = REGION;
```

步骤 2:创建替代触发器。

```
01   CREATE OR REPLACE TRIGGER TRIGGER_VIEW_REGOFFICE
02   INSTEAD OF INSERT ON V_REGOFFICE
03   FOR EACH ROW
04   DECLARE
05     v_REGCount   NUMBER;
06     v_OFFICECount   NUMBER;
07   BEGIN
08     SELECT COUNT(REGION_ID) INTO v_REGCount FROM REGIONS WHERE REGION_ID
       = :new.REGION_ID;
09     SELECT COUNT(OFFICE_ID) INTO v_OFFICECount FROM OFFICES WHERE OFFICE_
       ID = :new.OFFICE_ID;
10     IF v_REGCount = 0 THEN
11       INSERT INTO REGIONS(REGION_ID,REGION_NAME) VALUES (:new.REGION_ID,:
       new.REGION_NAME);
12     END IF;
13     IF v_OFFICECount = 0 THEN
```

```
14          INSERT INTO OFFICES(OFFICE_ID,CITY,TARGET,SALES,REGION) VALUES
   (:new.OFFICE_ID,:new.CITY,:new.TARGET, :new.SALES,:new.REGION_ID);
15    END IF;
16  END;
```

代码分析:

第 08 行:判断要增加的区域是否存在。

第 09 行:判断要增加的分公司是否存在。

第 10~12 行:地区不存在则进行新增地区操作。

第 13~15 行:分公司不存在,则进行新增分公司操作。

范例测试:执行视图增加操作,SQL 代码如下:

```
INSERT INTO V_REGOFFICE(REGION_ID, REGION_NAME, OFFICE_ID, CITY, TARGET,
SALES)
   VALUES (4,'西部',41,'西安',180000,60000);
   COMMIT;
```

运行结果:分别检查 REGIONS,OFFICES 和视图 V_REGOFFICE,新数据均新增成功,如图 14.9、图 14.10、图 14.11 所示。

	REGION_ID	REGION_NAME	MANAGER
1	1	北部	106
2	2	东部	201
3	3	南部	303
4	4	西部	(null)

图 14.9　地区表新增数据

	OFFICE_ID	MANAGER	REGION	CITY	TARGET	SALES
1	13	105	1	天津	300000	352763
2	11	106	1	北京	1850000	1921724
3	12	104	1	大连	900000	753607
4	21	201	2	上海	1250000	1194968
5	22	203	2	苏州	750000	714668
6	23	205	2	南京	530000	593134
7	31	301	3	广州	600000	597892
8	32	303	3	深圳	1130000	846367
9	33	303	3	长沙	100000	49344
10	34	303	3	昆明	150000	189484
11	41	(null)	4	西安	180000	60000

图 14.10　分公司表新增数据

	REGION_ID		REGION_NAME		OFFICE_ID		CITY	TARGET	SALES
1	1		北部		11		北京	1850000	1921724
2	1		北部		13		天津	300000	352763
3	1		北部		12		大连	900000	753607
4	2		东部		22		苏州	750000	714668
5	2		东部		21		上海	1250000	1194968
6	2		东部		23		南京	530000	593134
7	3		南部		31		广州	600000	597892
8	3		南部		32		深圳	1130000	846367
9	3		南部		33		长沙	100000	49344
10	3		南部		34		昆明	150000	189484
11	4		西部		41		西安	180000	60000

图 14.11　视图新增数据

14.5　DDL 触发器

当创建、修改或者删除数据库对象时,也会引起相应的触发器操作事件,而此时就可以利用触发器来对这些数据库对象的 DLL 操作进行监控。

DDL 触发器的创建语法如下所示:

```
CREATE [OR REPLACE] TRIGGER 触发器名称
[BEFORE | AFTER | INSTEAD OF] [DDL 事件] ON [DATABASE | SCHEMA]
[WHEN 触发条件]
[DECLARE]
    [程序声明部分;]
BEGIN
    程序代码部分;
END [触发器名称];
```

【范例 14 - 10】　禁止用户的所有 DDL 操作。

```
01  CREATE OR REPLACE TRIGGER TRIGGER_FORBID_USER
02  BEFORE DDL
03  ON SCHEMA
04  BEGIN
05    RAISE_APPLICATION_ERROR( - 20007,'用户禁止任何的 DDL 操作!');
06  END;
```

这个触发器只要是用户发出的 DDL 操作均会被禁止。

14.6　本章小结

　　触发器是数据库常用对象之一。触发器的主要部分是代码块,一旦创建了触发器,在条件成立时,代码块将自动执行。触发器的好处在于,用户只需建立触发器,而无需对其进行任何人为控制,数据库将会精确地完成触发器任务。

　　触发器是一系列特殊的存储过程的代码。

　　修改数据库的内容可激活它的作用。

　　触发器是与数据库表结合在一起的。当表的内容被更改的时候(通过 INSERT,DELETE 或 UPDATE 语句),触发器被触发。开始执行触发体的 SQL 语句。

　　触发器一般用于完成数据库中信息的自动更新的任务。

　　在编写触发器过程之中应该注意以下几点:

　　● 触发器不接收任何的参数,并且只能是在产生了某一触发事件之后才会自动调用;针对于一张数据表的触发器,最多只能有 12 个(BEFORE INSERT、BEFORE INSERT FOR EACH ROW、AFTER INSERT、AFTER INSERT FOR EACH ROW、BEFORE UPDATE、BEFORE UPDATE FOREACH ROW、AFTER UPDATE、AFTER UPDATE FOR EACH ROW、BEFORE DELETE、BEFORE DELETE FOR EACH ROW、AFTER DELETE、AFTER DELETE FOR EACH ROW),同一种类型的触发器,只能够定义一次。

　　● 一个触发器最大为 32K,所以如果需要编写的代码较多,可以通过过程或函数调用完成。

　　● 默认情况下,触发器之中是不能使用事务处理操作,或者采用自治事务进行处理。

　　● 在一张数据表之中,如果定义过多的触发器,则会造成 DML 性能的下降。

　　● 触发器的作用范围清晰,不要让触发器去完成 Oracle 后台已经能够完成的功能。

　　● 限制触发器代码的行数;不要创建递归的触发器。

　　● 触发器仅在被触发语句触发时进行集中的、全局的操作,与用户和数据库应用无关。

　　● 触发器可以声明为在对记录进行操作(INSERT、UPDATE 、DELETE 等)之前或之后,并在操作之前或之后触发。

　　● 一个 FOR EACH ROW 执行指定操作的触发器为操作修改的每一行都调用一次。

　　● SELECT 并不更改任何行,因此不能创建 SELECT 触发器。

　　● 触发器和某一指定的表有关,当该表被删除时,任何与该表有关的触发器同样会被删除。

　　● 在一个表上的每一个动作只能有一个触发器与之关联。

　　● 触发器是在进行数据操纵时自动触发的,在触发器中可以调用存储过程、函数。

　　● 在触发器中禁止使用 COMMIT、ROLLBACK 语句。

　　● 存储过程中可以使用 PL/SQL 中可以使用的全部 SQL 语句。

　　● 通过替代触发器解决更新视图时多个数据表一起更新的问题。

14.7　本章练习

☞扫一扫可见
本章参考答案

【练习 14‑1】　编写一个系统事件触发器,记录用户登录系统的用户名与时间。

【练习 14‑2】　编写一个系统事件触发器,在系统启动和关闭的时候进行记载。系统启动的事件为 STARTUP,系统关闭的事件为 SHUTDOWN。

【练习 14‑3】　如果一个销售员变更了所在的分公司(比如从苏州分公司更改到上海分公司),那么此销售员的销售目标和销售额也要随之改变至新的分公司。编写一个触发器,当更新某销售员所属分公司时,自动完成数据更新。

第 15 章　动态 SQL

用户所编写的 PL/SQL 程序时有一个最大的特点：就是所操作的数据库对象（例如：表）必须存在，否则创建的子程序就会出现问题，而这样的操作在开发之中被称为静态 SQL 操作，而动态 SQL 操作可以让用户在定义程序时不指定具体的操作对象，而在执行时动态的传入所需要的数据库对象，从而使程序变得更加的灵活。

15.1　动态 SQL 简介

静态 SQL 通常用于完成可以确定的任务。比如传递部门号调用存储过程，返回该部门的所有雇员及薪水信息，上述 DML 语句在第一次运行时进行编译，而后续再次调用，则不再编译该过程。即一次编译，多次调用，使用的相同的执行计划。此种方式被称之为使用的是静态的 SQL。

动态 SQL 通常是用来根据不同的需求完成不同的任务。比如分页查询，对于表 emp 分页，需要使用字段雇员姓名，薪水，雇用日期，且按薪水降序生成报表，每页显示行数据。而对于表 sales，需要使用字段雇员名称，客户名称，销售数量，销售日期，且按销售日期升序排列。以上两种情况，可以创建存储过程来对其进行分页，通过定义变量，根据输入不同的表名，字段名，排序方法来生成不同的 SQL 语句。对于输入不同的参数，SQL 在每次运行时需要事先对其编译。即多次调用则需要多次编译，此称之为动态 SQL。

动态 SQL 语句通常存放在字符串变量中，且 SQL 语句可以包含占位符（使用冒号开头）。也可以直接将动态 SQL 紧跟在 EXECUTE IMMEDIATE 语句之后，如 EXECUTE IMMEDIATE 'ALTER TABLE EMP ENABLE ROW MOVEMENT'。

Oracle 编译 PL/SQL 程序块分为两个种：其一为前期联编（early binding），即 SQL 语句在程序编译期间就已经确定，大多数的编译情况属于这种类型；另外一种是后期联编（late binding），即 SQL 语句只有在运行阶段才能建立，例如当查询条件为用户输入时，那么 Oracle 的 SQL 引擎就无法在编译期对该程序语句进行确定，只能在用户输入一定的查询条件后才能提交给 SQL 引擎进行处理。通常，静态 SQL 采用前一种编译方式，而动态 SQL 采用后一种编译方式。

下面用一个简单的程序演示下动态 SQL 程序。

【范例 15 - 1】　动态 SQL 的演示。

代码 15.1　get_table_count　PL/SQL 程序块代码

```
01   CREATE OR REPLACE FUNCTION get_table_count (table_name IN VARCHAR2)
02     RETURN PLS_INTEGER
03   IS
04     sql_query   VARCHAR2 (32767) : = 'SELECT COUNT ( * ) FROM ' || table_
     name;
05     query_return    PLS_INTEGER;
06   BEGIN
07     EXECUTE IMMEDIATE sql_query     INTO query_return;
08     RETURN query_return;
09   END;
```

代码分析：

第 01~02 行：定义了 PL/SQL 程序块的名称，程序块带有参数 table_name 和返回值。

第 04 行：定义动态 SQL 语句。

第 05 行：保存返回值的变量。

第 07 行：动态执行 SQL 并返回结果值。

第 08 行：返回函数结果。

代码 15.2　调用 PL/SQL 块程序

```
10   DECLARE
11     v_count PLS_INTEGER;
12   BEGIN
13     v_count: = get_table_count('SALESREPS');
14     DBMS_OUTPUT.put_line('SALESREPS 表的行数:'||v_count);
15     v_count: = get_table_count('OFFICES');
16     DBMS_OUTPUT.put_line('OFFICES 表的行数:'||v_count);
17   END;
```

运行结果：如图 15.1 所示。

```
SALESREPS表的行数: 19
OFFICES表的行数: 10
```

图 15.1　简单的动态 SQL 程序

动态 SQL 语句的几种方法：

第一种：使用 EXECUTE IMMEDIATE 语句，包括 DDL 语句，DCL 语句，DML 语句以及单行的 SELECT 语句。该方法不能用于处理多行查询语句。

第二种：使用 OPEN－FOR，FETCH 和 CLOSE 语句，对于处理动态多行的查询操作，可以使用 OPEN－FOR 语句打开游标，使用 FETCH 语句循环提取数据，最终使用 CLOSE 语句关闭游标。

第三种：使用批量动态 SQL，即在动态 SQL 中使用 BULK 子句，或使用游标变量时在

fetch 中使用 BULK ，或在 FORALL 语句中使用 BULK 子句来实现。

第四种:使用系统提供的 PL/SQL 包 DBMS_SQL 来实现动态 SQL。

15.2 EXECUTE IMMEDIATE 语句

Oracle 中提供了 Execute immediate 语句来执行动态 SQL,使用此语句可以方便地在 PL. /SQL 程序之中执行 DML(INSERT、UPDATE、DELETE、单列 SELECT)、DDL (CREATE、ALTER、DROP)、DCL(GRANT、REVOKE)语句。在执行的过程中可以直接将记录提取到 PL/SQL 记录类型中,并可以支持用户自定义类型。

EXECUTE IMMEDIATE 语句不仅可以执行动态的 SQL 语句,还可以执行匿名 PL/SQL 块,基本语法定义如下所示。

```
EXECUTE IMMEDIATE   动态 SQL
[[BULK COLLECT] INTO   自定义变量 , ... | 记录类型]
[USING [IN | OUT | IN OUT] 绑定参数 , ...]]
[[RETURNING | RETURN] [BULK COLLECT] INTO 绑定参数 , ...];
```

语法说明:

动态 SQL:是指 DDL 和不确定的 DML(即带参数的 DML)。如果是 SQL 语句,则语句后面不需要加分号;如果是一个 PL/SQL 语句块,则需要在 PL/SQL 块结尾添加分号。

INTO:保存动态 SQL 执行结果,返回多行记录可以通过 BULK COLLECT 设置批量保存。

自定义变量 , ... | 记录类型]:用来接收查询语句中输出的变量值,使用之前必须在语句块的声明部分进行定义。

USING:用来为动态 SQL 设置占位符设置内容。

绑定参数使用时必须使用 USING 关键字,IN 表示传入的参数,OUT 表示传出的参数,IN OUT 则既可以传入,也可传出。绑定参数列表为输入参数列表,即其类型为 in 类型,在运行时刻与动态 SQL 语句中的参数(实际上占位符,可以理解为函数里面的形式参数)进行绑定。

RETURNING   INTO:在 DML 操作时,RETURNING   INTO 子句要指明用于存放返回值的变量或者记录,在 INTO 中必须有一个与之对应的、类型兼容的变量或者字段。

RETURN   INTO:和 RETURNING   INTO 两者使用效果一样,是取得更新表记录被影响的数据,如果需要批量绑定通过 BULK COLLECT 来设置。

使用 EXECUTE IMMEDIATE 需要注意如下几点:

(1) EXECUTE IMMEDIATE 执行 DML 时,不会提交该 DML 事务,需要使用显示提交(COMMIT)或作为 EXECUTE IMMEDIATE 自身的一部分。

(2) EXECUTE IMMEDIATE 执行 DDL,DCL 时会自动提交其执行的事务。

(3) 多行结果集的查询,需要使用游标变量或批量动态 SQL,或者使用临时表来实现。

(4) 动态 SQL 中的占位符以冒号开头,紧跟任意字母或数字表示。

（5）除不能处理多行查询语句，其他的动态 SQL 包括 DDL 语句，DCL 语句以及单行的 SELECT 查询都可以。

15.2.1 执行动态 SQL

通过动态 SQL 的 EXECUTE IMMEDIATE 语句可以执行各种操作，包括创建数据表，插入数据等。下面的 PL/SQL 程序块就演示了 EXECUTE IMMEDIATE 子句这种功能。

【范例 15 - 2】 由用户输入一个表名创建一个新表，如果原来表名存在，则删除表之后重建。在表创建成功之后用循环方式向表内新增 5 条记录。通过动态 SQL 的 EXECUTE IMMEDIATE 语句来实现上述功能。

代码 15.3 使用 EXECUTE IMMEDIATE 语句创建表和新增数据代码

```
18  CREATE OR REPLACE FUNCTION get_table_count_fun(p_table_name VARCHAR2)
    RETURN NUMBER AS
19  v_sql_statementVARCHAR2(200) ;
20  v_counterNUMBER ;
21  BEGIN
22    SELECT COUNT ( * ) INTO v_counter FROM user_tables   WHERE table_name =
    UPPER(p_table_name);
23    IF v_counter > 0
24    THEN
25        DBMS_OUTPUT.put_line ('表存在，将在删除后重新创建');
26        v_sql_statement : = 'DROP TABLE '||p_table_name;
27    EXECUTE IMMEDIATE v_sql_statement;
28        COMMIT ;
29    END IF;
30    DBMS_OUTPUT.put_line ('准备创建表');
31    v_sql_statement : = 'CREATE TABLE ' || p_table_name ||'(tab_idNUMBER,
    tab_nameVARCHAR2(30)NOT NULL , CONSTRAINT pk_id_' || p_table_name || '
    PRIMARY KEY(tab_id)) ';
32  EXECUTE IMMEDIATE v_sql_statement ;
33  SELECT COUNT ( * )  INTO v_counter  FROM user_tables   WHERE table_name
    = UPPER(p_table_name);
34  IF v_counter > 0
35  THEN
36        DBMS_OUTPUT.put_line ('表创建成功，现在新增数据');
37        v_sql_statement : = 'BEGIN
38            FOR x IN 1 .. 5 LOOP
```

```
39          INSERT INTO '||p_table_name||'(tab_id,tab_name) VALUES (x ,"cslg_"||
    x) ;
40              END LOOP ;
41  END ;' ;
42  EXECUTE IMMEDIATE v_sql_statement ;
43  COMMIT ;
44  v_sql_statement : = 'SELECT COUNT( * ) FROM '|| p_table_name ;
45  EXECUTE IMMEDIATE v_sql_statement INTO v_counter ;
46  RETURN v_counter ;
47  ELSE
48      DBMS_OUTPUT.put_line ('创建表失败');
49  END IF ;
50  END ;
```

代码分析：

第 01 行：定义了 PL/SQL 程序块，程序块带有参数 table_name，并返回 NUMBER 型。

第 05 行：查询数据字典 USER_TABLES，查询要操作的表的是否存在。

第 08～11 行：如果存在，使用 EXECUTE IMMEDIATE 语句删除该表。

第 14～15 行：使用 EXECUTE IMMEDIATE 语句创建数据表，如果不使用动态 SQL，在这里会出现错误。

第 16 行：判断表是否创建成功。

第 19～26 行：执行动态 SQL，批量插入并保存数据记录，并提交事务。

第 27～29 行：查询数据表记录。

代码 15.4　get_table_count_fun　PL/SQL 块调用函数

```
BEGIN
    DBMS_OUTPUT. put_line (' 数据表记录:' || get_table_count_fun
('yjysqltcr'));
    END;
```

运行结果：第一次运行，显示左边信息；否则显示右边信息。

准备创建表 表创建成功,现在新增数据 数据表记录:5	表存在 ,将在删除后重新创建 准备创建表 表创建成功,现在新增数据 数据表记录:5

15.2.2　设置绑定变量

在执行动态 SQL 语句中，可以在 SQL 字符串中使用绑定变量占位符，使用 USING 语句为占位符来绑定不同的变量来动态的生成 SQL 语句。绑定的变量类型可以是 SQL 数据类型、集合、REF 类型等，但是不能是 PL/SQL 类型，比如布尔类型或者索引表类型。

绑定变量的方式是":占位符名称"。使用 USING 子句根据占位符的顺序依次指定要绑定的变量。

绑定变量仅能对数据值的表达式进行替换,比如静态文字、变量或者复杂表达式,而不能对方案元素使用绑定表达式,比如表名和列名,或者是 SQL 语句块,只能使用字符串拼接方式实现。

【范例 15 - 3】 查询编号为 103 的销售员,并查询其所在的分公司和分公司所在的区域。

范例分析:

使用 EMPL_ID=103 可以在 SALESREPS 表中获得销售员信息。要获得其所在分公司的信息,需要用 SALESREPS 表中 OFFICE 字段值去查询 OFFICES 表。要获得分公司所在地区信息,需要用 OFFICES 表中的 REGION 字段值去查询 REGIONS 表。

使用动态 SQL 来实现,采用占位符方式来绑定查询语句中的变量,用 INTO 方式将查询结果放入对应变量中。

代码 15.5 利用动态 SQL INTO 执行单行查询

```
01  DECLARE
02    sql_stmt   VARCHAR2(100);
03    v_empl_id   SALESREPS.EMPL_ID%TYPE: = 103;
04    v_empl_name SALESREPS.EMPL_NAME%TYPE;
05    v_office_id SALESREPS.OFFICE%TYPE;
06    v_city   OFFICES.CITY%TYPE;
07    v_region REGIONS.REGION_ID%TYPE;
08    region_row REGIONS%ROWTYPE;
09  BEGIN
10     sql_stmt: = 'SELECT EMPL_NAME, OFFICE FROM SALESREPS WHERE EMPL_ID
    = :emplno';
11     EXECUTE IMMEDIATE sql_stmt INTO v_empl_name , v_office_id USING     v_
    empl_id;
12     sql_stmt: = 'SELECT CITY, REGION FROM OFFICES WHERE OFFICE_ID = :offno';
13     EXECUTE IMMEDIATE sql_stmt INTO v_city, v_region USING v_office_id;
14     sql_stmt: = 'SELECT  *  FROM REGIONS WHERE REGION_ID = :regionno';
15     EXECUTE IMMEDIATE sql_stmt INTO region_row USING v_region;
16     DBMS_OUTPUT.put_line('查询的员工名称为:'||v_empl_name);
17     DBMS_OUTPUT.put_line('所在分公司为:'||v_city);
18     DBMS_OUTPUT.put_line('所在区域为:'||region_row.region_name);
19  END;
```

代码分析：

第 02 行:定义动态 SQL 语句。

第 03~08 行:定义程序中需要使用的变量。

第 10 行:定义查询 SALESREPS 表的动态 SQL 语句,用占位符:emplno 绑定查询变量

第 11 行:执行动态 SQL,查询结果放入 INTO 后面的 v_empl_name 和 v_office_id 两个变量中,USING 后是采用占位符方式的游标变量 v_empl_id,值为 103。

第 12 行:定义查询 OFFICES 表的动态 SQL 语句。用占位符:offno 绑定查询变量。

第 13 行:执行动态 SQL,查询结果放入 INTO 后面的 v_city 和 v_region 两个变量中,USING 后是采用占位符方式游标变量 v_office_id,其值为第 11 行查询后用 INTO 到同名变量中。

第 14 行:定义查询 REGIONS 表的动态 SQL 语句,用占位符:regionno 绑定查询变量。

第 15 行:执行动态 SQL,查询结果放入 INTO 后面的 region_row 变量中,USING 后是采用占位符方式游标变量:regionno,其值为第 13 行查询后用 INTO 到同名变量中。

运行结果：

查询的员工名称为:王天耀

所在分公司为:大连

所在区域为:北部

15.2.3 使用 RETURNING INTO 子句

在前面的内容中,我们使用 INTO 语句将查询的结果放入对应的变量中输出。如果用户使用 DML 进行操作后,原来数据将被修改,要想获得这些被影响的数据行的详细信息,可以使用 RETURNNING INTO 语句来接受返回的内容,其模式是 OUT。

【范例 15 - 4】 修改分公司表中上海分公司的数据,提高销售目标 12%,并显示新的销售目标。

代码 15.6 使用 RETURNING INTO 子句返回处理结果

```
01   DECLARE
02     v_offno NUMBER(4) : = 21;
03     v_percent NUMBER(4,2) : = 0.12;
04     v_target   NUMBER(14,2);
05     sql_stmt   VARCHAR2(200);
06   BEGIN
07     sql_stmt: = 'UPDATE COPY_OFFICES SET TARGET = TARGET * (1 + :percent) '
       ||' WHERE OFFICE_ID = :offno RETURNING TARGET INTO :officetarget';
08     EXECUTE IMMEDIATE sql_stmt USING v_percent , v_offno   RETURNING INTO v
       _target;
09     DBMS_OUTPUT.put_line('调整后的销售目标为:'||v_target);
10   END;
```

代码分析:

第 02 行:定义公司绑定变量。

第 03 行:定义销售目标的提高比率绑定变量。

第 04 行:返回变量。

第 05 行:保存 SQL 语句的变量。

第 07 行:定义更新 OFFICES 表的 TARGET 字段值的动态 SQL 语句,更新后的 TARGET 值 INTO 至变量:officetarget。

第 08 行:执行动态 SQL,USING 后面的 v_ percent 对应 07 行中的:percent,v_offno 对应 07 行中的:offno,使用 RETURNING INTO 子句获取返回值,第 07 行中的:officetarget 对应至 v_target 中。

运行结果:

上海分公司的销售目标由 1250000 修改为 1400000

15.2.4 参数模式的使用

在动态 SQL 的定义中,USING 子句默认的参数模式是 IN,获得变量定义的内容。RETURNING INTO 子句是用于输出返回值,参数模式是 OUT。在上面的范例中,都没有显式的指定这些模式。但在有些场合,需要将参数传入,参数在程序中经过运行之后还要输出,也就是说处于 IN OUT 模式,这样的变量参数模式就需要显式的指定为 IN   OUT 模式。

【范例 15 - 5】 新增一条客户信息,客户编号为当前客户编号最大值加 2。新增成功之后输出新增客户的编号。

范例分析:

新增客户信息,需要输入客户编号、客户名称和信用额度等信息,其中客户编号在程序中要做 3 步处理,第 1 步:获得当前编号的最大值;第 2 步:进行加法运算;第 3 步:插入表中。参数模式需要设置为 IN   OUT 模式。

代码 15.7   IN OUT 模式的参数模式

```
01   CREATE OR REPLACE PROCEDURE add_customer(
02   custno IN OUT CUSTOMERS. CUST_ID % TYPE,
03   custname IN CUSTOMERS. COMPANY % TYPE,
04   credit_limit IN CUSTOMERS. CREDIT_LIMIT % TYPE)
05   AS
06   BEGIN
07     IF custno IS NULL THEN
08       SELECT MAX(CUST_ID) INTO custno FROM CUSTOMERS;
09       custno : = custno + 2;
10     END IF;
11     INSERT INTO CUSTOMERS(CUST_ID, COMPANY, CREDIT_LIMIT) VALUES(custno,
     custname, credit_limit);
12   END;
```

代码分析：

第 07～09 行：如果客户编号为空，则获得表中客户编号的最大值，加 2。

第 11 行：插入表中数据。

代码 15.8　调用 add_customerPL/SQL 程序块

```
01    DECLARE
02      plsql_block    VARCHAR2 (500);
03      v_custno          NUMBER;
04      v_custname        VARCHAR2 (20):= '先锋科技公司';
05      v_credit_limit   NUMBER(14,2):= 200000.00;
06    BEGIN
07      plsql_block := 'BEGIN add_customer(:a,:b,:c);END;';
08      EXECUTE IMMEDIATE plsql_block USING IN OUT v_custno, v_custname, v_
      credit_limit;
09      DBMS_OUTPUT.put_line ('新建客户的编号为:' || v_custno);
10    END;
```

运行结果：

新建客户的编号为:2270

过程 add_customer 接受一个 IN　OUT 模式的参数 custno，可以在接收后进行运算获得新的值。

15.3　使用批量 BULK COLLECT 动态 SQL

通过动态 SQL 进行查询或更新操作时，每次都是向数据库提交了一条操作语句，例如在范例 15-3 中，我们使用 RETURNING　INTO 将返回信息赋值给变量中，但只能单个赋值，这样的操作效率低，如果现在希望可以一次性接收多条 SQL，或者可以一次性将操作结果返回到某一个集合中时，就可以采用批量处理操作完成。这样的批量处理操作，主要依靠 BULK　COLLECT 进行操作。

使用 BULK 子句时，实际是动态 SQL 语句将变量绑定为集合元素。BULK 加快批量数据的处理速度，集合元素必须使用 SQL 数据类型（CHAR，NUMBER，VARCHAR2，DATE，TIMESTAMP），不能使用 PL/SQL 数据类型（BINARY_INTEGER，BOOLEAN）。

动态 BULK　COLLECT 子句的语法：

```
EXECUTE IMMEDIATE DYNAMIC_STRING
[BULK COLLECT INTO  DEFINE_VARIABLE...]
[USING BIND_ARGUMENT...]
[{RETURNING | RETURN} BULK COLLECT INTO RETURN_VARIABLE...]
```

如果要向动态 SQL 之中设置多个绑定参数，则就必须利用 FORALL 语句完成，FORALL 子句允许为动态 SQL 输入变量，但 FORALL 子句仅支持 DML（INSERT，

DELETE, UPDATE)语句,不支持动态的 SELECT 语句。

FORALL 此语句的语法如下所示:

```
FORALL 索引变量 IN 参数集合最小值 .. 参数集合最大值
EXECUTE IMMEDIATE 动态 SQL 字符串
[USING  绑定参数 | 绑定参数(索引) , ...]
[[RETURNING | RETURN] BULK COLLECT INTO 绑定参数集合 , ...];
```

【范例 15 - 6】 显示东部地区和南部地区分公司的销售情况,并根据完成情况进行调整,如果完成额超过销售目标 90%,销售目标上浮 10%。

代码 15.9 使用 BULK COLLECT 实现动态 SQL

```
01   DECLARE
02     TYPE city_index IS TABLE OF offices.city % TYPE INDEX BY PLS_INTEGER ;
03      TYPE target_ index IS TABLE OF offices. target % TYPE  INDEX  BY  PLS_
       INTEGER ;
04      TYPE sales_ index IS  TABLE  OF  offices. sales % TYPE  INDEX  BY  PLS_
       INTEGER ;
05      TYPE region_nested IS TABLE OF offices.region % TYPE;
06     v_citycity_index ;
07     v_target target_index ;
08     v_sales sales_index ;
09     v_sql_statement VARCHAR2(200) ;
10     v_region offices. region % TYPE: = 2;
11     v_region2 offices. region % TYPE: = 3;
12     v_nest_region region_nested: = region_nested(2,3);
13   BEGIN
14     v_sql_statement : = 'SELECT city, target, sales FROM offices WHERE region IN
       (:rno, :rno2)' ;
15   EXECUTE IMMEDIATE v_sql_statement
16       BULK COLLECT INTO v_city, v_target, v_sales
17       USING v_region, v_region2 ;
18   FOR x IN 1 .. v_city. COUNT LOOP
19       DBMS_OUTPUT. put_line('分公司:' || v_city(x) || ',销售目标:' || v_
       target(x) || ',销售值:' || v_sales(x)) ;
20   END LOOP;
21     DBMS_OUTPUT. put_line('根据销售情况调整销售目标 - - - - - - -') ;
22     v_sql_statement : = 'UPDATE OFFICES SET   TARGET = TARGET * 1.1
23         WHERE region = :rno AND (SALES/TARGET)>0.9  ' || '
24       RETURNING city, target, sales INTO :ecity, :etarget, :esales' ;
```

```
25    FORALL x IN 1 .. v_nest_region.COUNT
26      EXECUTE IMMEDIATE v_sql_statement USING v_nest_region(x)
27      RETURNING BULK COLLECT INTO v_city,v_target,v_sales;
28    FOR x IN 1 .. v_city.COUNT LOOP
29      DBMS_OUTPUT.put_line('分公司:'||v_city(x)||',新的销售目标:'|| v
      _target(x)||',销售值:'||v_sales(x)) ;
30    END LOOP ;
31    END ;
```

代码分析：

第 02～04 行：定义索引表。

第 05 行：定义嵌套表 region_nested。

第 06～08 行：保存操作过程中的分公司名称 v_city、销售目标 v_target 和销售值 v_sales。

第 10～11 行：定义 SELECT 语句动态 SQL 中绑定变量的值，使用 SQL 数据类型。

第 12 行：定义 UPDATE 语句动态 SQL 所绑定的变量的值，使用嵌套表类型。

第 14～20 行：进行查询操作，将结果放入变量 v_city，v_target，v_sales 中，然后用 FOR LOOP 循环全部显示。

第 22～30：进行数据更新操作。将符合更新条件的数据处理将结果放入变量 v_city，v_target，v_sales 中，然后用 FOR LOOP 循环全部显示。

运行结果： 如图 15.2 所示。

```
分公司：上海，销售目标：1250000，销售值：1194968
分公司：苏州，销售目标：750000，销售值：714668
分公司：南京，销售目标：530000，销售值：593134
分公司：广州，销售目标：600000，销售值：597892
分公司：深圳，销售目标：1130000，销售值：846367
分公司：长沙，销售目标：100000，销售值：49344
分公司：昆明，销售目标：150000，销售值：189484
根据销售情况调整销售目标------------------------
分公司：上海，新的销售目标：1375000，销售值：1194968
分公司：苏州，新的销售目标：825000，销售值：714668
分公司：南京，新的销售目标：583000，销售值：593134
分公司：广州，新的销售目标：660000，销售值：597892
分公司：昆明，新的销售目标：165000，销售值：189484
```

图 15.2 分公司销售目标调整处理结果

在动态 SQL 语句执行前后进行查询，可获得图 15.3 和图 15.4 的对比，SQL 语句如下：

```
SELECT CITY,  TARGET,  SALES,  ROUND(SALES/TARGET,2)  销售情况
FROM offices WHERE REGION IN(2,3)
```

⊞ CITY	⊞ TARGET	⊞ SALES	⊞ 销售情况
上海	1250000	1194968	0.96
苏州	750000	714668	0.95
南京	530000	593134	1.12
广州	600000	597892	1
深圳	1130000	846367	0.75
长沙	100000	49344	0.49
昆明	150000	189484	1.26

图 15.3 分公司销售完成情况

⊞ CITY	⊞ TARGET	⊞ SALES	销售情况
上海	1375000	1194968	0.87
苏州	825000	714668	0.87
南京	583000	593134	1.02
广州	660000	597892	0.91
深圳	1130000	846367	0.75
长沙	100000	49344	0.49
昆明	165000	189484	1.15

图 15.4 调整后的分公司销售目标

在左图中销售情况超过 0.90 的分公司，TARGET 均提高 10%，销售情况值相应变小。

15.4 处理游标操作

动态 SQL 操作之中，除了可以处理单行查询操作之外，也可以利用游标完成多行数据的操作，而在游标定义时也同样可以使用动态绑定变量的方式，此时就需要在打开游标变量时增加 USING 子句操作。在使用 REF CURSOR 动态游标动态处理 SELECT 语句返回多行数据时，采用 OPEN..FOR,FETCH..INTO,CLOSE 语句，结构如下：

（1）定义游标变量

```
TYPE CURSOR_TYPE IS REF CURSOR;
CURSOR_VARIABLE CURSOR_TYPE;
```

（2）打开游标变量

```
OPEN 游标变量名称 FOR 动态 SQL 语句
[USING 绑定变量，绑定变量，..]
```

（3）循环提取数据

```
FETCH CURSOR_VARIABLE INTO {VAR1,VAR2....|RECORD_VAR};
VAR 指提取表量变量,RECORD_VAR 提取记录变量.
```

（4）关闭游标

```
CLOSE CURSOR_VARIABLE;
```

下面的范例使用动态 SQL 的游标，获得多行查询语句的结果并显示。

【范例 15-7】 接收用户所输入厂商编号，获得此厂商的全部产品信息。

代码 15.10 动态 SQL 的游标使用

```
01   DECLARE
02     TYPE product_cur_type IS REF CURSOR;
03     product_cur product_cur_type;
```

```
04    v_mfrid CHAR(3) := '&mfrno';

05    v_product CHAR(5);

06    v_price NUMBER(14,2);

07  BEGIN

08    OPEN product_cur FOR 'SELECT MFR_ID, PRODUCT_ID, PRICE FROM    PRODUCTS
      WHERE MFR_ID = :1' USING v_mfrid;

09    LOOP

10        FETCH product_cur INTO v_mfrid,v_product, v_price;

11        EXIT WHEN product_cur % NOTFOUND;

12        DBMS_OUTPUT.PUT_LINE ('厂商编号:'||v_mfrid||',产品编号:'||v_
      product||',产品单价:'||v_price);

13    END LOOP;

14    CLOSE product_cur;

15  END;
```

代码分析：

第 02～03 行：定义游标类型和游标变量。

第 04 行：定义产商编号所绑定变量，此变量需要用户输入。

第 08 行：打开动态游标，占位符：1 的变量为 USING 后面的 v_mfrid。

第 10 行：循环提取游标数据。

第 11 行：没有数据时退出循环。

运行结果：运行之后会弹出输入框接收用户输入，比如输入 YMM 后，输出如下：

厂商编号：YMM，产品编号：4100Y，产品单价：2750

厂商编号：YMM，产品编号：88129，产品单价：399

厂商编号：YMM，产品编号：9773C，产品单价：147

厂商编号：YMM，产品编号：DE114，产品单价：251

厂商编号：YMM，产品编号：R775C，产品单价：1600

上面的范例中使用 LOOP 循环，将查询结果用 FETCH…INTO 方式插入变量并输出。我们也可以使用 BULK 子句处理多行查询，使用 BULK COLLLECT INTO 子句来批量插入到索引表中，然后通过循环索引表提前多行查询结果，如范例 15-8 所示。

【范例 15-8】 使用 BULK COLLLECT INTO 子句处理多行查询结果。

```
01  DECLARE

02    product_cur SYS_REFCURSOR;

03    TYPE product_index IS TABLE OF PRODUCTS % ROWTYPE INDEX BY PLS_INTEGER;

04    v_productrowproduct_index;

05    v_mfrid PRODUCTS.MFR_ID % TYPE := '&mfrno';
```

```
06    BEGIN
07    OPEN product_cur FOR 'SELECT * FROM PRODUCTS WHERE MFR_ID = :1' USING v_
mfrid;
08    FETCH product_cur BULK COLLECT INTO v_productrow;
09      FOR x IN 1 .. v_productrow.COUNT LOOP
10    DBMS_OUTPUT.put_line('厂商编号:' || v_productrow(x).MFR_ID || ',产品编
号:' || v_productrow(x).PRODUCT_ID || ',产品单价:' || v_productrow(x).PRICE) ;
11    END LOOP ;
12      CLOSE product_cur;
13    END ;
```

范例分析:

第 02 行:使用 Oracle9i 之后专门提供给弱类型的游标变量类型的简化定义 SYS_REFCURSOR,代替 TYPE cursor_ref IS REF_CURSOR 声明。

第 09~11 行:用循环方式输出索引表中的数据。

第 12 行:关闭游标。

15.5 本章小结

静态 SQL 为直接嵌入到 PL/SQL 中的代码,而动态 SQL 在运行时,根据不同的情况产生不同的 SQL 语句。静态 SQL 为在执行前编译,一次编译,多次运行。动态 SQL 同样在执行前编译,但每次执行需要重新编译。静态 SQL 可以使用相同的执行计划,对于确定的任务而言,静态 SQL 更具有高效性,但缺乏灵活性。

动态 SQL 使用了不同的执行计划,效率不如静态 SQL,但能够解决复杂的问题。动态 SQL 容易产生 SQL 注入,为数据库安全带来隐患。由于动态 SQL 是在运行时刻进行确定的,所以相对于静态而言,其更多的会损失一些系统性能来换取其灵活性。

使用动态 SQL 可以在依赖对象不存在时创建子程序;主要利用 EXECUTE IMMEDIATE 语句执行 DML、DDL、DCL 等语句操作;如果使用了绑定变量,则必须在 EXECUTE IMMEDIATE 中使用 USING 子句设置所需要的绑定变量;在动态 SQL 的定义中,USING 和 RETURNING 后面都是跟着参数(这些参数模式有 IN、OUT、IN OUT),USING 子句主要是使用变量的定义内容,默认的是 IN 模式。在 DML 操作之后,可以利用 RETURNING INTO 子句接收操作后数据行被影响的详细信息。

使用批处理可以一次性将数据库之中取回的多个数据保存在集合里,或者使用 FORALL 将多个绑定参数设置到动态 SQL 之中。

☞扫一扫可见
本章参考答案

15.6   本章练习

【练习 15 - 1】   使用动态 SQL 完成下面编程。

1. 创建表,表中字段如下:

编　号	字段名	字段数据类型
1	tab_id	NUMBER
2	tab_name	VARCHAR2(20)
3	tab_desc	VARCHAR2(100)

2. 采用绑定变量方式插入记录(1,计算机科学技术,计算机学院)。

3. 采用集合方式插入多条记录,数据为:(2,机械工程,机械学院),(3,数学师范,数学学院),(4,机电一体化,自动化学院)。

4. 更新第 2 和第 3 条数据,更新为(汉语言文学,中文学院),(经济金融,管理学院)。

5. 删除第 1 和第 4 条记录。

【练习 15 - 2】   使用动态 SQL 的游标和嵌套表,批量存储和显示分公司的信息。

【练习 15 - 3】   接受用户输入的客户编号,显示此客户所下订单的信息。

参考文献

［1］James R. Groff，Paul N. Weinberg 著. SQL 完全手册［M］. 第 2 版. 北京：电子工业出版社，2003.

［2］李兴华，马云涛编著. 名师讲坛——Oracle 开发实战经典［M］. 北京：清华大学出版社，2014.

［3］丁士峰等编著. Oracle PL/SQL 从入门到精通［M］. 北京：清华大学出版社，2012.

［4］明日科技编著. Oracle 从入门到精通［M］. 北京：清华大学出版社，2012.

［5］王珊，萨师煊编著. 数据库系统概论［M］. 第 5 版. 北京：高等教育出版社，2014.

［6］白尚旺，党伟超等编著. PowerDesigner 软件工程技术［M］. 北京：电子工业出版社，2004.

［7］软件开发技术联盟编著. Oracle 自学视频教程［M］. 北京：清华大学出版社，2014.

［8］周佳星，高润岭，李根福编著. Oracle 程序开发范例宝典［M］. 北京：人民邮电出版社，2015.

［9］丁勇编著. 从零开始学 Oracle［M］. 北京：电子工业出版社，2012.

［10］萧文龙，李逸婕，张雅茜编著. Oracle 11g 数据库最佳入门教程［M］. 北京：清华大学出版社，2014.